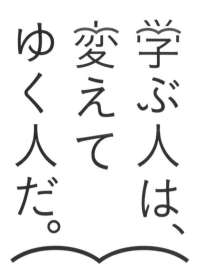

学ぶ人は、
変えて
ゆく人だ。

目の前にある問題はもちろん、

人生の問いや、

社会の課題を自ら見つけ、

挑み続けるために、人は学ぶ。

「学び」で、

少しずつ世界は変えてゆける。

いつでも、どこでも、誰でも、

学ぶことができる世の中へ。

旺文社

最高クラス
問題集
算　数
小学4年

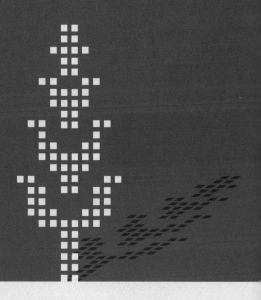

旺文社

目　次

編集協力	有限会社マイプラン
装丁・本文デザイン	及川真咲デザイン事務所
校正	株式会社ぷれす, 山下聡, 下入佐真

中学受験を視野に入れたハイレベル問題集シリーズ

●中学入試に必要な学力は早くから養成することが大切！

　中学受験では小学校の教科書を超える高難度の問題が出題されますが，それらの問題を解くための「計算力」や「思考力」は短期間で身につけることは困難です。早い時期から取り組むことで本格的な受験対策を始める高学年以降も余裕を持って学習を進めることができます。

●３段階のレベルの問題で確実に学力を伸ばす！

　本書では各単元に３段階のレベルの問題を収録しています。教科書レベルの問題から徐々に難度を上げていくことで，確実に学力を伸ばすことができます。上の学年で扱う内容も一部含まれていますが，当該学年でも理解できるように工夫しています。

本書の３段階の難易度

★　　標準レベル … 教科書と同程度のレベルの問題です。確実に基礎から固めていくことが学力を伸ばす近道です。

★★　上級レベル … 教科書よりも難度の高い問題で，応用力を養うことができます。

★★★ 最高レベル … 上級よりもさらに難しい，中学入試を目指す上でも申し分ない難度です。

●過去問題・思考力問題で実際の入試をイメージ！

　本書では実際の中学受験の過去問も掲載しています。全問正解は難しいかもしれませんが，現時点の自分とのレベルの差や受験当日までに到達する学力のイメージを持つためにぜひチャレンジしてみて下さい。さらに，中学入試では思考力を問われる問題が近年増えているため，本書では中学受験を意識した思考力問題を掲載しています。暗記やパターン学習だけでは解けない問題にチャレンジして，自分の頭で考える習慣を身につけましょう。

別冊・問題編

問題演習

標準レベルから
順に問題を解き
ましょう。

過去問題・
思考力問題に
チャレンジ

問題演習を済ませて
から挑戦しましょう。

復習テスト

2～5単元に一
度，学習内容を
振り返るための
テストです。

総仕上げテスト

本書での学習の習熟
度を確認するための
テストを2セット用
意しています。

本冊・解答解説編

解答解説

丁寧な解説と，解
き方のコツがわか
る「中学入試に役
立つアドバイス」
のコラムも掲載し
ています。

解答解説
編

これ以降のページは別冊・問題編の解答解説です。問題を解いてからお読み下さい。

本書の解答解説は保護者向けとなっています。採点は保護者の方がして下さい。

満点の8割程度を習熟度の目安と考えて下さい。また，間違えた問題の解き直しをすると学力向上により効果的です。

「中学入試に役立つアドバイス」のコラムでは，類題を解く際に役立つ解き方のコツを紹介しています。お子様への指導に活用して下さい。

■ 1章　数の計算

1　整数の表し方，がい数

★ **標準レベル**　問題**2**ページ

1 (1) 十一兆四千三百八十一億二千万
   (2) 25902068371200

2 (1) 999999900　(2) 240000000
   (3) 10032000059000

3 (1) 64 こ　(2) 1 万倍

4 (1) 90000　(2) 86000

5 (1) 約 1 億 5 千万 km　(2) 約 4 千万 km

6 4500 人以上 5499 人以下

7 ウ

8 (1) 2000000　(2) 200

9 (式) 520 × 130 = 67600
   (答え) およそ 68000 円

解　説

5 (1) 太陽から地球までのきょりは 1 億 4960 万 km です。約何億何千万 km ですかときかれているので，百万の位を四捨五入しておよその数にします。よって，1 億 5000 万 km となります。

(2) 地球から金星までのきょりは，(太陽から地球までのきょり)－(太陽から金星までのきょり)で求めることができるので，
1 億 5000 万－1 億 1000 万 = 4000 万(km)
となります。

6 上から 1 けたのがい数なので，上から 2 けための数を四捨五入して 5000 になる最も小さい数は 4500 で，最も大きい数は 5499 となります。

7 四捨五入して上から 1 けたのがい数にすると 500 円になるのは 450 円以上 549 円以下のときなので，アとイは必ずおまけがつくとは言えません。

9 それぞれの数をがい数にして計算するので，
520 (円) × 130 (人) = 67600 (円) となり，答えもがい数で答えるので，上から 2 けたのがい数にすると 68000 円となります。

★★ **上級レベル**　問題**4**ページ

1 (1) 713000　(2) 713000000000
   (3) 71300000000
   (4) 713000000000000

2 (1) 1 兆　(2) 2 億 8000 万
   (3) 5600 万　(4) 3 兆 2500 億

3 (1) 95000　(2) 220000　(3) 150000

4 (1) 1500000000　(2) 24

5 (1) (式) 880 × 67 = 58960
        1200 × 33 = 39600
        59000 + 40000 = 99000
   (答え) およそ 99000 円

(2) (式) 147 ÷ 60 = 2 あまり 27
        75000 × 3 ÷ 150 = 1500
   (答え) およそ 1500 円

6 (1) 3800　(2) 1001

7 (1) 100 こ　(2) 1000 こ

解　説

4 (1) 89876 × 16452 = 1478639952
四捨五入して，1500000000
答えを上から 2 けたのがい数にするとき，計算式の数を上から 3 けたのがい数にし，答えを 2 けたのがい数にするとよいです。計算式の数を上から 2 けたのがい数にしないように注意しましょう。
89900 × 16500 = 1483350000
四捨五入して，1500000000

6 (1) もとの数の和がいちばん小さくなるときはそれぞれの数がいちばん小さいときです。
1400 は 1350，2500 は 2450 のときなので 1350 + 2450 = 3800 となります。

(2) 差がいちばん小さくなるときはなるべく小さい数からなるべく大きい数をひいたときです。よって，2500 は 2450 で，1400 は 1449 のときです。2450 － 1449 = 1001 となります。

7 (2) 百の位を切り捨てて 15000 になる整数は 15000 以上 15999 以下の数なので
15999 － 14999 = 1000 (個) となります。

1 (1) （式）59320000 ＋ 1049001000
       ＝ 1108321000
   （答え）1108321000 人
  (2) （式）(3150331000 － 59320000
       ＋ 1049001000) ÷ 3
       ＝ 1380004000
   （答え）1380004000 人

2 （式）1000 (cm) ÷ 10 (cm) ＝ 100 (本)
     1000000 × 100 ＝ 100000000
   （答え）100000000 円

3 (1) （式）987654 － 102345 ＝ 885309
    （答え）885309
  (2) 216 こ

4 113, 114, 115, 116, 117

5 （式）995 ÷ 40 ＝ 24.･･･
       1049 ÷ 40 ＝ 26.･･･
   （答え）25 日以上 26 日以下

6 （式）(749 － 35) × 24 ＝ 17136
   （答え）17136

7 C, A, B, D

解説

1 (1) 線分図から，A国とB国の人口の差とC国とB国の人口の差を加えるとA国とC国の人口の差になることがわかります。
(2) 合計からA国とB国との差をひき，C国とB国との差をたすとB国の人口の3倍になるので，3でわるとB国の人口だとわかります。

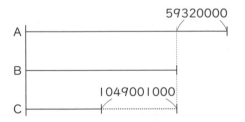

─ 中学入試に役立つ アドバイス ─
第5章でも学習しますが，数量関係は線分図に整理するとわかりやすくなります。

3 (1) 大きい数を作るときは上の位の数字をな

るべく大きくするとよいので，いちばん大きい数は「987654」となります。また，小さい数を作るときは上の位の数字をなるべく小さくします。いちばん上の位には「0」が入らないことに注意して6けたの数を作ると「102345」となります。
(2) 「1」をふくむ6つの連続する数字は「012345」と「123456」の2通りです。
「123456」のとき
千の位に「1」を入れて，残りの5つの位の数について考えます。十万の位から数字を入れるとすると5通りの入れ方があり，一万の位は残りの4つの数字から選ぶので4通りとなります。残りの位の数字もそれぞれ3通り，2通り，1通りとなります。よって
5 × 4 × 3 × 2 × 1 ＝ 120 (通り) となります。
「012345」のとき
千の位に「1」を入れると十万の位は「0」以外の4通りが入ります。一万の位の数は残りの3つか「0」の4通りが入ります。残りの3つの位にはそれぞれ3通り，2通り，1通りとなります。よって，
4 × 4 × 3 × 2 × 1 ＝ 96 (通り) となります。
したがって，120 ＋ 96 ＝ 216 (通り)

4 一の位を四捨五入して 230 になる整数は 225 以上 234 以下です。2倍してこのような整数になるのは 112.5 以上 117 以下の数となり，この範囲の整数は 113，114，115，116，117 となります。

5 上から3けた目を四捨五入して 1000 円になる数は 995 円以上 1049 円以下です。
995 ÷ 40 ＝ 24.･･･ なので，25 日以上で，1049 ÷ 40 ＝ 26.･･･ なので，26 日以下となります。

7 AとDの和は 760kg 以上 770kg 未満なのでDは 383kg 以上 393kg 未満となり，Bより重くなります。また，CとDの和が 750kg 以上 760kg 未満なので，Dが 383kg とするとCは 367kg 以上 377kg 未満となります。よって，Cは最大でも 377kg をこえないので，いちばん小さくなります。

1 (1) 9 (2) 19
(3) 17 あまり 2 (4) 153
(5) 59 あまり 5 (6) 120

2 (1) 4 (2) 3 (3) 5

3 (1) 16 あまり 4 (2) 292
(3) 67 あまり 4

4 (1) 2 (2) 6
(3) 2 あまり 10 (4) 16 あまり 6
(5) 20 あまり 35 (6) 24 あまり 16

5 (1) 6 (2) 8
(3) 40 (4) 9 あまり 30
(5) 4 あまり 500 (6) 77 あまり 70

6 (1) 12 (2) 50

7 (式) 97 ÷ 13 = 7 あまり 6
(答え) 7 たばできて 6 本あまる

8 (式) 600 ÷ 17 = 35 あまり 5
(答え) 36 こ

解 説

2 (1) 6 × 9 = 5□ よって, □ = 4
(2) 9 × 87 = 78□ よって, □ = 3
(3) 7 × 105 = 73□ よって, □ = 5

5 わる数とわられる数の両方が 10 や 100 など
でわり切れるときは, 両方を 10 や 100 などで
わってから計算をします。

6 わる数とわられる数の両方を同じ数でわって
から計算します。
(1) 300 ÷ 25 は両方を 5 でわると 60 ÷ 5 とな
ります。
(2) 750 ÷ 15 は両方を 5 でわると 150 ÷ 3 と
なります。

8 17 L ずつ入れる 35 個のバケツとあまった 5
L の水を入れるバケツが 1 個必要なので, 36 個
となります。

1 (1) 16 (2) 5 (3) 957

2 (1) 4 (2) 32 (3) 38 (4) 123

3 (式) 6 × 36 = 216 216 ÷ 4 = 54
(答え) 54 こ

4 (1) (式) 4200 ÷ 600 = 7
(答え) 7 時間
(2) (式) 4200 ÷ 50 = 84
(答え) 84 箱

5 (式) 1500 ÷ 30 = 50 (答え) 50 人

6 (式) 3600 ÷ 15 = 240
240 + 1 = 241
(答え) 241 本

7 (式) 900 ÷ 48 = 18 あまり 36
900 + 12 = 912
912 ÷ 35 = 26 あまり 2
(答え) 2

解 説

5 人がグラウンドを 1 周するようにならんでい
るので人の人数と人と人との間の数が同じになり
ます。

6 道に沿って木を 1 列に植えるときは (1 本目)
→ 15m → (2 本目) → 15m → … → 15m →
(□本目) となり, (木) → 15m の組がいくつか
と最後に木が 1 本あることがわかります。よって,
間の数を求めると 3600 ÷ 15 = 240(個)となり,
木の本数は最後の 1 本をたして 241 本となりま
す。

── 中学入試に役立つ **アドバイス** ──
等しい間隔でものを植えたり置いたりすると
き (植木算) の「間の数」と「ものの数」に
は 3 つのパターンがあります。
1. 両端にものを置くとき
間の数 = ものの数 - 1
2. 両端にものを置かないとき
間の数 = ものの数 + 1
3. 一周するようにものを置くとき
間の数 = ものの数

1 (1) 72　(2) 12　(3) 1

2 (1)

$$
\begin{array}{r}
2\,6 \\
3\,)\,8\,0 \\
6\ \ \\
\hline
2\,0 \\
1\,8 \\
\hline
2 \\
\end{array}
$$

(2)

$$
\begin{array}{r}
6\,6 \\
7\,)\,4\,6\,7 \\
4\,2\ \ \\
\hline
4\,7 \\
4\,2 \\
\hline
5 \\
\end{array}
$$

(3)

$$
\begin{array}{r}
7\,9 \\
4\,)\,3\,1\,8 \\
2\,8\ \ \\
\hline
3\,8 \\
3\,6 \\
\hline
2 \\
\end{array}
$$

3 (1) 3　(2) 6

4 ㋐ 5　㋑ 6

5

$$
\begin{array}{r}
7\,8\,3 \\
1\,9\,)\,1\,4\,8\,7\,7 \\
1\,3\,3\ \ \ \ \\
\hline
1\,5\,7 \\
1\,5\,2 \\
\hline
5\,7 \\
5\,7 \\
\hline
0 \\
\end{array}
$$

6 (1) 13　(2) 11 こ

7 7 こ

解　説

3 (1) 2000 ÷ 8 = 250 なので商は 250 以上になり，3000 ÷ 8 = 375 なので，商は 375 未満となるので，十の位が 8 より，●は 2 と決まります。わり切れることから▲には 4 か 9 が入るので，商は 284 か 289 となりわられる数の下 2 けたの数が 12 となるのは 289 のときです。

(2) 800 ÷ 7 = 114 あまり 2 なので商は 115 以上になり，900 ÷ 7 = 128 あまり 4 より商は 128 以下となるので●は 1，▲は 1 か 2 とわかります。これより，一の位が 3 なので商は 123 に決まります。

（右段）

── 中学入試に役立つ アドバイス ──

がい数の計算で範囲をしぼることがポイントです。

4 800 ÷ 37 = 21 あまり 23，
900 ÷ 37 = 24 あまり 12 なので，商の十の位が 2 と決まります。次に商の一の位は 37 × 1 けたの数の積で一の位の数が 1 となるのは 3 をかけたときなので，商の一の位は 3 と決まり，8㋐㋑÷ 37 = 23 あまり 5 だとわかります。よって，わられる数は 37 × 23 + 5 = 856 となります。

5 筆算をする途中のかけ算の積に注目します。同じ数をかけてできる数が 133 と 152 と 57 で，133 = 7 × 19，152 = 8 × 19，57 = 3 × 19 と表すことができるので，わる数は 19 とわかります。よって，商は 783 となります。

── 中学入試に役立つ アドバイス ──

整数を素数のかけ算で表すことを素因数分解といいます。素因数分解をすることでその整数がどのような数でわり切れるのかなど色々なことがわかります。

6 (1) ある数を N とすると N ÷ 12 = 1 あまり 1 となるので，N は 12 × 1 + 1 = 13 となります。

(2) N ÷ 12 = 2 あまり 2 のとき，N は 12 × 2 + 2 = 26 となります。同じように商が 3，あまりが 3 のときの N は 39 となります。あまりはわる数より小さいので，N ÷ 12 のあまりの最大は 11 なので 11 個とわかります。

7 15 でわり切れる数は 15，30，45…のように 15 × □ の積です。1 から 100 までにこのような数は 100 ÷ 15 = 6（個）あります。15 でわって 3 あまる数は，15 でわり切れる数よりも 3 大きい数なので，18，33，48，63，78，93 とわかります。また，3 ÷ 15 = 0 あまり 3 であることから，6 + 1 = 7（個）となります。

3　整数の性質

★　標準レベル　　問題 **14** ページ

1 24, 608, 1026, 80430 （順不同）

2 (1) 6, 12, 18, 24, 30
　(2) 8, 64, 72, 80 （順不同）

3 (1) 24, 48, 72　(2) 12

4 (1) 1, 2, 4, 8, 16 （順不同）
　(2) 1, 5, 25, 125 （順不同）
　(3) 1, 29 （順不同）

5 (1) 1, 2, 4, 8 （順不同）　(2) 8

6 (1) 36cm　(2) 36 まい

7 8 人

解　説

1 一の位が偶数ならその数も偶数になります。よって, 24, 608, 1026, 80430 が偶数になります。

2 (1) 6 も 6 の倍数であることに注意しましょう。6 × 1, 6 × 2, 6 × 3, …, 6 × 5 をすると, 6, 12, 18, 24, 30 になります。
(2) 8 でわり切れる数が, 8 の倍数となります。

3 公倍数は最小公倍数の倍数になります。

5 公約数は最大公約数の約数になります。

6 縦の長さは 4cm ずつ長くなるので, しきつめたときの長さは必ず 4 の倍数になります。同じように横の長さは 9 の倍数になります。よって, 正方形を作るときの長さは 4 と 9 の公倍数となり, その中でいちばん小さい数は最小公倍数になります。

7 24 個と 8 個を同じ数ずつに分けるので, 両方を同じ数（子どもの人数）でわれなければなりません。よって, 24 と 8 の公約数を求め, さらにできるだけ多くの子どもに分けるので, 最大公約数を求めればよいです。

★★　上級レベル　　問題 **16** ページ

1 25 こ

2 (1) 3 × 5 × 7　(2) 2 × 2 × 3 × 3

3 奇数

4 奇数

5 (1) 0, 2, 4, 6, 8　(2) 0, 5
　(3) 0, 9　(4) 2, 8

6 午前 9 時 30 分

7 (1) 66 こ　(2) 16 こ　(3) 100 こ

8 (1) 9, 39, 69　(2) 3, 27, 51
　(3) 55, 111, 167

9 36

解　説

3 奇数＋奇数や偶数＋偶数の答えは偶数になり, 偶数＋奇数の答えは奇数になります。白玉が奇数のとき赤玉は偶数となります。また, 白玉が偶数のときは赤玉は奇数となります。よって, どちらの場合でも奇数＋偶数になるのでふくろの中に入っている玉の数は奇数となります。

4 2 人 1 組のペアを作ると 1 人あまるので, クラス全体の人数は奇数だとわかります。あめを 3 個ずつ配るので, あめの個数は奇数 × 3 となります。

7 (3) 3 か 4 の少なくとも一方でわり切れる整数を考えます。4 の倍数は 200 ÷ 4 = 50（個）です。3 か 4 でわり切れる数は 3 の倍数＋ 4 の倍数で, 両方にふくまれる数（公倍数）があるので, 最後にひかなくてはなりません。よって, そのような整数は
66 + 50 − 16 = 100 （個）となります。
したがって, 3 でも 4 でもわり切れない整数は, 200 − 100 = 100 （個）

8 (3) わり切るために不足する数が同じときは, （公倍数）−不足する数で求めることができます。よって, （56 の倍数）− 1 となります。

9 最大公約数が 9 なので 9 の倍数となります。また, 108 ÷ 27 = 4 となるので, 4 の倍数にもなります。よって, 9 × 4 = 36 となります。

1 (1) 4　(2) 4　　**2** 9522

3 (1) 午前7時20分　(2) 午前8時20分

4 (1) 95　(2) 243

5 (1) 15こ　(2) 195　(3) 48

6 4こ　　**7** 2520

8 (1) 8こ　(2) 150こ

解説

1 (2) 12の倍数は3の倍数であり4の倍数なので，各位の和が3の倍数であり，下2けたの数が4の倍数となります。

中学入試に役立つ アドバイス

2の倍数：下1けたが偶数

3の倍数：各けたの和が3の倍数

4の倍数：下2けたが4の倍数

5の倍数：下1けたが0または5

6の倍数：2の倍数かつ3の倍数

8の倍数：下3けたが8の倍数

9の倍数：各けたの和が9の倍数

10の倍数：下1桁が0

11の倍数：一の位から奇数番目の数の和と，偶数番目の数の和との差が11の倍数

---

3 (1) バスの出発が10分ごとなので，電車の出発時刻も□分ちょうどになるときを考えます。電車が最初に□分ちょうどになるのは，6分40秒→13分20秒→20分なので，バスと同時に出発するのは20分ごとだとわかります。よって，電車が□分ちょうどに出発するときの時刻が6時40分，7時00分，7時20分なので7時20分となります。

(2) (1)から20分ごとに同時に出発するので，20分×(4－1)＝60(分後)の8時20分に4回目になります。

4 (1) わり切るために不足する数がどちらも1なので，6と8の公倍数－1の数を調べます。6と8の最小公倍数が24なので24×□－1で，100に最も近い数は

$24 \times 4 - 1 = 95$ となります。

(2) あまる数が同じなので，5と6と8でわり切れる＋3の数を調べます。5と6と8の最小公倍数が120なので，120×□＋3で，□にあてはまる数は0，1，2，3，…だから，3番目に小さい数は $120 \times 2 + 3 = 243$ となります。

5 (3) いちばん小さい約数（1）といちばん大きい約数（240）をかけると240になります。また，2番目に小さい約数（2）と2番目に大きい約数（120）をかけても240になります。このような性質を利用すると，5番目に小さい約数は5なので，5番目に大きい約数は $240 \div 5 = 48$ となります。

6 約数の個数が3つの整数は同じ素数を2回かけてできる整数のときです。よって，$2 \times 2 = 4$，$3 \times 3 = 9$，$5 \times 5 = 25$，$7 \times 7 = 49$ の4個となります。

7 小さい数から最小公倍数を求めていきます。1と2では2，2と3では6，6と4では12，12と5では60，60と6では60，60と7では420，420と8では840，840と9では2520，2520と10では2520となります。

8 100から300までは1から300までから1から99までの数をひいた数で考えます。

(2) 6でも8でもわり切れない整数を求めるには，まず，6か8の少なくとも一方でわり切れる整数の個数を求めます。

6か8の少なくとも一方でわり切れる数は（6の倍数）＋（8の倍数）－（6と8の公倍数）で求めることができます。100から300までの整数のうち6の倍数は

$300 \div 6 = 50$（個），

$99 \div 6 = 16$（個）あまり3より，

$50 - 16 = 34$（個）です。8の倍数も同じように求めると25個となり，6と8の公倍数は(1)より8個です。100から300までの整数は $300 - 99 = 201$（個）なので，6でも8でもわり切れない数は

$201 - (34 + 25 - 8) = 150$（個）となります。

1 (1) 18　(2) 15
2 (1) 33　(2) 18
3 3兆7000億
4 （式）4800 − 2250 = 2550
　　（答え）2550円
5 (1) 61000　(2) 4300000
6 (1) 12まい　(2) 12こ
7 (1) 33まい　(2) 青色　(3) 9まい

解　説

1 (1) $15 − 52 ÷ 4 + 72 ÷ 9 × 2$
　　　$= 15 − 13 + 16 = 18$
(2) $225 ÷ (14 × 9 ÷ 7 − 3) = 225 ÷ (18 − 3)$
　　　$= 225 ÷ 15 = 15$

2 (1) $□ = (200 − 2) ÷ 6 = 33$
(2) $64 − 3 × □ = 5 × 2$
　　　$64 − 3 × □ = 10$
　　　$64 − 10 = 3 × □$
　　　$3 × □ = 54$
　　　$□ = 54 ÷ 3$
　　　$□ = 18$

3 ある数を□とすると，
$□ ÷ 100 = 3 億 7000 万$
よって，$□ = 3 億 7000 万 × 100 = 370 億$
正しい答えは，
$370 億 × 100 = 3 兆 7000 億$

4 百の位までのがい数にして2300になる整数の範囲は2250以上2349以下です。また，切り上げて百の位までのがい数にすると4800になるのは4701以上4800以下になります。最も差が大きいのはあきひろくんが2250円でけんくんが4800円のときです。

5 がい数の計算は式の数をがい数にしてから計算します。その際に，がい数にする位より1つ下の位のがい数で計算することに注意しましょう。さらに，求めた答えも問題の条件にあわせてがい数にして答えます。
(1) 24598 + 36587の計算をがい数を用いて計算すると，24600 + 36600 = 61200　よっ

て，61000
(2) 5896 × 732の計算をがい数を用いて計算すると，5900 × 732 = 4318800
　　よって，4300000

6 (1) 問題文にあるように長方形の紙をしきつめていくと縦の長さは42cmずつ増え，横の長さは56cmずつ増えていきます。よって，いちばん小さい正方形になるときの1辺の長さは42と56の最小公倍数になります。
(2) いちばん大きい正方形に切り分けるので，そのときの正方形の1辺は42と56の最大公約数となります。

7 (1) 1から100までに3の倍数は
$100 ÷ 3 = 33 あまり 1$
よって，33枚あります。
(2) 1から順番に「青，黄，赤，青，黄，赤，青，…」と並んでいます。$100 ÷ 3 = 33 あまり 1$
よって，黄と赤のカードは33枚あり，
また，青のカードは$33 + 1 = 34$（枚）あることがわかります。
よって，青色のカードが他のカードより1枚多いとわかります。
(3) 3でわって1あまる数のうち，4の倍数は4，16，28，…，100というように4から，3と4の最小公倍数である12ずつ加えていった数になります。

★ 標準レベル

問題22ページ

1 (1) 0.519　(2) 7.0052
　　(3) 1.278　(4) 5.35

2 (1) ① 1　② 0.1　③ 0.01　④ 0.001
　　(2) 749

3 (1) 1.9　(2) 6.88　(3) 0.78
　　(4) 4.3　(5) 3.33　(6) 0.22

4 (1) 7.362kg　(2) 5.078km　(3) 37.8L
　　(4) 3560g　(5) 4020m　(6) 3405cm

5 (1) 6.05, 6.57, 6.589, 6.59, 6.95
　　(2) 0, 0.036, 0.306, 0.36, 3.6

6 (式) 2.58 − 0.158 = 2.422
　　(答え) ねこのほうが 2.422kg 重い

7 (式) 2000 − 1750 = 250
　　　　　480 − 250 = 230
　　(答え) 230mL

8 (式) 2400 − (1260 + 640) = 500
　　(答え) 0.5km

解説

5 数の大小をくらべるときは上の位の数字に注目します。

6 1000g = 1kg なので，りすの体重は 158g = 0.158kg です。よって，2.58 − 0.158 = 2.422 (kg) より，ねこのほうが 2.422kg 重いことがわかります。

7 1000mL=1L なので，1.75L = 1750mL です。大きなペットボトルの水を 2L にするためには 2000 − 1750 = 250 (mL) 必要なので，小さなペットボトルには 480 − 250 = 230 (mL) 残っています。

8 家から学校までの道のりをまとめると下の図のようになります。よって，公園から駅までの道のりは 2400 − (1260 + 640) = 500 (m) なので，0.5km となります。

問題24ページ

1 (1) 9.91　(2) 8.03　(3) 5
　　(4) 3.24　(5) 2.54　(6) 4.52

2 (1) 9453　(2) 0.1
　　(3) ① 7　② 3　③ 2　④ 8

3 (1) 60mL　(2) 6000cm
　　(3) 5200cm²

4 (1) 9.665　(2) 1.595　(3) 0.42
　　(4) 7.8477　(5) 11.3

5 (1) 0.751　(2) 0.33
　　(3) 3.479　(4) 808

6 (1) (いちばん小さい数) 0.13
　　　(2番目に小さい数) 0.15
　　(2) (いちばん大きい数) 7531
　　　(2番目に大きい数) 7530
　　(3) 50.1

7 (1) 4　(2) 221　(3) 9 回

解説

6 (1) 上の位から小さい数を並べていきます。小数点のカードを使うと「0.…」という数を作ることができることを利用すると，いちばん小さい数は 0.13 となり，2 番目に小さい数は上の位の数を小さいままで数を大きくするので 0.15 となります。

(3) 小数点のカードを使うことで，いちばん上の位を十の位にすることができます。よって 50 にいちばん近い数は 50.1 となります。

7 (1) 50 ÷ 6 = 8 あまり 2 より，小数点以下の 50 個の数字で「142857」が 8 回繰り返され，最初の 2 つの数字 (1，4) があまるので小数第五十位の数は 4 とわかります。

(2) 1 + 4 + 2 + 8 + 5 + 7 = 27 なので繰り返しがある部分の和は 27 × 8 = 216 です。1 と 4 があまっているので，216 + 1 + 4 = 221 となります。

(3) 「142857」の中に 1 が 1 個あります。8 回繰り返されているので 1 × 8 = 8 (個) あります。また，あまりの中に 1 が 1 個あるので，8 + 1 = 9 (回) 現れます。

1 (1) 3.77　(2) 16.7　(3) 8.669　(4) 59.99
2 (1) 3.4　(2) 1.18　(3) 12.3
3 (1) 87.6　(2) 1.23
4 44.1
5 0.2349
6 (1) 223　(2) 5

解　説

2 (1) □ = 5 + 6.7 − 8.3 = 3.4

(2) □ = 11 − 8.32 − 1.5 = 1.18

(3) □ = 12.67 − 7 + 6.63 = 12.3

3 (1) あやまった答えは正しい答えの 10 倍になります。よって，その差は正しい答えの 9 個分だとわかります。したがって，788.4 ÷ 9 = 87.6 より，87.6 が正しい答えです。

(2) 小数点を書きわすれているので，あやまった答えは整数だとわかります。正しい答えとの差が 121.77 なので，（整数）−（小数）をしたときの答えが小数第二位までの数になるのは正しい答え（小数）が小数第二位までの数のときです。よって，あやまった答えは正しい答えの 100 倍となり，その差は正しい答えの 99 個分だとわかります。

よって，121.77 ÷ 99 = 1.23 より，1.23 が正しい答えだとわかります。

4 小数点を左に 1 けたずらしてできる数はもとの数の 10 分の 1 になります。これより，ずらしてできる数の 10 倍がもとの小数なので，その差はずらしてできる数の 9 個分だとわかります。よって，ずらしてできる小数は 39.69 ÷ 9 = 4.41 となり，小数点を右に 1 つ戻すともとの小数になるので，44.1 となります。

5 小数第二位を四捨五入して 23.5 になる数は 23.45 以上 23.55 未満の数なので，もとの小数は 0.2345 以上 0.2355 未満とわかります。次に，もとの小数の小数点を右に 4 けた移した数は 2345 以上 2355 未満となり，このうち 9 でわり切れるのは 2349 となります。よって，もと

の小数は 0.2349 となります。

── 中学入試に役立つ **アドバイス** ──
がい数の範囲を調べるとき，いちばん大きな数を表すときは「未満」を使います。

6 (1)「076923」の数字が繰り返されていることがわかります。50 ÷ 6 = 8 あまり 2 より，この 6 個の数字が小数第五十位までに 8 回繰り返され，最後に 0，7 の 2 個の数字がならぶことがわかります。0 + 7 + 6 + 9 + 2 + 3 = 27 が 8 回繰り返され，0 と 7 があまっているので，小数第五十位までの数をすべてたすと，27 × 8 + 0 + 7 = 223 となります。

(2) わられる数が 2 倍になっているので，その商も 2 倍になります。0.076923076… を 2 倍すると 0.15384615…になり，「153846」の繰り返しがあることがわかります。よって，50 ÷ 6 = 8 あまり 2 より，繰り返しの 2 番目の数が小数第五十位の数になるので，5 となります。

── 中学入試に役立つ **アドバイス** ──
小数点より後ろの数字の列で，同じ数字の列が繰り返される小数を循環小数といいます。循環小数になるのは，次のようなときです。
1 を 3 でわると 0.33333…
1 を 6 でわると 0.16666…
1 を 7 でわると 0.14285714…
1 を 9 でわると 0.111111…
1 を 11 でわると 0.090909…

1 (1) 2.4 (2) 42.4 (3) 161.2
(4) 15.875 (5) 28.9 (6) 3736
(7) 684 (8) 8 (9) 4.8

2 (1) 1.3 (2) 1.5 (3) 2.91
(4) 8.3 (5) 10.4 (6) 15.03
(7) 1.7 (8) 0.5 (9) 2.41

3 (式) 3.75 × 14 = 52.5
(答え) 52.5g

4 (式) 46.8 ÷ 78 = 0.6
(答え) 0.6g

5 ① 10 ② 10 ③ 100 ④ 100
⑤ 1 ⑥ 8.51

6 (1) 7.26 (2) 3.451 (3) 137.94
(4) 48.975 (5) 0.648 (6) 32.3

7 ① 10 ② 10 ③ 1.2

8 (1) 1.5 (2) 1.3 (3) 2.5
(4) 0.54 (5) 6.7

9 (式) 5.1 ÷ 6.8 = 0.75
0.75 × 10.2 = 7.65
(答え) 7.65kg

解説

1 「小数×整数」のかけ算は，小数点がないこととして計算をし，積の小数点はかけられる数の小数点以下のけた数の分だけを小数部分にします。小数点以下でいちばん下の位が0のときは，0を書きません。

2 「小数÷整数」のわり算は，小数点がないこととして計算をし，商の小数点はわられる数と同じ小数点の位置にそろえます。わる数よりわられる数のほうが小さいときは，商の一の位（小数点の左）に0をおきます。

6 小数点がないこととして計算をし，積の小数部分が，かける数とかけられる数の小数点以下のけた数の和になるように小数点をうちます。

8 わる数とわられる数の両方を10倍や100倍などしてわる数を整数にして計算します。

1 (1) 18.5 (2) 2010.25 (3) 5.61
(4) 8.64 (5) 0.03

2 (1) 1.8 (2) 1.3
(3) 4.1 (4) 0.2

3 (1) 13.5 あまり 0.05
(2) 4.1 あまり 0.02
(3) 5.9 あまり 0.03
(4) 4.3 あまり 0.025

4 (1) 0.8 (2) 2.4
(3) 2.4 (4) 7.2

5 (式) 0.45 ÷ 0.3 = 1.5
(答え) 1.5L

6 (式) 800 ÷ 10 = 80
4200 ÷ 80 = 52.5
(答え) 52.5 分

7 (式) 1200 ÷ 2.4 = 500
500 + 1 = 501
(答え) 501 本

解説

2 小数第一位までのがい数にするときは，小数第二位の数を四捨五入します。

3 わられる数が小数のわり算で，あまりを求めるときは，わられる数の小数点の位置とあまりの小数点の位置は同じになります。

4 □×●＝▲は▲÷●＝□で求めることができます。また□÷●＝▲は●×▲＝□で，●÷□＝▲は●÷▲＝□で求めることができます。

5 もともと入っていた量を□Lとすると，
□× 0.3 = 0.45 となります。□は，
0.45 ÷ 0.3 = 1.5（L）となります。

6 10 分間で 0.8km = 800m 進む速さなので，
800 ÷ 10 = 80 より1分間に80m進みます。よって，4.2km = 4200m なので，
4200 ÷ 80 = 52.5（分）となります。

7 A 地点から B 地点までの 1.2km の道のりに2.4 m の間隔をあけて植えるので
1200m ÷ 2.4m = 500 より 間が 500 個あります。A 地点と B 地点の前にも木を植えるので，500 + 1 = 501（本）となります。

1 (1) 29.8　(2) 6.7　(3) 16
　　(4) 29.6　(5) 20.22

2 (1) 3.8　(2) 10　(3) 7
　　(4) 4.13　(5) 2.8

3 44

4 (1) 0.40　(2) 0.02

5 （式）0.8 × 120 = 96
　　　　96 ÷ 20 = 4.8
　　　　4.8 − 0.8 = 4
　　（答え）4m

6 （式）120 × 0.75 = 90
　　　　120 − 90 = 30
　　　　30 × 0.8 = 24
　　　　120 − （90 + 24）= 6
　　（答え）6 人

7 9.5, 9.6

解説

2 (1) □ = (19.9 − 10.8) ÷ 1.4 − 2.7 = 3.8

(2) □ = (4 ÷ 0.25 − 2.5) ÷ (1.95 − 0.6)
　　= 10

(3) □ = (6.3 ÷ 4.2 − 0.625) × 8 = 7

(4) □ = (2.34 − 0.0272) ÷ 0.56 = 4.13

(5) 2.8 ÷ (3.2 − □) × 1.2 = 48 × 0.1 + 3.6
　　2.8 ÷ (3.2 − □) × 1.2 = 8.4
　　2.8 ÷ (3.2 − □) = 8.4 ÷ 1.2
　　2.8 ÷ (3.2 − □) = 7
　　3.2 − □ = 2.8 ÷ 7
　　3.2 − □ = 0.4
　　□ = 3.2 − 0.4 = 2.8

3 ある整数を N とすると，N ÷ 8 の商は 5.5 以上 6.5 未満になります。よって，ある整数は
5.5 × 8 = 44 以上 6.5 × 8 = 52 未満となります。

4 (1) 0.7428 × 0.543 = 0.4033404，一の位が 0 なので上から 2 けたの位は小数第二位なので小数第三位を四捨五入します。よって 0.40 となります。ただし，上から 2 けたのがい数なので末位の 0 は残します。

(2) 0.538 ÷ 23.1 = 0.0232… より，上から 2

けたの位を四捨五入して上から 1 けたのがい数であらわすと 0.02 となります。一の位の 0 や，小数第一位の 0 は数えません。

5 池の周りに木を植えるので，木の本数と間の数は同じになります。120 この間があるので，1 つの間を 0.8m 長くすると
0.8 × 120 = 96（m）なので，120 本すべて植えると 1 周すべて植えることができて，さらに，96m 多く植えることになります。96 ÷ 20 = 4.8（m）より，4.8m は長くしたあとの長さなので 4.8 − 0.8 = 4（m）が最初に植えようとしたときの間の長さです。

6 バスで通学しているのは
120 × 0.75 = 90（人）です。バスで通学していない人数が 120 − 90 = 30（人）なので，自転車で通学している人数は 30 × 0.8 = 24（人）となります。よって，徒歩で通学している人数は 120 − （90 + 24）= 6（人）となります。

7 A は小数第一位までの小数だから，A × A は小数第二位までの小数です。A の小数第一位の数と A × A の小数第二位の数が同じになるので，その数の候補は，1 と 5 と 6 です。また，A の一の位の数と A × A の十の位の数が同じなので，A × A は A のほぼ 10 倍であることがわかります。よって，A は 10 に近い数字であり，A = 9.5 とすると，
9.5 × 9.5 = 90.25 で条件を満たします。また，A = 9.6 とすると，
9.6 × 9.6 = 92.16 で条件を満たします。

―― **中学入試に役立つ アドバイス** ――
数の問題では，末位に注目するとよいことがあります。

1 (1) 8　(2) 21.6

2 (1) 7.8　(2) 2.374

3 （式）4.2 ÷ 2 = 2.1

　　　 (2.1 − 0.4) ÷ 2 = 0.85

　　（答え）0.85m

4 （式）1.6 ÷ 0.4 = 4

　　（答え）4m

5 （式）□ × 3 − 0.4 = 5

　　　 □ = (5 + 0.4) ÷ 3

　　　 □ = 1.8

　　（答え）1.8L

6 (1) （式）0.24 ÷ 3 = 0.08

　　　　 0.08 × 20 = 1.6

　　（答え）1.6km

　　(2) （式）1.5 ÷ 5 = 0.3

　　　　 0.9 ÷ 0.3 = 3

　　　　 20 + 3 = 23

　　（答え）23分

7 (1) 49　(2) 小数第六十一位

解説

2 (1) □ = 35.1 ÷ 4.5 = 7.8

(2) 1kg = 1000g です。

　　□ kg = 3.1kg − 726g

　　　　 = 3.1kg − 0.726kg

　　　　 = 2.374kg

3 周りの長さが 4.2m なので縦の長さと横の長さの和は 4.2 ÷ 2 = 2.1 (m) です。横の長さが縦の長さよりも 0.4m 長いので，これを引いた長さ 2.1 − 0.4 = 1.7 (m) は縦の長さ 2 本分と等しいとわかります。よって，縦の長さは 1.7 ÷ 2 = 0.85 (m) とわかります。

4 もとのロープの長さの 0.4 倍が 1.6m なので，もとのロープの長さは，1.6 ÷ 0.4 = 4 (m) だとわかります。

5 （Aに入っている水）＝（Bに入っている水）＋ 0.8L，（Cに入っている水）＝（Bに入っている水）− 1.2L となります。水の量の合計を Bに入っている量を基準に考えると，

B ＋ 0.8L ＋ B ＋ B − 1.2 (L) となり，1.2 − 0.8 = 0.4 より，水の量の合計は Bの 3 倍より 0.4L 少ないとわかります。よって，B × 3 = 5 + 0.4 となるので Bに入っている水の量は 1.8L となります。

6 (1) 3 分間で 0.24km 進むので 1 分間だと 0.24 ÷ 3 = 0.08(km) 進みます。20 分間では，0.08 × 20 = 1.6 (km) 進みます。これが，家から公園までの道のりとなります。

(2) 公園から学校まで 5 分間で 1.5km の速さで進んだので，1 分間で 1.5 ÷ 5 = 0.3 (km) 進みます。公園から学校までの道のりは 0.9km なので，かかる時間は 0.9 ÷ 0.3 = 3 （分）です。よって，家を出発してから学校に到着するまでにかかった時間は，20 + 3 = 23 （分）になります。

7 (1) 347 ÷ 1111 = 0.312331… と「3123」の繰り返しとなっています。この 4 つの整数のグループで考えると，小数第二十二位までに 22 ÷ 4 = 5 あまり 2 で，このグループが 5 組とあまりの 2 個（3 と 1）に分かれます。1 つのグループの和が 9 なので，小数第二十二位までの和は 9 × 5 + 3 + 1 = 49 となります。

(2) 「3123」の 3 は 2 個あります。31 個出てくるには 31 ÷ 2 = 15 あまり 1 より 15 組と「3」が 1 個必要です。したがって，4 × 15 + 1 = 61 より小数第六十一位の数が 31 個目の 3 だとわかります。

6 分数，分数のたし算・ひき算①

1 (1) $\dfrac{5}{2}$　(2) $\dfrac{15}{7}$　(3) $2\dfrac{7}{8}$　(4) $9\dfrac{3}{5}$

2 (1) $5\dfrac{1}{5}$　(2) 4　**3** (1) $\dfrac{11}{4}$　(2) $\dfrac{100}{9}$

4 (1) $\dfrac{1}{3}$, $\dfrac{1}{5}$, $\dfrac{1}{7}$　(2) $1\dfrac{11}{8}$, $1\dfrac{7}{8}$, $\dfrac{13}{8}$

5 (1) $\dfrac{4}{5}$　(2) $\dfrac{7}{9}$　(3) $1\dfrac{1}{11}$

(4) $5\dfrac{4}{5}$　(5) $8\dfrac{1}{7}$　(6) 4

6 (1) $\dfrac{3}{7}$　(2) $\dfrac{1}{9}$　(3) 1

(4) $2\dfrac{1}{3}$　(5) $2\dfrac{5}{7}$　(6) 2

7 (1) 0.6　(2) 0.25　(3) 0.625
(4) 0.0625

8 (1) $\dfrac{9}{10}$　(2) $\dfrac{21}{100}$　(3) $\dfrac{73}{100}$　(4) $\dfrac{7}{100}$

解説

2 (1) $26 \div 5 = 5$ あまり 1 なので，$5\dfrac{1}{5}$ となります。

(2) $44 \div 11 = 4$ なので整数となります。

3 (2) $11 \times 9 + 1 = 100$ より $\dfrac{100}{9}$ となります。

4 (1) 分子の数が同じなので，分母の数が小さいほど数の大きさは大きいことを利用します。

(2) $1\dfrac{11}{8}$ を正しい帯分数に直すと $2\dfrac{3}{8}$ となります。

7 分数を小数であらわすときは分子÷分母を計算した商で表します。

8 小数第一位は $\dfrac{1}{10}$ の位なので，$\dfrac{1}{10}$ がいくつあるかを表しています。同じように小数第二位は $\dfrac{1}{100}$ の位なので，$\dfrac{1}{100}$ がいくつかを表しています。

1 (1) $\dfrac{3}{5}$　(2) $\dfrac{3}{7}$　(3) $\dfrac{7}{9}$

2 (1) $2\dfrac{7}{10}$　(2) $8\dfrac{37}{100}$　(3) 4.75　(4) 3

3 (1) 0.7, $\dfrac{3}{4}$, $\dfrac{19}{25}$　(2) 2.6, $2\dfrac{2}{3}$, $2\dfrac{15}{22}$

4 (1) $\dfrac{14}{17}$　(2) $1\dfrac{5}{9}$　(3) $1\dfrac{5}{7}$　(4) $3\dfrac{2}{11}$

5 (1) $6\dfrac{4}{5}$　(2) $7\dfrac{1}{12}$　(3) $2\dfrac{6}{7}$　(4) $5\dfrac{5}{11}$

6 (1) 5 人　(2) 150m　(3) 24 人

7 （式）$10 - \left(3\dfrac{2}{5} + 1\dfrac{3}{5} \right) = 5$

（答え）5m

解説

1 商を分数で表すとわられる数が分子に，わる数が分母になるので，● ÷ ▲ ＝ $\dfrac{●}{▲}$ となります。

2 1 より大きい数を小数から分数で表すときは帯分数の整数部分と真分数に分けて考えます。

(2) 8.37 の 0.37 は $\dfrac{37}{100}$ なので $8\dfrac{37}{100}$ となります。

(3) $\dfrac{3}{4} = 3 \div 4 = 0.75$ なので，4.75 となります。

3 分数を小数にすると大小の関係がわかりやすくなります。

6 (1) 20 人の $\dfrac{1}{4}$ は 20 を 4 つに分けた 1 つ分なので $20 \div 4 \times 1 = 5$ （人）となります。

(3) 42 人の $\dfrac{3}{7}$ は 42 を 7 つに分けた 3 つ分なので男子の人数は $42 \div 7 \times 3 = 18$ （人）となります。よって，女子の人数は $42 - 18 = 24$ （人）です。

7 はるかさんがあげたひもの合計は $3\dfrac{2}{5} + 1\dfrac{3}{5} = 5$ (m)です。よって $10 - 5 = 5$ (m)です。

1 (1) 1　(2) $9\frac{7}{9}$　(3) $1\frac{3}{8}$

　(4) $2\frac{5}{7}$　(5) $1\frac{12}{13}$

2 (1) $\frac{1}{4}$　(2) $\frac{1}{3}$　(3) $\frac{1}{60}$　(4) $\frac{2}{5}$

　(5) $\frac{7}{12}$　(6) $2\frac{3}{4}$

3 （式）$9 - 2\frac{2}{9} - 1\frac{5}{9} = 5\frac{2}{9}$

　　　　$5\frac{2}{9} - 1 = 4\frac{2}{9}$

　（答え）$4\frac{2}{9}$ dL

4 (1) $6\frac{1}{5}$ 時間　(2) $5\frac{47}{60}$ 時間

5 8

解 説

2 (1) 15分は1時間（60分）の $\frac{1}{4}$ です。

(2) 20分は1時間の $\frac{1}{3}$ です。

(4) 12分が $\frac{1}{5}$ 時間なので，24分は $\frac{2}{5}$ 時間です。

(5) 5分が $\frac{1}{12}$ 時間なので，35分は $\frac{7}{12}$ 時間です。

(6) 15分が $\frac{1}{4}$ 時間なので，45分は $\frac{3}{4}$ 時間です。

　よって，2時間45分は $2\frac{3}{4}$ 時間です。

3 大のコップと小のコップに入れたジュースの合計は $2\frac{2}{9} + 1\frac{5}{9} = 3\frac{7}{9}$ (dL) です。コップに入れたあとの残りは $9 - 3\frac{7}{9} = 5\frac{2}{9}$ (dL) になります。その後，残った量が1dLなので，こぼした量は

$5\frac{2}{9} - 1 = 4\frac{2}{9}$ (dL) となります。

4 (1) いつきさんの土曜日の勉強時間を平日の勉強時間をもとに求めると $1\frac{2}{5} + \frac{3}{5} = 2$（時間）となります。

日曜日の勉強時間は $2 + 2\frac{1}{5} = 4\frac{1}{5}$（時間）で，いつきさんの土曜日と日曜日の勉強時間の合計は $2 + 4\frac{1}{5} = 6\frac{1}{5}$（時間）です。

(2) ゆうじさんの土曜日の勉強時間は

$2 - \frac{7}{12} = 1\frac{5}{12}$（時間）で1時間25分です。ゆうじさんの勉強時間の合計はいつきさんより1時間多いので $7\frac{1}{5}$ 時間で7時間12分だとわかります。ゆうじさんの日曜日の勉強時間は7時間12分 − 1時間25分 = 5時間47分となるので，$5\frac{47}{60}$ 時間となります。

5 1より大きく3より小さい分数をたすと，

$1\frac{1}{3} + 1\frac{2}{3} + 2\frac{1}{3} + 2\frac{2}{3} = 8$ となります。
最初の数と最後の数の和は4となります。また，最初から2番目の数と最後から2番目の数の和も4となります。よって

$\left(1\frac{1}{3} + 2\frac{2}{3}\right) \times 4 \div 2 = 8$ でも求めることが

できます。

─── 中学入試に役立つ **アドバイス** ───

分母と分子の最大公約数が1で，それ以上約分できない分数を既約分数といいます。
例えば，分母が同じ数のとき，0より大きく1より小さい既約分数の中でいちばん小さい数といちばん大きい数の和は1になります。
また2番目に小さい数と2番目に大きい数の和も1になり，3番目以降も同じ性質があります。

★　標準レベル　　問題**42**ページ

1 (1) ① 12　② 39　(2) ① 20　② 65
　　(3) ① 18　② 32　(4) ① 9　② 20

2 (1) $\dfrac{25}{35}$, $\dfrac{28}{35}$　(2) $\dfrac{15}{36}$, $\dfrac{10}{36}$

　　(3) $\dfrac{5}{15}$, $\dfrac{6}{15}$, $\dfrac{4}{15}$

3 (1) $\dfrac{3}{4}$　(2) $\dfrac{2}{5}$　(3) $\dfrac{1}{3}$　(4) $\dfrac{3}{7}$

4 $\dfrac{11}{12}$, $\dfrac{3}{4}$, $\dfrac{5}{8}$

5 (1) $\dfrac{19}{24}$　(2) $1\dfrac{5}{12}$　(3) $\dfrac{53}{56}$

　　(4) $4\dfrac{3}{4}$　(5) $6\dfrac{29}{30}$　(6) $6\dfrac{10}{21}$

6 (1) $\dfrac{4}{15}$　(2) $\dfrac{8}{15}$　(3) $\dfrac{37}{80}$

　　(4) $2\dfrac{2}{9}$　(5) $1\dfrac{5}{6}$　(6) $1\dfrac{16}{35}$

7 (1) （式）$1\dfrac{1}{3}+\dfrac{3}{4}=2\dfrac{1}{12}$

　　　（答え）$2\dfrac{1}{12}$ km

　　(2) （式）$1\dfrac{1}{3}-\dfrac{3}{4}=\dfrac{7}{12}$

　　　（答え）今日のほうが $\dfrac{7}{12}$ km多く走った

解説

1 分母と分子を同じ数でわってもその大きさは変わりません。この性質を利用して簡単な数の分数にすることを約分といいます。
また，分母と分子に同じ数をかけてもその大きさは変わりません。この性質を利用して分母と分子の数を変えることを通分といいます。

4 通分して分子の数を比べます。

5 (1) $\dfrac{1}{8}+\dfrac{2}{3}=\dfrac{3}{24}+\dfrac{16}{24}=\dfrac{19}{24}$

★★　上級レベル　　問題**44**ページ

1 (1) $\dfrac{173}{105}$　(2) $\dfrac{8}{9}$　(3) $\dfrac{107}{90}$

　　(4) $8\dfrac{1}{12}$　(5) $1\dfrac{26}{105}$

2 (1) $\dfrac{6}{18}$, $\dfrac{12}{18}$

　　(2) $\dfrac{2}{18}$, $\dfrac{3}{18}$, $\dfrac{6}{18}$, $\dfrac{9}{18}$　(3) 6こ

3 7

4 (1) 3　(2) 28

5 0.07

6 $\dfrac{45}{117}$

7 $\dfrac{84}{155}$

解説

2 (1) 分母が3になるには分母と分子が6でわり切れればよいので，分子が6と12のときになります。
(2) 分子が18の約数のときに1になるので，(1)，2，3，6，9，(18) のときです。
(3) 18は2や3でわり切れるので1から18の中で2の倍数と3の倍数ではない数が分子になるものです。

3 通分して分母が21になる組み合わせはそれぞれの数が21の約数（1, 3, 7, 21）のときです。また，通分して分母が35になる組み合わせはそれぞれの数が35の約数（1, 5, 7, 35）のときです。よってBの分母は7とわかります。

4 (1) 分子が一定なので，$\dfrac{5}{6}$ の分子を20にすると分母は24となります。よって，27 − 24 ＝ 3 となります。

6 $\dfrac{5}{13}$ の分母と分子をそれぞれ2倍すると分母と分子の差も2倍になります。よって，72 ÷ 8 ＝ 9（倍）なので $\dfrac{45}{117}$ となります。

1 (1) $\dfrac{7}{8}$　(2) $\dfrac{1}{8}$　(3) $11\dfrac{1}{3}$

　(4) $\dfrac{41}{512}$　(5) $4\dfrac{47}{48}$

2 (1) 2 こ　(2) $\dfrac{2}{7}$　(3) $\dfrac{9}{26}$, $\dfrac{9}{25}$

3 (1) 4 こ　(2) $7\dfrac{1}{2}$　(3) 42 番目

4 (1) $\dfrac{\boxed{9}\,\boxed{2}}{\boxed{4}\,\boxed{8}\,\boxed{7}\,\boxed{6}} = \dfrac{1}{53}$

　(2) $\boxed{3} + \dfrac{\boxed{6}\,\boxed{9}\,\boxed{2}\,\boxed{5}\,\boxed{8}}{\boxed{7}\,\boxed{1}\,\boxed{4}}$

解説

2 (1) $\dfrac{1}{3} < \dfrac{\square}{12} < \dfrac{3}{4}$ なので通分すると

$\dfrac{4}{12} < \dfrac{\square}{12} < \dfrac{9}{12}$ となります。分子が 4 より

大きく，9 より小さい数の中で約分できない
のは分子が 5，7 のときです。

(2) $\dfrac{1}{6} < \dfrac{\square}{7} < \dfrac{2}{5}$ なので通分すると

$\dfrac{35}{210} < \dfrac{\square \times 30}{210} < \dfrac{84}{210}$ となります。分子が

35 より大きく，84 より小さい数の中で 30
の倍数は 60 だけです。$30 \times \square = 60$ なので
$\square = 2$ とわかります。

（別解）

$\dfrac{1}{6} < \dfrac{\square}{7} < \dfrac{2}{5}$ なので分母を 7 にそろえると

$\dfrac{1.1\cdots}{7} < \dfrac{\square}{7} < \dfrac{2.8}{7}$ となります。分子が 1.1

…より大きく，2.8 より小さい数の中で整数
は 2 だけなので $\square = 2$ とわかります。

3 (1) 15 番目の分数は $\dfrac{5}{6}$ です。分母が 2 と 3

と 5 の分数の中に約分できる分数はなく，分
母が 4 の分数の中で約分できるのは分子が 2
のとき，分母が 6 の分数の中で約分できるの

は分子が 2，3，4 のときなので全部で 4 個
とわかります。

(2) 同じ分母のものでたし算をすると

$\dfrac{1}{2} + \dfrac{1+2}{3} + \dfrac{1+2+3}{4} +$

$\dfrac{1+2+3+4}{5} + \dfrac{1+2+3+4+5}{6}$

$= \dfrac{1}{2} + 1 + \dfrac{3}{2} + 2 + \dfrac{5}{2} = 7\dfrac{1}{2}$ となります。

(3) (2)より同じ分母の分数の和が $\dfrac{1}{2}$ ずつ増加して

いることがわかります。分母が 7 の分数の和

を加えると $7\dfrac{1}{2} + 3 = 10\dfrac{1}{2}$，分母が 8 の

分数の和を加えると $10\dfrac{1}{2} + 3\dfrac{1}{2} = 14$，

分母が 9 の分数の和を加えると $14 + 4 =$
18 なので，次の分母が 10 の分数を加えてい
る途中で 20 以上になるとわかります。20 以
上になるまであと 2 なので，

$\dfrac{1+2+\cdots}{10} = \dfrac{20 \text{以上}}{10}$ になるのは 1 から 6

までの和が 21 となればよいです。よって，

$\dfrac{6}{10}$ まで加えたときとなります。分母が 9 の

分数のグループまでは

$1 + 2 + 3 + \cdots + 7 + 8 = 36$（個）並んで

いるので，$\dfrac{6}{10}$ は $36 + 6 = 42$（番目）の分

数とわかります。

4 (1) 分母が分子の 53 倍であることに気づくこ
とがポイントになります。

(2) 1 けたの整数と分数の和が 100 になるので，
分数の値は 91 以上 99 以下です。1 けたの
方に 1，2，3…と入れてみて考えてみましょう。

┌─ 中学入試に役立つ **アドバイス** ─┐

調べ上げで問題を解くときは，問題で与えら
れている条件から答えになる範囲をしぼった
うえで調べ上げましょう。

└──────────────────┘

1 ① 4 ② 4 ③ 4 ④ 8 ⑤ 8

2 (1) $\dfrac{15}{8}$ (2) $\dfrac{35}{6}$ (3) $\dfrac{26}{29}$ (4) $\dfrac{119}{30}$

(5) $\dfrac{81}{4}$ (6) $\dfrac{95}{6}$ (7) $\dfrac{333}{8}$ (8) $\dfrac{135}{2}$

3 （式） $36 \times \dfrac{5}{6} = 30$

（答え）30 人

4 ① 3 ② 16 ③ 3 ④ $\dfrac{3}{16}$ ⑤ $\dfrac{3}{16}$

5 (1) $\dfrac{4}{21}$ (2) $\dfrac{1}{13}$ (3) $\dfrac{5}{144}$

(4) $\dfrac{1}{8}$ (5) $\dfrac{1}{24}$ (6) $\dfrac{23}{36}$

6 20

7 (1) $\dfrac{1}{35}$ (2) $\dfrac{1}{50}$ (3) $\dfrac{1}{30}$

8 $\dfrac{5}{18}$ m

解 説

2 「分数×整数」のとき整数は分子にかけて計算します。また，かけ算は帯分数を仮分数になおしてから計算します。

(5) $2\dfrac{1}{4} \times 9 = \dfrac{9}{4} \times 9 = \dfrac{81}{4}$

3 クラスの人数の $\dfrac{5}{6}$ とはクラスの人数の $\dfrac{5}{6}$ 倍

のことを表します。

5 「分数÷整数」のとき，わる数の整数は分母にかけて計算します。また，わり算は帯分数になおしてから計算します。

(6) $3\dfrac{5}{6} \div 6 = \dfrac{23}{6} \div 6 = \dfrac{23}{6 \times 6} = \dfrac{23}{36}$

7 分子が1どうしのかけ算は分母どうしをかけて計算します。

8 $\dfrac{5}{6} \div 3 = \dfrac{5}{6 \times 3} = \dfrac{5}{18}$ （m）となります。

1 (1) ① 1 ② 2 ③ 2

(2) ① 3 ② 7 ③ 3 ④ 7 ⑤ 21

(3) ① 25 ② 22 ③ 25 ④ 22
⑤ 550 ⑥ 55

(4) ① 7 ② 21 ③ 7 ④ 21
⑤ 7 ⑥ 21 ⑦ 5

2 (1) $\dfrac{35}{72}$ (2) $\dfrac{3}{25}$ (3) $\dfrac{1}{11}$

(4) $\dfrac{11}{6}$ (5) $\dfrac{38}{9}$ (6) $\dfrac{86}{3}$

3 (1) $\dfrac{20}{21}$ (2) $\dfrac{125}{162}$ (3) $\dfrac{9}{14}$

(4) 4 (5) $\dfrac{9}{4}$ (6) $\dfrac{13}{42}$

4 (1) $\dfrac{5}{6}$ (2) $\dfrac{10}{27}$ **5** (1) $\dfrac{35}{4}$ (2) 24

解 説

1 「分数×分数」は分母どうし分子どうしをかけて計算します。

「分数÷分数」では，わる数を逆数（分母と分子を入れかえた数）にしてわられる数にかけて計算します。

2 分数のかけ算で約分をするときは計算した後ではなく，計算の途中で約分すると計算が簡単になります。

3 分数のわり算では，最初に逆数のかけ算にしてから約分をします。

4 (1) ある数を X とすると X $\div \dfrac{4}{9} = 1\dfrac{7}{8}$ となるので，X $= 1\dfrac{7}{8} \times \dfrac{4}{9} = \dfrac{15}{8} \times \dfrac{4}{9} = \dfrac{5}{6}$

となります。

5 (1) 分数をかけてAとBを整数にするにはかける数の分子が5と7の公倍数でなければなりません。また，かける数が最小のとき分子はできるだけ小さく分母はできるだけ大きい数であればよいので，分子は5と7の最小公倍数である35，分母は8と12の最大公約数の4となります。

1 (1) $\dfrac{3}{10}$　(2) $\dfrac{17}{10}$　(3) $\dfrac{1}{84}$　(4) $\dfrac{50}{49}$

　　(5) $\dfrac{6}{5}$　(6) $\dfrac{43}{8}$　(7) $\dfrac{2}{3}$　(8) $\dfrac{1}{210}$

2 320人　**3** 108cm　**4** 120本

5 984　**6** 7

解説

1 計算の順序に気をつけましょう。わり算は逆数のかけ算になおし，約分をしましょう。

(7) $\left(\dfrac{3}{4} - \square\right) \times \dfrac{6}{7} = \dfrac{2}{3} \div \dfrac{7}{6} - \dfrac{1}{2}$

$\square = \dfrac{3}{4} - \dfrac{1}{14} \div \dfrac{6}{7} = \dfrac{8}{12} = \dfrac{2}{3}$

2 休んだ人のうちの $\dfrac{3}{5}$ が頭がいたいという理由で，おなかがいたいという理由の人はその残りなので，休んだ人の $\dfrac{2}{5}$ にあたります。休んだ人を $\square$ とすると $\square \times \dfrac{2}{5} = 32$（人）なので，

$\square = 32 \div \dfrac{2}{5} = 32 \times \dfrac{5}{2} = 80$（人）となります。

次に休んだ人は学校の人数の $\dfrac{1}{4}$ なので，学校の人数を $\triangle$ にすると $\triangle \times \dfrac{1}{4} = 80$（人）となり，

$80 \times 4 = 320$（人）となります。

3 ゆずさんの身長の $\dfrac{1}{3}$ が水面から出ているのでプールの深さはゆずさんの身長の $\dfrac{2}{3}$ とわかります。また，みなみさんの身長の $\dfrac{1}{4}$ が水面から出ているのでプールの深さはみなみさんの身長の $\dfrac{3}{4}$ とわかります。プールの深さを⑥とすると「ゆずさんの身長」$\times \dfrac{2}{3} = $⑥より，ゆずさんの

身長は⑨です。また「みなみさんの身長」$\times \dfrac{3}{4}$ ＝⑥より，みなみさんの身長は⑧です。ゆずさんとみなみさんの身長の差が18cmなので，①＝18cmです。よって，⑥＝18×6＝108（cm）となります。

4 くじの本数を⑩とします。当たりくじの本数は⑩$\times \dfrac{1}{5} + 6 = $②＋6（本）です。また，はずれくじの本数は⑩$\times \dfrac{1}{2} + 30 = $⑤＋30（本）です。よって，②＋6＋⑤＋30＝⑦＋36となり，これが⑩と等しいので③＝36（本）とわかります。したがって①＝12（本）よりくじは全部で12×10＝120（本）となります。

5 求める3けたの整数をNとすると

N$\times \dfrac{69}{8} = $整数とN$\div \dfrac{41}{2}$ より，

N$\times \dfrac{2}{41} = $整数とそれぞれ表すことができます。

Nは8と41の公倍数で最も大きい3けたの数なので，最小公倍数は328より，328×3＝984となります。

6 計算結果が最も小さな整数になるときなので，約分でできるだけ小さい数になるようにしなければなりません。2から10までの数を素数のかけ算の形にすると，2，3，2×2，5，2×3，7，2×2×2，3×3，2×5となります。これより7は分子だと決まります。また2が8個，3が4個，5が2個なので，分母と分子にそれぞれ，2が4個ずつ，3が2個ずつ，5が1個ずつふくまれるように数字を入れて約分すると1になります。よって，計算結果は分子にある7が残るので7となります。

─ 中学入試に役立つ アドバイス ─

整数を素数のかけ算の式になおすことを素因数分解といいます。素因数分解をすることで調べ上げの範囲がしぼられることがあります。

9 計算の工夫

★ 標準レベル　問題 54 ページ

1 (1) 107　(2) 328　(3) 2000
　　(4) 10584　(5) 400　(6) 50　(7) 55

2 (1) 360　(2) 5700
　　(3) 237000　(4) 1000000

3 (1) 800　(2) 700　(3) 120　(4) 1700
　　(5) 6700　(6) 4650　(7) 675

4 (1) 22077　(2) 2121　(3) 82917
　　(4) 4590　(5) 679　(6) 7420

5 (1) 5100　(2) 46000　(3) 11100

解説

1 計算の順番を入れかえて計算結果の下の位の数が 0 になるように工夫します。

(2) $314 - 54 + 68 = 260 + 68 = 328$

(5) $(19 + 81) + (54 + 46) + (72 + 28) + (63 + 37) = 400$

(6) $(98 - 78) + (87 - 67) + (62 - 52) = 50$

2 計算の順番を入れかえて×10 や×100 を作るように工夫します。

(2) $57 \times (25 \times 4) = 57 \times 100 = 5700$

(3) $125 \times 8 = 1000$

(4) $8 = 2 \times 4$ なので，$25 \times 4 \times 25 \times 4 \times 25 \times (2 \times 2) = 1000000$

3 同じ数がかけられているものをまとめて計算します。

(2) $7 \times (37 + 63) = 7 \times 100 = 700$

(4) $17 \times (123 - 23) = 17 \times 100 = 1700$

(7) $(2 \times 5 + 3 \times 7 - 2 \times 3) \times 27 = 25 \times 27 = 675$

4 (4) $(100 + 2) \times 45 = 4500 + 90 = 4590$

(6) $47 \times (100 + 1) + 27 \times (100 - 1)$
　　$= 4700 + 47 + 2700 - 27$
　　$= 7400 + 20$
　　$= 7420$

5 (1) $(25 \times 12) \times 17 = 300 \times 17 = 5100$

(2) $(125 \times 16) \times 23 = 2000 \times 23 = 46000$

(3) $(12 \times 25) \times 37 = 300 \times 37 = 11100$

★★ 上級レベル　問題 56 ページ

1 (1) 90　(2) 1700　(3) 6700
　　(4) 7500　(5) 3100　(6) 202300

2 (1) 31.4　(2) 15.9
　　(3) 2.5　(4) 8.64

3 (1) 710　(2) 0　(3) 50.24　(4) 314
　　(5) 1089　(6) 27　(7) 339

4 (1) 120　(2) 325　(3) 26182

解説

1 (4) $25 \times (125 + 55 + 120)$
　　$= 25 \times 300 = 7500$

2 (2) $2.65 \times (3.28 + 2.72)$
　　$= 2.65 \times 6 = 15.9$

(3) $(2 - 1.5) \times 3.35 \div 0.67$
　　$= 0.5 \times 5 = 2.5$

3 (3) $3 \times 2 \times 3.14 + 7 \times 6.28 - 2 \times 4 \times 1.57$
　　$= 3 \times 6.28 + 7 \times 6.28 - 2 \times 6.28$
　　$= (3 + 7 - 2) \times 6.28$
　　$= 8 \times 6.28 = 50.24$

(7) $678 \times 0.79 + 678 \times 0.57 - 0.86 \times 678$
　　$= 678 \times (0.79 + 0.57 - 0.86)$
　　$= 678 \times 0.5 = 339$

4 (2) $(19 + 31) \times 13 \div 2$
　　$= 25 \times 13 = 325$

(3) 2008 から 2020 までの 13 個の数の和になります。このような数の列を数列といい，となりの数どうしの差が等しい（この場合は差は 1 です。）数列を等差数列といいます。等差数列の和は，アドバイスにあるような公式を用いて計算します。項数とは，数の個数です。

$(2008 + 2020) \times 13 \div 2$
$= 2014 \times 13 = 26182$

― 中学入試に役立つ アドバイス ―

等差数列の和の求め方
｛（最初の数）＋（最後の数）｝×項数÷2

1 (1) 11111　(2) 9.4　(3) 570　(4) 605

(5) 6.28　(6) 10　(7) 202000

(8) 2.5　(9) 2021　(10) 3　(11) 126.4

2 (1) 1716　(2) 5.5

3 100

4 $\dfrac{1}{3}$

5 $\dfrac{8}{9}$

6 (1) $\dfrac{2}{9}$　(2) $1\dfrac{13}{56}$　(3) $\dfrac{10}{39}$

解説

1 (1) $(10 - 1) + (100 - 1) + (1000 - 1)$

$+ (10000 - 1) + 5$

$= (10 + 100 + 1000 + 10000) - (1 \times 4)$
$+ 5$

$= 11111$

(2) $(10 - 8.12) \times 5$

$= 1.88 \times 5$

$= 9.4$

(4) $11 \times 11 + 4 \times 11 \times 11 + 9 \times 11 \times 11$

$+ 16 \times 11 \times 11 - 25 \times 11 \times 11$

$= (1 + 4 + 9 + 16 - 25) \times 11 \times 11$

$= 5 \times 11 \times 11$

$= 605$

(6) $(56 + 44) \times 19 \div \{ (2 + 8) \times 19 \}$

$= 100 \times 19 \div (10 \times 19)$

$= 100 \div 10$

$= 10$

(9) $2021 \times 2 - 2021 \times 0.5 + 2021 \times 0.17$

$- 2021 \times 0.67$

$= 2021 \times (2 - 0.5 + 0.17 - 0.67)$

$= 2021 \times 1$

$= 2021$

(11) $12.64 \times 2 = 1264 \times 0.02$

$= 632 \times 0.04$

$632 \times 0.2 + 632 \times 0.04 - 632 \times 0.04$

$= 632 \times (0.2 + 0.04 - 0.04)$

$= 632 \times 0.2 = 126.4$

2 等差数列の和の公式を用いるため，まず項数を求めます。

(1) $4 + 3 \times (\square - 1) = 100$ より $\square = 33$ なので，33 個の数字が並んでいることがわかります。

よって，$(4 + 100) \times 33 \div 2 = 1716$ となります。

3 $(1 + \square) \times \square \div 2 = 5050$

$(1 + \square) \times \square = 10100$

$10100 = 101 \times 100$ なので，$\square = 100$ です。

4 $\left(\dfrac{1}{2} - \dfrac{1}{3}\right) + \left(\dfrac{1}{3} - \dfrac{1}{4}\right) + \left(\dfrac{1}{4} - \dfrac{1}{5}\right) +$

$\left(\dfrac{1}{5} - \dfrac{1}{6}\right)$

$= \dfrac{1}{2} - \dfrac{1}{6}$

$= \dfrac{1}{3}$

5 $\dfrac{1}{1 \times 2} + \dfrac{1}{2 \times 3} + \dfrac{1}{3 \times 4} + \dfrac{1}{4 \times 5} +$

$\dfrac{1}{5 \times 6} + \dfrac{1}{6 \times 7} + \dfrac{1}{7 \times 8} + \dfrac{1}{8 \times 9}$

$= \left(1 - \dfrac{1}{2}\right) + \left(\dfrac{1}{2} - \dfrac{1}{3}\right) + \left(\dfrac{1}{3} - \dfrac{1}{4}\right) +$

$\left(\dfrac{1}{4} - \dfrac{1}{5}\right) + \left(\dfrac{1}{5} - \dfrac{1}{6}\right) + \left(\dfrac{1}{6} - \dfrac{1}{7}\right) +$

$\left(\dfrac{1}{7} - \dfrac{1}{8}\right) + \left(\dfrac{1}{8} - \dfrac{1}{9}\right)$

$= 1 - \dfrac{1}{9}$

$= \dfrac{8}{9}$

6 (2) $\dfrac{2}{1 \times 3} = \dfrac{3 - 1}{3} = 1 - \dfrac{1}{3}$ と考えることができます。

$\left(1 - \dfrac{1}{3}\right) + \left(\dfrac{1}{2} - \dfrac{1}{4}\right) + \left(\dfrac{1}{3} - \dfrac{1}{5}\right) +$

$\left(\dfrac{1}{4} - \dfrac{1}{6}\right) + \left(\dfrac{1}{5} - \dfrac{1}{7}\right) + \left(\dfrac{1}{6} - \dfrac{1}{8}\right)$

$= 1 + \dfrac{1}{2} - \dfrac{1}{7} - \dfrac{1}{8}$

$= 1\dfrac{13}{56}$

1 (1) $\dfrac{17}{18}$　(2) $\dfrac{8}{9}$

2 (1) 5.375　(2) $4\dfrac{17}{25}$

3 (1) 42　(2) 100

4 28, 29, 31, 32, 34（順不同）

5 $\dfrac{18}{30}$

6 $\dfrac{3}{8}$

7 (1) 8 こ　(2) 4

8 (1) （式）$24 \times \dfrac{3}{8} = 9$　$24 - 9 = 15$

　　（答え）15 人

　　(2) （式）$15 \times \dfrac{2}{5} = 6$　（答え）6 人

解 説

1 (1) $\dfrac{19}{9} + \dfrac{19}{6} - \dfrac{13}{3}$

$= \dfrac{38}{18} + \dfrac{57}{18} - \dfrac{78}{18}$

$= \dfrac{17}{18}$

(2) $\dfrac{5 \times 16 \times 21}{27 \times 7 \times 10} = \dfrac{8}{9}$

2 (1) $\dfrac{3}{8} = 0.375$ なので，$5\dfrac{3}{8} = 5.375$

(2) $4.68 = 4\dfrac{68}{100} = 4\dfrac{17}{25}$

3 (1) $(12.5 + 25.3) \div 0.9 = 37.8 \div 0.9$
$= 42$

(2) となりとの数の差がすべて 2 なので等差数列
の和の公式が使えます。1 から 19 まで 10
個の数の和なので，
$(1 + 19) \times 10 \div 2 = 100$

4 分子を 15 にそろえると $\dfrac{15}{35} < \dfrac{15}{\Box} < \dfrac{15}{27}$ と
なります。分子の 15 は 3 と 5 で約分ができる

ので 27 より大きく 35 よりも小さい整数の中で
3 の倍数でも 5 の倍数でもないものは 28, 29,
31, 32, 34 になります。

5 $\dfrac{3}{5}$ の分子と分母の和は $3 + 5 = 8$ です。

$48 \div 8 = 6$ になるので，分子と分母をそれぞれ
6 倍すればよいことがわかります。よって，

$$\dfrac{3 \times 6}{5 \times 6} = \dfrac{18}{30}$$

6 大きさを比べるときは分子や分母の数をそろ
えたり，分数を小数にしたりするとわかりやすい
です。

7 (1) 24 は 2 と 3 で約分できるので 1 以上 23
以下の数で 2 の倍数でも 3 の倍数でもないも
のは 1, 5, 7, 11, 13, 17, 19, 23 にな
ります。

(2) 1 番小さい数と 1 番大きい数をたすと 24 に
なり，さらに 2 番目に小さい数と 2 番目に大
きい数をたしても 24 になります。この性質
をつかうと(1)より約分されて 24 となる分数
は 8 個あるので 24 のセットが 4 個できます。

よって，$\dfrac{24 \times 4}{24}$ より 4 となります。

8 (1) 男子の人数は $24 \times \dfrac{3}{8} = 9$（人）とわか

るので，女子の人数は，$24 - 9 = 15$（人）
と求めることができます。

(2) 女子の人数が 15 人でそのうちの $\dfrac{2}{5}$ が眼鏡

をかけているので，眼鏡をかけている女子は

$15 \times \dfrac{2}{5} = 6$（人）いることがわかります。

1 (1) 最大公倍数はどこまでも大きい数になってしまうため。（無限にある，終わりがないため）
(2) 最小公約数は，どの2つの整数においても必ず1になるため。
(3) 4通り

2 (1) 4枚

(2) $\dfrac{2}{9}$

(3) 36枚

解説

1 (3) 最大公約数が4なので，この2つの整数は4の倍数です。また，最小公倍数が120ですので，この2つの整数は120の約数です。4＝2×2で，2つの整数は2×2は必ず入ります。また，120＝2×2×2×3×5なので，2，3，5がどちらかの整数に1つだけ入ります。（2つ以上入ると最大公約数が4ではなくなります。）考えられる2つの整数の組は，2×2と2×2×2×3×5，2×2×2と2×2×3×5，2×2×3と2×2×2×5，2×2×5と2×2×2×3の4通りとなり，これを計算すると4と120，8と60，12と40，20と24となります。

2 (1) 学くんは皿の上にあったクッキーの$\dfrac{1}{3}$を食べたので，学くんが食べたあとには，皿の上にあったクッキーの$\dfrac{2}{3}$が残っています。

食べたクッキーの2倍の数のクッキーが残っているので，学くんが食べたクッキーの数は8÷2＝4（枚）となります。

(2) 初めに焼いたクッキーの枚数を$\boxed{1}$とすると，好子さんが友達の家にクッキーを持って行った後のクッキーの枚数は$\boxed{\dfrac{2}{3}}$です。聖子さんとひろ子さんが食べたクッキーの枚数は合わせ

て$\boxed{\dfrac{2}{3}}\times\dfrac{1}{4}\times2=\boxed{\dfrac{1}{3}}$なので，残ったクッキーの枚数は$\boxed{\dfrac{2}{3}}-\boxed{\dfrac{1}{3}}=\boxed{\dfrac{1}{3}}$です。その後，学くんが食べたクッキーの枚数は$\boxed{\dfrac{1}{3}}\times\dfrac{1}{3}=\boxed{\dfrac{1}{9}}$となるので，お母さんが帰宅したときに残っているクッキーの枚数は，$\boxed{\dfrac{1}{3}}-\boxed{\dfrac{1}{9}}=\boxed{\dfrac{2}{9}}$となります。

(3) (2)より，お母さんが帰宅したときに残っていたクッキーの枚数が初めに焼いたクッキーの枚数の$\dfrac{2}{9}$倍になるので，お母さんが焼いたクッキーの枚数は，$8\div\dfrac{2}{9}=36$（枚）となります。

―― 中学入試に役立つ**アドバイス** ――

最大公約数，最小公倍数の問題は素数（1とその数自身でしか約数を持たない数）だけのかけ算の式に直すと考えやすいです。そのときに最大公約数は2つの整数の両方に入っている数字，最小公倍数はその2つの整数のどちらかに入っている数字をかけることで求められます。なお，素数は小さい順に2，3，5，7，11，13，17，19，23，29，…となります。20までの素数は覚えておいてもよいでしょう。

1 (1) 1500 個 (2) 1700 (3) 1782
2 ① 3 ② 9 ③ 15 ④ 3 ⑤ 6
⑥ 6 ⑦ 337 ⑧ 336

解説

1 (1) M を 4 倍して 4 桁の N になるためには，M が 2499 以下でないといけません。また，M は 4 桁の整数なので，M は 1000 以上です。よって，考えられる個数は，2499 − 1000 + 1 = 1500（個）となります。

(2) 性質①が成り立つので，M の千の位は 1 か 2 です。M の千の位が 1 のときは，性質①により，N の千の位が 4 〜 7 のいずれかになり，N の百の位が 1 になります。N の千の位が 4 のときの M は 1025 〜 1049 となるので性質②は成り立ちません。N の千の位が 5 のときの M は，1275 〜 1299 となるので，性質②は成り立ちません。N の千の位が 6 のときの M は，1525 〜 1549 となるので性質②は成り立ちません。N の千の位が 7 のときの M は，1775 〜 1799 となります。これは性質②も成り立ち，十の位を切り捨てると 1700 となります。

M の千の位が 2 のときは，性質①により，N の千の位が 8 か 9 です。N の千の位が 8 のときの M は，2050 〜 2074 となるので性質②は成り立ちません。N の千の位が 9 のときの M は，2300 〜 2324 となるので性質②は成り立ちません。

(3) (2)より，性質①と性質②が成り立つためには M が 1775 〜 1799 となる必要があります。M の十の位が 7 のときに，N の一の位が 7 になることはありません。M の十の位が 8 のときに，N の一の位が 8 になるのは，M が 1782 と 1787 のときです。M が 1782 のときは，N が 7128 となり，性質③も成り立ちます。また，M が 1787 のときは，N が 7148 となるので，性質③は成り立ちません。M の十の位が 9 のときは，N の一の位が 9 になることはありません。

2 ① $\dfrac{1}{7} + \dfrac{2}{7} + \dfrac{3}{7} + \dfrac{4}{7} + \dfrac{5}{7} + \dfrac{6}{7} = 3$

② $1 + 2 + 3 + \cdots + 18 = 18 \times (1 + 18) \div 2 = 171$，$171 \div 19 = 9$

③ $1 + 2 + 3 + \cdots + 30 = 30 \times (1 + 30) \div 2 = 465$，$465 \div 31 = 15$

── 中学入試に役立つ アドバイス ──

1 からの整数の和は，等差数列の和の公式を用いると，
$1 + 2 + 3 + \cdots + \square = \square \times (1 + \square) \div 2$
で求められます。

④ $1 + 3 + 5 + 9 + 11 + 13 = 42$，$42 \div 14 = 3$

⑤ $1 + 2 + 4 + 5 + 8 + 10 + 11 + 13 + 16 + 17 + 19 + 20 = 126$，$126 \div 21 = 6$

⑥ $1 + 5 + 11 + 13 + 17 + 19 + 23 + 25 + 29 + 31 + 37 + 41 = 252$，$252 \div 42 = 6$

⑦ $2022 \div (2 \times 3) = 337$

⑧ $2 \times 3 \times \square$（□は 2，3 ではない素数）の例として，30（$= 2 \times 3 \times 5$）で考えると，$(1 + 7 + 11 + 13 + 17 + 19 + 23 + 29) \div 30 = 4$ となります。また，66（$= 2 \times 3 \times 11$）で考えると，$(1 + 5 + 7 + 13 + 17 + 19 + 23 + 25 + 29 + 31 + 35 + 37 + 41 + 43 + 47 + 49 + 53 + 59 + 61 + 65) \div 66 = 10$ となります。⑥の答えより，42 と同じ法則を使うと，$2 \times 3 \times \square$（□は 2，3 ではない素数）で表せるときの答えは □ − 1 となることが分かります。⑦より，$2022 = 2 \times 3 \times 337$ となり，337 は 2，3 ではない素数なので $337 - 1 = 336$ となります。

1 (1) ウ　(2) 2倍　(3) 3倍
　　 (4) 2倍，5倍
　　 (5) 2倍，3倍，5倍，11倍　(6) 10組
2 (1) 小数第五位　(2) 小数第二十五位
　　 (3) 小数第十六位

解説

1 (1) $\dfrac{1}{A}$ よりも，$\dfrac{1}{C}$ のほうが大きくないと，

$\dfrac{1}{A}+\dfrac{1}{B}=\dfrac{1}{C}$ は成り立ちません。分子が同じ

数の場合，分母の数が大きい方が小さくなります。

(2) 整数Aが3なので，整数Bは3の倍数で，3よりも大きい数です。また，(1)より，CはAよりも小さいため，Aが3のときCは1か2です。Cが2のとき，

$\dfrac{1}{B}=\dfrac{1}{2}-\dfrac{1}{3}=\dfrac{1}{6}$ なので，Bは6となり，

$6\div3=2$（倍）となります。

(3) 整数Aが4なので，(1)より，Cは1か2か3です。Cが3のとき，

$\dfrac{1}{B}=\dfrac{1}{3}-\dfrac{1}{4}=\dfrac{1}{12}$ となるので，Bは12

となり，$12\div4=3$（倍）となります。

(4) 整数Aが6なので，(1)より，Cは1～5のいずれかとなります。Cが4のとき

$\dfrac{1}{B}=\dfrac{1}{4}-\dfrac{1}{6}=\dfrac{1}{12}$ なので，Bは12とな

り，$12\div6=2$（倍）となります。また，C

が5のとき，$\dfrac{1}{B}=\dfrac{1}{5}-\dfrac{1}{6}=\dfrac{1}{30}$ なので，B

は30となり，$30\div6=5$（倍）となります。

(5) 整数Aが12なので，(1)より，Cは1～11のいずれかとなります。
　 ① Cが8のとき，Bは24となり，
　　 $24\div12=2$（倍）となります。
　 ② Cが9のとき，Bは36となり，
　　 $36\div12=3$（倍）となります。

③ Cが10のとき，Bは60となり，
　 $60\div12=5$（倍）となります。
④ Cが11のとき，Bは132となり，
　 $132\div12=11$（倍）となります。

(6) 整数Aが72のとき条件を満たすのは，
　 $C=48, 54, 60, 63, 64, 66, 68, 69,$
　 $70, 71$ の10通りとなります。

2 (1) $\dfrac{1}{2\times2\times2\times2\times5\times5\times10}=\dfrac{1}{10}$

$\times\dfrac{1}{10}\times\dfrac{1}{10}\times\dfrac{1}{4}$ と考えると，$\dfrac{1}{10}$ を3

回かけて小数第三位になり，さらに $\dfrac{1}{4}$ をかけ

ると小数第五位までになります。

(2) この式は，$\dfrac{1}{20}$ を12回かけたものと $\dfrac{1}{2}$ を1

回かけたものの積になります。$\dfrac{1}{20}=0.05$

より，1回かけるごとに小数点が二位大きくなります。また，一番下の位が奇数のときは

$\dfrac{1}{2}$ をかけると，小数点が一位大きくなるので，

$12\times2+1=25$，小数第二十五位までとなります。

(3) $\dfrac{1}{2}$ を13回かけると $\dfrac{1}{8192}$ となり，$\dfrac{1}{10000}$

$\left(=\dfrac{1}{10}\times\dfrac{1}{10}\times\dfrac{1}{10}\times\dfrac{1}{10}\right)$ から $\dfrac{1}{8000}$

$\left(=\dfrac{1}{8}\times\dfrac{1}{10}\times\dfrac{1}{10}\times\dfrac{1}{10}\right)$ の間にある数

です。よって，この式の数は，$\dfrac{1}{10}$ を16回

かけたものと，$\dfrac{1}{10}$ を15回かけて $\dfrac{1}{8}$ をかけ

たものとの間の数になります。どちらの数でも小数第十六位に初めて0でない数字が現れます。

10 変わり方，倍の見方

★　標準レベル　問題**68**ページ

1 (1) 和　(2) 積　(3) 差　(4) 商

2 (1) ア 17　イ 5　ウ 17　エ 19

(2) □＋△ ＝ 20（△ ＝ 20 －□）

3 ア $\dfrac{3}{100}$　イ 3%　ウ 0.6　エ 60%

オ 0.75　カ $\dfrac{3}{4}$

4 (1) 75　(2) 1.8　(3) 700

5 (1) ア 6　イ 4　ウ 25.5　エ 16

(2) △ ＝□× 3

解　説

2 **1** (1)と同様に，0 ＋ 20 ＝ 20，1 ＋ 19 ＝ 20，2 ＋ 18 ＝ 20，…というように，□と△は和が一定で 20 になっています。その関係を式で表すと，□＋△ ＝ 20 です。

3 0.03 ＝ $\dfrac{3}{100}$ より，ア＝ $\dfrac{3}{100}$，イは 3%

$\dfrac{3}{5}$ ＝ 3 ÷ 5 ＝ 0.6 より，ウは 0.6，エは 60%

75%は 0.75 より，オは 0.75

0.75 ＝ $\dfrac{75}{100}$ ＝ $\dfrac{3}{4}$ より，カは $\dfrac{3}{4}$ です。

4 （もとにする量）×（割合）＝（比べられる量）という関係を利用して計算します。

(1) 3 ＝ 4 ×□より，□ ＝ 3 ÷ 4 ＝ 0.75 で，0.75 は 75%です。

(2) 4%は 0.04 なので，□ ＝ 45 × 0.04 ＝ 1.8

(3) 20%は 0.2 より，20%増しは，
1 ＋ 0.2 ＝ 1.2 なので，□× 1.2 ＝ 840 より，
□ ＝ 840 ÷ 1.2 ＝ 700

5 正三角形は 3 つの辺の長さが等しい三角形なので，周りの長さは 1 辺の長さの 3 倍になります。

(1) 例えば，イ× 3 ＝ 12 より，
イ ＝ 12 ÷ 3 ＝ 4

(2) （周りの長さ）＝（1 辺の長さ）× 3 という関係になるので，△ ＝□× 3 となります。

★★　上級レベル　問題**70**ページ

1 (1) ア 7　イ 10　ウ 16　エ 31

(2) 3 本

(3) △ ＝ 4 ＋ 3 ×（□－ 1）（△ ＝ 1 ＋ 3 ×□）

2 (1) ○　(2) ×　(3) ○　(4) ×

3 (1) 24km　(2) 1080km　(3) 75L

4 (1)

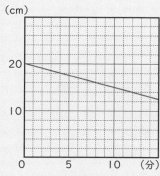

(2) 20cm　(3) 40 分後

5 350 人

解　説

1 正方形を 1 個増やすごとに使うマッチぼうは 3 本ずつ増えていきます。

(1) アは，4 ＋ 3 ＝ 7，イは 7 ＋ 3 ＝ 10，正方形が 5 個のときは，1 個のときよりも 4 個増えるので，ウは，4 ＋ 3 × 4 ＝ 16，同様に考えて，エ ＝ 4 ＋ 3 ×（10 － 1）＝ 31 です。

(3) (1)の考え方より，△ ＝ 4 ＋ 3 ×（□－ 1）となります。または，正方形を作る前に，初めにいちばん左の縦の 1 本だけおくと，正方形を 1 個作るごとにマッチぼうを 3 本ずつ増やしていけばよいので，△ ＝ 1 ＋ 3 ×□とすることもできます。

2 x と y の変化のようすを調べます。

(1)

x	1	2	3	4	5	6
y	6	12	18	24	30	36

x の値が 2 倍，3 倍，…となると，y の値も 2 倍，3 倍，…となっています。

(2) お母さんが 30 才のときに生まれたとすると，

x	0	1	2	3	4	5
y	30	31	32	33	34	35

(3)

x	1	2	3	4	5	6
y	50	100	150	200	250	300

x の値が 2 倍，3 倍，…となると，y の値も 2 倍，3 倍，…となっています。

(4)

x	1	2	3	4	5	6
y	60	30	20	15	12	10

3 グラフから目盛りが読み取りやすいところを見つけます。

(2) （走ることができる道のり）＝ 24 ×（ガソリンの量）と考えると，45L のガソリンで走ることができる道のりは，24 × 45 ＝ 1080(km) です。

(3) (1)より，1800km を走るために必要なガソリンの量を□L とすると，24 ×□＝ 1800 より，□＝ 1800 ÷ 24 ＝ 75（L）です。

4 ろうそくが 1 分間に何 cm ずつ短くなっているか考えます。

(2) 表より，2 分間に 1cm ずつ短くなっています。火をつける前は，2 分のときの 2 分前なので，そのときの長さは，19 ＋ 1 ＝ 20 (cm) です。

(3) 1 ÷ 2 ＝ 0.5 より，1 分間に 0.5cm ずつ短くなるので，20cm がもえつきるのにかかる時間は，20 ÷ 0.5 ＝ 40（分）です。

5 全校児童に対する男子児童の割合は 0.48 なので，全校児童に対する女子児童の割合は，1 － 0.48 ＝ 0.52 です。この割合の差，0.52 － 0.48 ＝ 0.04 が，14 人なので，全校児童の人数を□人とすると，□× 0.04 ＝ 14 より，□＝ 14 ÷ 0.04 ＝ 350

── 中学入試に役立つ アドバイス ──

2 つの数量の関係がどのようになっているか見つけるコツは，**2** のように，具体的な数量で表にしてみることです。

割合の問題では，「割合とは何倍かを表す数である」ことを思い出すことが重要です。そして，「割合（何倍か）のもとにする量」をしっかりたしかめて，（もとにする量）×（割合）＝（比べられる量）の関係にあてはめて計算すると正確に解くことができます。

★★★ 最高レベル 問題 72 ページ

1 (1) 12cm (2) $y = 12 + 0.5 \times x$

2 (1) ア 30 イ 7.5
(2) $x \times y = 300$（$y = 300 \div x$）

3 (1) A管 6L（入る） B管 5L（出る）
(2) 30 分後
(3) 60 分後

4 135 回転

5 (1) 1120 円 (2) 10kg まで

解 説

1 おもりをつるしていない（おもり 0g）ときのばねそのものの長さがあるので，つるしたおもりの重さに比例するのは「ばねの長さ」ではなく「ばねののびた長さ」であることに注意します。と中でばねののびた長さを表に加えると次のようになります。

おもりの重さ（g）	20	30	40	…
ばねの長さ（cm）	22	27	32	…
のびた長さ（cm）		5	5	…

(1) 上の表から，おもりが 10g 増えるごとに，ばねは 5cm ずつのびていることがわかるので，5 ÷ 10 ＝ 0.5 より，ばねはおもりが 1g 重くなるごとに 0.5cm ずつのびます。よって，おもりが 20g のときのばねは，0.5 × 20 ＝ 10 (cm) のびているので，20g のおもりをはずしたときのばねの長さは，22 － 10 ＝ 12 (cm) になります。

(2) （ばねの長さ）＝（おもりをつるさないときのばねの長さ）＋（おもりをつるしたときにのびる長さ）と考えます。おもりが xg のときにはばねののびる長さは 0.5 × x と表されるので，x と y の関係を表す式は，$y = 12 + 0.5 \times x$ となります。

2 右の図のように，つりあっているてんびんでは，P と Q の長さと，R と S の重さとの間に，P × R ＝ Q × S という関係が成

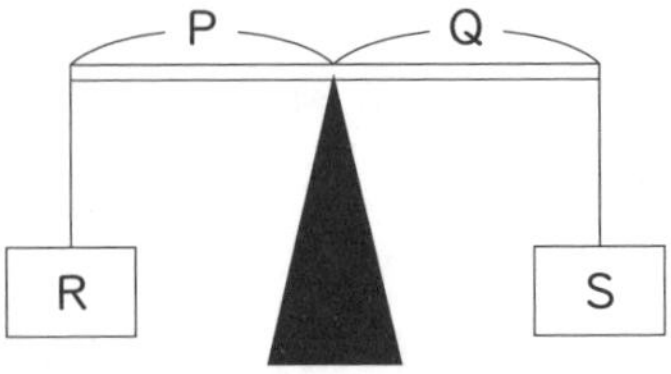

り立ちます。

(1) 問題の表から，$10 \times 30 = 300$，
$15 \times 20 = 300$ となっているので，x と y の
積はいずれも 300 になります。よって，
ア$\times 10 = 300$ より，
ア $= 30$，$40 \times$イ $= 300$ より，イ $= 7.5$ です。

(2) (1)より，$x \times y = 300$ という関係式になります。
または，$y = 300 \div x$ と表すこともできます。

3 (1) グラフより，A管によって，0 分から 10 分
の間に，水そうの水が 40L から 100L まで増
えているので，A管から 1 分間に入る水の量は，
$(100 - 40) \div (10 - 0) = 6$（L）です。
また，B管によって，10 分から 18 分の間に，
水そうの水が 100L から 60L に減っているの
で，B管から 1 分間に出る水の量は，
$(100 - 60) \div (18 - 10) = 5$（L）です。

(2) (1)より，10 分後に水が 100L たまったと
ころから 1 分間に 5L ずつ減っていくので，
100L の水が空になるまでにかかる時間は，
$100 \div 5 = 20$（分）です。よって，求める
時間は，$10 + 20 = 30$（分後）です。

(3) A管とB管の両方を使うと，$6 - 5 = 1$ よ
り，水そうの水は 1 分間に 1L ずつ増えてい
きます。よって，水そうの水の量が 40L から
100L になるのにかかる時間は，
$(100 - 40) \div 1 = 60$（分）です。

4 回転する歯車では，移動する「歯」の数を，
（歯車の歯数）×（回転数）で考えます。

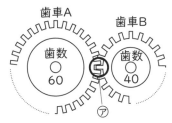

歯車A 歯数 60 　 歯車B 歯数 40 　 ⑦

2 つの歯車AとBが上の図のようにかみ合って
回転するときは，上の図の⑦の部分を移動するA
とBの「歯」の数が等しいです。
歯車Aが 90 回転する間に歯車Bが□回転すると
すると，歯車Aが⑦の部分を移動する歯の数は，
$60 \times 90 = 5400$，歯車Bが⑦の部分を移動す
る歯の数は，$40 \times$□なので，$40 \times$□ $= 5400$ よ

り，□ $= 135$　よって，歯車Bは 135 回転します。

5 階段型のグラフにある〇印は，その部分はグ
ラフにふくまないということです。よって，2kg
までは 320 円，そのあとは 3kg までは 480 円，
4kg までは 640 円というように，1kg 増えるご
とに，160 円ずつ高くなっていきます。

(1) 7kg の荷物の場合，$7 - 2 = 5$ より，2kg よ
りも 5kg 増えた分に対する金額は，
$160 \times 5 = 800$（円）なので，料金は，
$320 + 800 = 1120$（円）です。

(2) 運送料金 1600 円の場合，
$1600 - 320 = 1280$ より，320 円よりも
1280 円増えた分に対する重さは，
$1280 \div 160 = 8$（kg）なので，運べる荷物
の重さは，$2 + 8 = 10$（kg）までです。

―― 中学入試に役立つ **アドバイス** ――
ここで取り上げられている「ばねの長さ」「つ
り合うてんびん」「水そうの水の増減」「かみ
合った歯車の回転」「階段型のグラフ」など
の問題は，それぞれのしくみや考え方がはっ
きりしていますから，テストで出題されてか
らあわてることのないように，ふだんから繰
り返し練習して，そのしくみや考え方になれ
ておくことが大切です。

単位量あたりの大きさ，比とその利用

★ 標準レベル
問題74ページ

1 みかんB

2 (1) A 0.08人　B 0.1人
(2) A 12.5m²　B 10m²

3 青色のリボン

4 183人

5 (1) 16:25　(2) 3:8　(3) 4:7
(4) 50:93

6 (1) 2.7　(2) 0.6　(3) 0.6　(4) 0.6

7 (1) 1:3　(2) 8:5

解説

1 1個あたりの値段を調べます。
Aは，400 ÷ 25 = 16（円）
Bは，450 ÷ 30 = 15（円）
よって，みかんBの方が安いです。

3 1mあたりの値段を調べます。
赤色のリボンは，300 ÷ 2.4 = 125（円）
青色のリボンは，500 ÷ 3.2 = 156.25（円）
よって，青色のリボンの方が高いです。

4 ［人口みつ度］=［人口（人）］÷［面積（km²）］
1940000 ÷ 10600 = 183.0…より，
小数点以下を四捨五入すると，183人です。

5 単位をそろえます。
(2) 0.3L = 3dLですから，3:8
(4) 0.05kg = 50gですから，50:93

6 （比の値）=（比の前の数）÷（比の後ろの数）
(1) 27 ÷ 10 = 2.7
(2) 6 ÷ 10 = 0.6
(3) 3 ÷ 5 = 0.6
(4) 12 ÷ 20 = 0.6

7 比の両方の数に同じ数をかけたり，同じ数でわって，できるだけ簡単な整数の比にします。
(1) 18:54 = 9:27 = 3:9 = 1:3
上のように，両方の数は，2と3と3でわれますが，まとめて18でわると一度ですみます。
(2) 小数の比を整数の比にするためには，両方に，10，100，1000などをかけます。この場合は，両方に10をかけます。
0.8:0.5 = 8:5となります。

★★ 上級レベル
問題76ページ

1 (1) 1.25kg　(2) 175kg　(3) 200m²

2 (1) 3.2g　(2) 71ドル

3 (1) 171000人　(2) 14000km²

4 (1) 15:7　(2) 5:6　(3) 21:26
(4) 3:2

5 (1) 15　(2) 28　(3) 50　(4) 126　(5) 81

6 (1) 姉 400円，妹 600円　(2) 20cm
(3) A 3500円，B 1500円，C 1000円

解説

1 1m²あたりの大きさをもとにして考えます。
(1) 100 ÷ 80 = 1.25（kg）
(2) (1)より，1m²あたり1.25kgとれるので，140m²の広さでは，1.25 × 140 = 175（kg）とれます。
(3) 求める面積を□m²とすると，1.25 × □ = 250より，□ = 250 ÷ 1.25 = 200（m²）

2 単位量あたりの大きさを考えて解きます。
(1) 10kg = 10000gなので，1円で買える重さは，10000 ÷ 3125 = 3.2（g）です。
(2) 1ユーロ = 142円より，65ユーロは，142 × 65 = 9230（円）です。1ドル = 130円より，9230円は，9230 ÷ 130 = 71（ドル）です。

3 ［人口みつ度］=［人口（人）］÷［面積（km²）］
(1) 人口を□人とすると，□ ÷ 450 = 380より，□ = 380 × 450 = 171000（人）
(2) 2100000 ÷ □ = 150より，□ = 2100000 ÷ 150 = 14000（km²）

4 比の両方の数に同じ数をかけても，同じ数でわっても比は等しいことを利用します。
(1) 2.4:1.12 = 240:112 = 15:7
×100　　÷16

(2) $\dfrac{1}{2} : \dfrac{3}{5} = \dfrac{5}{10} : \dfrac{6}{10} = 5:6$
通分　　×10

(3) $1\dfrac{3}{4} : 2\dfrac{1}{6} = \dfrac{7}{4} : \dfrac{13}{6} = \dfrac{21}{12} : \dfrac{26}{12} = 21:26$
仮分数に　　通分　　×12

(4) $1\dfrac{1}{5} : 0.8 = \dfrac{6}{5} : \dfrac{4}{5} = 6:4 = 3:2$
仮分数に　　×5　　÷2

5 比の両方の数に同じ数をかけたり，同じ数でわって，同じ大きさの比にします。

(1) $1 : 3 = 5 : \square$

1から5に5倍になっているので，
$\square = 3 \times 5 = 15$

(2) $2 : 7 = 8 : \square$

2から8に，$8 \div 2 = 4$（倍）になっているので，$\square = 7 \times 4 = 28$

(3) $125 : 95 = 25 : 19$ より，$25 : 19 = \square : 38$
19から38に，$38 \div 19 = 2$（倍）になっているので，$\square = 25 \times 2 = 50$

(4) $\dfrac{4}{9} : \dfrac{7}{8} = 32 : 63$ より，$64 : \square = 32 : 63$

32から64に，$64 \div 32 = 2$（倍）になっているので，$\square = 63 \times 2 = 126$

(5) $7 : 9 = 63 : \square$ と考えて，7から63に，$63 \div 7 = 9$（倍）になっているので，$\square = 9 \times 9 = 81$

6 次のように，A：Bの比では，全体をA＋Bとみて，AとBの大きさに分けていると考えます。

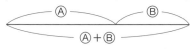

(1) 比の1の大きさは，$1000 \div (2 + 3) = 200$（円）なので，姉は，$200 \times 2 = 400$（円），妹は，$200 \times 3 = 600$（円）です。

(2) 周りの長さが70cm なので，
縦と横の和は，
$70 \div 2 = 35$（cm）です。
右の図のように，35cm を
4：3の比に分けるので，
縦の長さは，$35 \div (4 + 3)$
$\times 4 = 20$（cm）です。

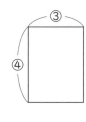

(3) 比の1の大きさは，$6000 \div (7 + 3 + 2) = 500$（円）なので，Aは，$500 \times 7 = 3500$（円），Bは，$500 \times 3 = 1500$（円），Cは，$500 \times 2 = 1000$（円）です。

─── 中学入試に役立つ **アドバイス** ───

「比」をしっかりと理解し，使いこなせるようになればなるほど，中学入試算数のあらゆる分野の問題を解く上で大きな力になります。

★★★ 最高レベル　　　問題**78**ページ

1 (1) 19.5g　(2) 69300 人　(3) 75 円
(4) ① 20 分間　② 22 分間

2 (1) ① 9.6　② $1\dfrac{1}{2}$

(2) ① 8：5　② 6：7

3 (1) 3：8：18　(2) 24：10：33

4 (1) 3600 円　(2) 1650 円　(3) 80 円

解説

1 単位量あたりの大きさをもとにして関連する数量を調べます。

(1) 金属Aは 1cm³ あたりの重さが12.6gなので，65cm³ の重さは，$12.6 \times 65 = 819$（g）です。
よって，金属Bは 42cm³ の重さが819gなので，1cm³ あたりの重さは，$819 \div 42 = 19.5$（g）です。
（1cm³ あたりの重さを「比重」といいます。）

(2) ［人口みつ度］＝［人口（人）］÷［面積（km²）］
の関係をもとにして，
A市の人口を□人とすると，
$\square \div 468 = 175$ より，$\square = 175 \times 468 = 81900$（人）
合ぺい後の人口を△人とすると，
$\triangle \div 720 = 210$ より，
$\triangle = 210 \times 720 = 151200$（人）
よって，B市の人口は，
$151200 - 81900 = 69300$（人）です。

(3) 1バレルの値段が何円になるか調べます。
1バレル＝42 ガロン，1ガロン＝3.8Lなので，
$3.8 \times 42 = 159.6$ より，1バレル＝159.6Lです。
また，1ドル＝133 円なので，90 ドルは，
$133 \times 90 = 11970$（円）です。よって，原油159.6Lの値段が11970円なので，1L あたりの値段は，$11970 \div 159.6 = 75$（円）です。

(4) $3600 \div 60 = 60$，$4500 \div 60 = 75$ より，印刷機Aは1分間に60 枚，印刷機Bは1分間に75 枚印刷できます。

① 印刷機AとBを同時に使うと，1分間に，$60 + 75 = 135$（枚）印刷できるので，2700 枚印刷するのにかかる時間は，$2700 \div 135 = 20$（分）です。

② 印刷機A
（60枚／分）

50分間

印刷

□分　△分

印刷機B
（75枚／分）

印刷

故障

5100枚

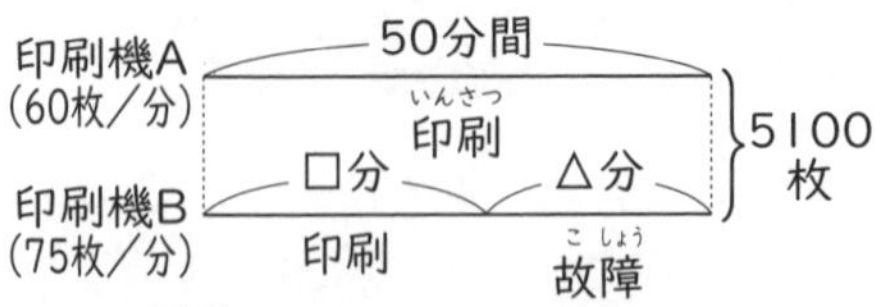

印刷の様子は，上の図のように考えること
ができます。印刷機Aが50分間に印刷し
た枚数は，$60 \times 50 = 3000$（枚）なの
で，5100枚のうち，印刷機Bが印刷した
枚数は，$5100 - 3000 = 2100$（枚）で
す。Bが2100枚印刷するのにかかる時
間は，$2100 \div 75 = 28$（分）より，印
刷機Bは50分間のうち28分間だけ印刷
したので，故障した時間は，
$\triangle = 50 - 28 = 22$（分間）です。

2 A：B＝C：Dのとき，$A \times D = B \times C$です。

(1) ① 6：5＝□：8のとき，$6 \times 8 = \square \times 5$より，
$\square = 6 \times 8 \div 5 = 9.6$

② $1\frac{2}{3}$：□＝10：9のとき，$1\frac{2}{3} \times 9 =$
$\square \times 10$より，$\square = 1\frac{2}{3} \times 9 \div 10 = 1\frac{1}{2}$

(2) $A \times D = B \times C$のとき，A：B＝C：Dです。
① $A \times 5 = B \times 8$のとき，A：B＝8：5です。
② $A \times \frac{7}{8} = B \times \frac{3}{4}$のとき，
A：B＝$\frac{3}{4}$：$\frac{7}{8}$＝$\frac{6}{8}$：$\frac{7}{8}$＝6：7です。

3 3つ以上が連なった比を「連比」といいます。

(1) A：B：C　2つの比の両方にあるBが8と
3：8　　　4なので，Bを最小公倍数の8
×1（4：9　にそろえます。
　　×2
ア：8：イ　左のように，比の両方に同じ数
をかけると，ア＝$3 \times 1 = 3$，イ＝$9 \times 2 =$
18となるので，A：B：C＝3：8：18です。

(2)　A：B：C　2つの比の両方にあるAが12
　　12：5　と8なので，Aを最小公倍数
×2（8　：11　の24にそろえます。左のよ
　　×3
24：ウ：エ　うに，比の両方に同じ数をか
けると，ウ＝$5 \times 2 = 10$，エ＝$11 \times 3 =$
33となるので，A：B：C＝24：10：33
です。

4 それぞれの内容の特ちょうをつかむことが大
切です。

(1) 兄が弟にお金をあげる前と後で，2人の所持
金の合計は変わりません。お金をあげる前の
比が3：1より，比の合計は，$3 + 1 = 4$で，
お金をあげたあとの比が5：3より，比の合計
は，$5 + 3 = 8$なので，お金をあげる前の比
を6：2にすると，比の合計が8にそろいます。

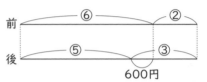

前　⑥　②
後　⑤　③
600円

$6 - 5 = 1$より，比の1が600円にあたる
ので，初めの兄の所持金は，
$600 \times 6 = 3600$（円）です。

(2) 商品A，Bのそれぞれの定価をⒶ，Ⓑとする
と，Ⓐの20%引きの金額は，
$Ⓐ \times (1 - 0.2) = Ⓐ \times 0.8$で，Ⓑの10%ま
しの金額は，$Ⓑ \times (1 + 0.1) = Ⓑ \times 1.1$なので，
$Ⓐ \times 0.8 = Ⓑ \times 1.1$より，
Ⓐ：Ⓑ＝1.1：0.8＝11：8です。
11：8の比の差，$11 - 8 = 3$が450円に
あたるので，比の1の金額は，$450 \div 3 =$
150（円）より，Aの定価Ⓐは比の11なので，
$150 \times 11 = 1650$（円）です。

(3) りんご1個とみかん1個の値段の比を
⑯：⑦とすると，りんご3個の比は，
⑯$\times 3 =$⑱，みかん4個の比は，⑦$\times 4 =$
㉘です。⑱＋㉘＝㊅より，㊅が380円なの
で，①の金額は，$380 \div 76 = 5$（円）　よって，
りんご1個の値段は，$5 \times 16 = 80$（円）です。

─ 中学入試に役立つ **アドバイス** ─

「1Lあたり」「1人あたり」というような「単
位量あたりの考え」は，入試算数の多くの文
章題を解く上で，今後「面積図」を利用した
解き方に発展するなど大変重要になります。
比では，難関中学校になるほど，
「A：B＝C：Dのとき，$A \times D = B \times C$」
を利用する問題がよく出題されます。

12 速さ

★ 標準レベル　　問題80ページ

1 (1) 10　(2) 160　(3) 200

2 (1) 200　(2) 600　(3) 20　(4) 4.8

3 (1) 10　(2) 36　(3) 900　(4) 1224

4 (1) 64　(2) ① 2　② 24　(3) 700
　　(4) 219

5 (1) 時速 12km　(2) 時速 20km

解説

4 単位があっているか注意します。

(1) 求める速さが時速なので，分を時間で表して
　　から計算します。

$$48 分 = \frac{48}{60} 時間 = \frac{4}{5} 時間なので，$$

$$80 \times \frac{4}{5} = 64 （km）$$

(2) 120 ÷ 50 = 2.4（時間）　0.4 時間は，
　　60 × 0.4 = 24（分）なので，2 時間 24 分です。

(3) 求める速さにあわせて，道のりは m，時間は
　　分で表してから計算します。
　　84km = 84000m，2 時間 = 120 分なので，
　　84000 ÷ 120 = 700 より，分速 700m です。

(4) 求める速さが時速なので，時間・分を時間で
　　表してから計算します。

$$2 時間 20 分 = 2\frac{20}{60} 時間 = 2\frac{1}{3} 時間なので，$$

$$511 \div 2\frac{1}{3} = 219 より，時速 219km です。$$

5 (1) 分速 80m で 45 分歩いて進む道のりは，
　　80 × 45 = 3600（m）で，3600m を 18 分
　　で進む速さは，3600 ÷ 18 = 200 より，分
　　速 200m です。200 × 60 ÷ 1000 = 12 より，
　　分速 200m は時速 12km です。

(2) はるなさんが往復にかかった時間は，

$$12 \div 12 + 12 \div 60 = 1\frac{1}{5}（時間）です。$$

　　あきとさんは同じ道のりを $1\frac{1}{5}$ 時間走ったので，

$$12 \times 2 \div 1\frac{1}{5} = 20 より，時速 20km です。$$

★★ 上級レベル　　問題82ページ

1 (1) 3200　(2) ① 2　② 30　(3) 200
　　(4) 40

2
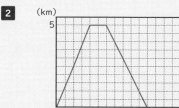

3
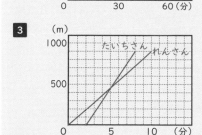

4 (1) ① 6　② 40　(2) 60

5 (1) 30km　(2) 3 : 2　(3) 200m

解説

1 2 人が「1 分間にどれだけ近づくか，はなれ
るか」という考え方をもとにします。

(1) 2 人は 1 分間に，75 + 85 = 160（m）ずつ
　　はなれるので，20 分後には，
　　160 × 20 = 3200（m）はなれています。

(2) 2 人は 1 分間に，75 + 85 = 160（m）ずつ近づ
　　くので，400m 近づくのは，400 ÷ 160 = 2.5（分）
　　60 × 0.5 = 30（秒）なので，2 分 30 秒後です。

(3) 2 人は 1 分間に，85 - 75 = 10（m）ずつは
　　なれるので，20 分後には，
　　10 × 20 = 200（m）はなれています。

(4) りくさんは 1 分間に，85 - 75 = 10（m）ず
　　つまりさんに近づくので，400m 近づくのは，
　　400 ÷ 10 = 40（分）です。

4 一本道での「出会い」や「追いかけ」と同じ
ように考えます。

(1) まきさんを A，けいさんを B とします。

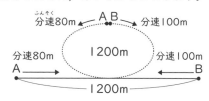

一本道での 1200m はなれたところからの出
会いと同じと考えると，出会うまでの時間は，

$1200 \div (80 + 100) = 6\frac{2}{3}$ （分）

$60 \times \frac{2}{3} = 40$ （秒）より，6分40秒です。

(2)
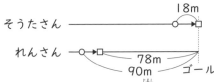

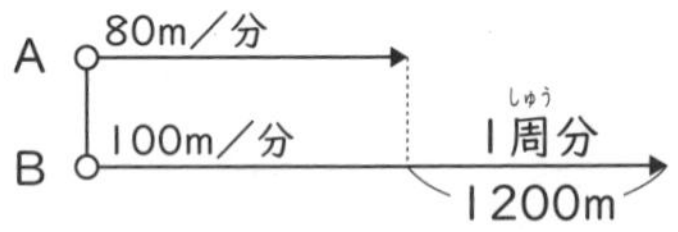

Bが Aよりも，1周分多く進んだときが追い
こすときになるので，追いこすまでの時間は，
$1200 \div (100 - 80) = 60$ （分）です。

5 同じ時間では，速さが2倍になれば，進む道
のりも2倍になりますから，同じ時間では，速
さの比と進む道のりの比は同じになります。

(1) 1時間10分：2時間30分 = 70分：150分 =
7：15 より，進む道のりも7：15なので，2時間
30分で進む道のり は，14 ÷ 7 × 15 = 30 (km)
です。

(2) そうたさんとれんさんが同じときにどの位置
にいたかを図にすると，次のようになります。

上の図で，そうたさんが○印から□印まで進
む間に，れんさんも○印から□印まで進んで
いるので，進んだ道のりの比は，
18：(90 − 78) = 3：2 速さの比も3：2です。

(3) 兄と弟の動きを図にすると，次のようになり
ます。C地点が兄と弟が出会うところです。

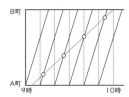

速さの比は，兄：弟 = 100：60 = 5：3 より，
同じ時間に進む道のりの比も5：3です。
よって，上の図で，兄弟が出会うまでに，兄
が進んだ Ａ→Ｂ→Ｃ の道のりと，弟が進んだ
Ａ→Ｃ の道のりの比が5：3になるので，そ
のうち兄が進んだ道のりは，
$800 \times 2 \div (5 + 3) \times 5 = 1000$ (m)です。よって，
Ｂ→Ｃ の道のりは，1000 − 800 = 200 (m)です。

★★★ 最高レベル ｜ 問題84ページ

1 4回

2 (1) 12 (2) ① 1 ② 15

3 24分

4 （静水時の速さ）分速320m

（流れの速さ）分速80m

5 120m

6 （列車の秒速）秒速24m

（トンネルの長さ）600m

7 (1) 6秒 (2) 30秒

8 43分後

解説

1 バスの動きを ―― で，Cさんの動きを ……… で
グラフにすると下のようになります。

Cさんがバスに追いこされるのは，――と………の
グラフが交わるときです。よって，○印のところ
の4か所あるので，4回追いこされることがわ
かります。

2 （船が川を上るときの速さ）
= （船の静水時の速さ）−（川の流れの速さ）
（船が川を下るときの速さ）
= （船の静水時の速さ）+（川の流れの速さ）
という関係になります。

(1) この船が川を上るときの速さは，20 − 4 = 16
より，時速16kmなので，45分 = $\frac{45}{60}$時間
より，45分間に進む道のりは，
$16 \times \frac{45}{60} = 12$ (km) です。

(2) この船が川を下るときの速さは，20 + 4 = 24
より，時速24kmなので，30km下るのにか
かる時間は，$30 \div 24 = \frac{30}{24} = 1\frac{1}{4}$ （時間）

で，$60 \times \frac{1}{4} = 15$（分）より，1時間15分です。

3 6km ＝ 6000m で，6000 ÷ 60 ＝ 100 より，この船の静水時の速さは分速 100m です。また，3km ＝ 3000m より，3000m を 40 分で進む速さは，3000 ÷ 40 ＝ 75 より，分速 75m です。この速さは，静水時の速さよりも，分速 100 － 75 ＝ 25（m）だけおそいことから，上るときの速さであることと，川の流れの速さが分速 25m であることがわかります。よって，この船がB町からA町まで下るのにかかる時間は，3000 ÷（100 ＋ 25）＝ 24（分）です。

4 船が流れのある川を往復するときは，上るときのほうが下るときよりも時間がかかるので，グラフより，上るときに 50 分，下るときに，80 － 50 ＝ 30（分）かかっています。12km ＝ 12000m より，上るときの速さは，分速 12000 ÷ 50 ＝ 240（m），下るときの速さは，分速 12000 ÷ 30 ＝ 400（m）です。

上の図より，静水時の速さは，分速（400 ＋ 240）÷ 2 ＝ 320（m），川の流れの速さは，分速 320 － 240 ＝ 80（m）です。

5 鉄橋を通過する電車の図をかきます。

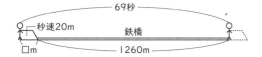

鉄橋を通過し始めたときの電車が □ で，通過し終わったときの電車が ⬚ です。その間の 69 秒間に動いた道のりは，🚶 が動いた長さなので，20 × 69 ＝ 1380（m）です。よって，列車の長さは，□ ＝ 1380 － 1260 ＝ 120（m）です。

6 グラフから，列車がトンネルに入り始めてから完全にトンネルに入るまでが，0 秒から 5 秒の間なので，0 秒から 5 秒の 5 秒間に，120m 進んでいることがわかります。よって，列車の速さは，120 ÷ 5 ＝ 24 より，秒速 24m です。また，列車の先頭がトンネルの入り口にさしかかったときが 0 秒で，トンネルの出口にさしかかったのが 25 秒なので，トンネルの長さは列車が 25 秒間に進む道のりと同じです。よって，トンネルの長さは，24 × 25 ＝ 600（m）です。

7 2 本の列車の図をかきます。

(1)

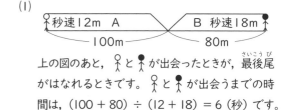

上の図のあと，🚶 と 🚶 が出会ったときが，最後尾がはなれるときです。🚶 と 🚶 が出会うまでの時間は，（100 ＋ 80）÷（12 ＋ 18）＝ 6（秒）です。

(2)

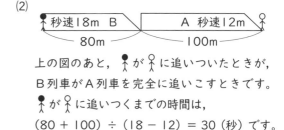

上の図のあと，🚶 が 🚶 に追いついたときが，B 列車が A 列車を完全に追いこすときです。🚶 が 🚶 に追いつくまでの時間は，（80 ＋ 100）÷（18 － 12）＝ 30（秒）です。

8 妹と兄の動きを図にすると，次のようになります。C 地点が妹と兄が出会うところです。

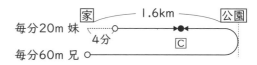

図の・・・・・の道のりは，20 × 4 ＝ 80（m）なので，そのあと，兄が出発すると，2 人は〇印から〇印までの 1 本道──を進んでC 地点で出会うと考えます。1.6km ＝ 1600m より，──の道のりは，1600 × 2 － 80 ＝ 3120（m）なので，出会うまでの時間は，3120 ÷（20 ＋ 60）＝ 39（分）よって，妹が出発してからの時間は，4 ＋ 39 ＝ 43（分）です。

──── 中学入試に役立つ **アドバイス** ────

旅人算では，上級レベルの **4**，**5** などの解説で利用した「状況図」で考えることが基本です。また，最高レベルの **1** などのような時間と道のりの関係を表す「ダイヤグラム」は状況図ではつかみにくい動きをよりはっきりと理解できることが多いです。通過算では，列車というはばのあるものの動きと考えるのではなく，列車のはしにいる人（運転手や車しょう）の動きで考えることが大切です。流水算は 4 つ（静水時，川の流れ，上り，下り）の速さの意味や関係，しくみをしっかりと理解して，正しい速さを求めることが大切です。

1 (1) ア 5 イ 7 ウ 11 エ 21 (2) 2本
(3) △＝3＋2×（□－1） （△＝1＋2×□）

2 (1) 1：3 (2) 27：22

3 (1) 7 (2) 810

4 81 ポンド

5 (1) 600 (2) 4

6 (1) （右の図）
(2) （右の図の太線）
90m
(3) 360m

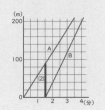

解説

1 正三角形を1個増やすごとに使うマッチぼう
が何本ずつ増えていくか考えます。

(1) アは，3＋2＝5，イは，5＋2＝7，ウは，
7＋2＋2＝11，正三角形が10個のときは，
1個のときよりも9個増えるので，エは，
3＋2×9＝21 です。

(2) 2本ずつ増えていきます。

(3) (1)の考え方より，△＝3＋2×（□－1）と
なります。または，正三角形を作る前に，は
じめにいちばん左の1本だけおくと，正三角
形を1個作るごとにマッチぼうを2本ずつ増
やしていけばいいので，△＝1＋2×□とす
ることもできます。

2 比の両方の数に同じ数をかけても，同じ数で
わっても比は等しいことを利用します。

(1) 0.08：0.24 ＝ 8：24 ＝ 1：3
　　　　×100　　　　÷8

(2) $2\frac{1}{4}：1\frac{5}{6}＝\frac{9}{4}：\frac{11}{6}＝\frac{27}{12}：\frac{22}{12}＝27：22$
　　仮分数に　　通分　　　×12

3 比の両方の数に同じ数をかけたり，同じ数で
わって，同じ大きさの比にします。

(1) 2：□ ＝ 10：35
10から2に5でわっているので，
□＝35÷5＝7

(2) 4.5：1.5 ＝ 45：15 ＝ 3：1 より，
3：1＝□：270
1から270に，270倍になっているので，
□＝3×270＝810

4 1ドル＝135円より，99ドルは，
135×99＝13365（円）です。1ポンド＝
165円より，13365円は，
13365÷165＝81（ポンド）です。

5 2人が同時に動くときは，2人が「1分間に
どれだけ近づくか，はなれるか」という考え方を
もとにします。

(1) 2人は1分間に，90－60＝30（m）ずつ
はなれるので，20分後には，
30×20＝600（m）はなれています。

(2) 2人は1分間に，90＋60＝150（m）ずつ
近づくので，600m近づくのは，
600÷150＝4（分後）です。

6 横軸が出発してからの時間，縦軸が出発地点
からの道のりを表すグラフを「ダイヤグラム」と
いいます。

(1) Bさんが出発したのはAさんが出発したとき
よりも1分30秒後であることに注意してグ
ラフをかきます。

(2) Aさんの動きを表すグラフで，出発してから
1.5分後のときのAさんの位置を表すところ
をたしかめます。

(3) Aさんが出発してから1.5分後のとき，A
さんは，60×1.5＝90（m）進んでいます。
AさんとBさんの歩く速さの比は，
60：80＝3：4なので，Bさんが歩き始め
てから追いつくまでの動きは次の図のように
なります。

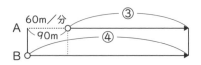

上の図より，90mが比の，④－③＝①にあた
るので，出発地点から追いつく地点までの④
の道のりは，90×4＝360（m）です。

1 (1) 毎分 300m　(2) 毎分 250m
　　(3) 毎分 320m 以上

2 (1) 75.6m　(2) 25 : 16　(3) 5 : 2
　　(4) 26 秒　(5) $83\dfrac{1}{13}$ cm

解　説

1 ［速さ］＝［道のり（きょり）］÷［時間］，［時間］＝［道のり（きょり）］÷［速さ］を使います。

(1) 第1区間を先にゴールした選手は10分で走っています。よって，走る速さは毎分 3000 ÷ 10 = 300（m）となります。

(2) 10分後には，先のチームと後のチームの差が600m あり，1分あたり60m の差になりますので，後のチームの第1区間を走る速さは1分あたり 300 − 60 = 240（m）です。後のチームが第2区間の走者にたすきをわたすのは，スタートして 3000 ÷ 240 = 12.5（分）です。よって，後のチームが第2区間を走り始めて，追い抜いて第3区間の走者に先にたすきをわたすまでの時間は 24.5 − 12.5 = 12（分）ですので，その走者の速さは毎分 3000 ÷ 12 = 250（m）となります。

(3) 先のチームが第2区間，後のチームが第1区間を走っている2.5分間に100m差が小さくなっていることから，走者の速さの差は1分あたり40m ですので，第2区間で追い抜かれた走者の走る速さは毎分 240 − 40 = 200（m）です。その走者が第2区間を走る時間は 3000 ÷ 200 = 15（分）ですから，第3区間で後からたすきを受け取ったチームがたすきを受け取ったのは，スタートしてから 10 + 15 = 25（分）です。そのチームの走者が第3区間を走る時間は $4000 \div \dfrac{1000}{3} = 12$（分）ですので，ゴールするのはスタートしてから 10 + 15 + 12 = 37（分）です。第3区間を先にたすきを受け取ったチームが追い抜かれないためには，

37 − 24.5 = 12.5（分）以内で走ればよいですから，毎分 4000 ÷ 12.5 = 320（m）以上の速さで走ればよいことになります。

2 同じ時間だけ進むときは，例えば，速さを2倍にすれば進む道のりも2倍になるように，速さの比と道のりの比は同じ比になります。また，同じ道のりを進むときは，例えば，速さを2倍にするとかかる時間は半分になるので，1 : 2 が2 : 1 になるように，速さの比とかかる時間の比は逆の比になります。

(1) 姉の1歩は60cm で，126歩で進む長さなので，60 × 126 = 7560（cm）= 75.6（m）です。

(2) 姉が，60 × 5 = 300（cm）進む間に，弟は，48 × 4 = 192（cm）進むので，進む道のりの比は，300 : 192 = 25 : 16　よって，速さの比も 25 : 16 です。

(3) 姉は，P地点からQ地点まで歩けば126歩かかるところを動く歩道の上で進めば，90歩で進めるということは，126 − 90 = 36 より，姉が90歩進む間に，動く歩道が姉の36歩分だけ動いたことになります。よって，同じ時間で姉と動く歩道が進んだ道のりの比は，90 : 36 = 5 : 2 より，速さの比も 5 : 2 です。

(4) (2)(3)より，姉，弟，動く歩道の速さの比をまとめると，右のようになります。よって，姉と弟が動く歩道を歩いたときの速さ

	姉 : 弟 : 動
	25 : 16
	5　　　 : 2
	25 : 16 : 10

の比は，
(25 + 10) : (16 + 10) = 35 : 26 なので，姉と弟が動く歩道を進んだとき，P地点からQ地点までかかる時間の比は逆の比で 26 : 35 です。この比の差の，35 − 26 = 9 が9秒なので，比の1が1秒です。よって，姉がかかる時間は比の26なので26秒です。

(5) (4)より，姉が動く歩道を進むときの秒速は，
$7560 \div 26 = \dfrac{3780}{13}$（cm）で，姉が動く歩道を進むときの速さと動く歩道の速さの比は，
(5 + 2) : 2 = 7 : 2 なので，動く歩道の秒速は，
$\dfrac{3780}{13} \div 7 \times 2 = \dfrac{1080}{13} = 83\dfrac{1}{13}$（cm）です。

■ 3章　データの活用

13　表とグラフ

★　標準レベル　　問題**90**ページ

1 (1) 1 度　(2) 13 度　(3) 18 度

　　(4) 10 時から 12 時　(5) 16 時から 18 時

2 (1) ぼう　(2) 折れ線　(3) ぼう

　　(4) 折れ線

3 (1) 0.2cm, 0.2kg　(2)（下の図）

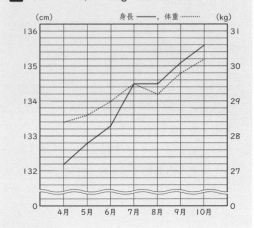

（cm）　　　　身長 ——，体重 ……（kg）

解説

1 縦と横の目盛りに注意します。

(1) 10 目盛りで 10 度なので，1 目盛りは，

　10 ÷ 10 ＝ 1（度）です。

(2) 20 時のグラフは，10 度の線よりも 3 目盛り

　上なので，13 度です。

(3) 最高気温は，14 時の 25 度，最低気温は 6 時の

　7 度です。よって，差は，25 － 7 ＝ 18（度）

　です。

(4) 右上がりのかたむきがいちばん急なところを

　見つけます。

(5) 右下がりのかたむきがいちばん急なところを

　見つけます。

2 「変わり方」を表すグラフにするときは折れ

線グラフ，「ちがいを比べる」グラフにするとき

は棒グラフにします。

3 縦，横の目盛りに注意します。

(1) 左の縦は 5 目盛りで 1cm なので，1 目盛りは，

　1 ÷ 5 ＝ 0.2（cm）です。右の縦は 5 目盛り

　で 1kg なので，1 目盛りは 0.2kg です。

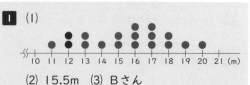

★★　上級レベル　　問題**92**ページ

1 (1)

10 11 12 13 14 15 16 17 18 19 20 21 (m)

　(2) 15.5m　(3) B さん

2 (1) 75%　(2) 6 点

3 (1)（人）

0　30　35　40　45　50　55(kg)

　(2) 45kg 以上 50kg 未満

解説

1 「ドットプロット」のかき方，「平均」の求め

方に注意します。

(1) 記録 1 人を●印にして，下から重ねるように

　かき入れていきます。表の記録をドットプロッ

　トなどの図で表しなおすときは，記録を図にか

　き写すごとに，記録に✔印などをつけて，記

　録のかき写し忘れのないように注意します。

(2) ドットプロットより，11m が 1 人，12m が

　2 人，13m が 2 人と読み取ると，記録の合計

　は，11 × 1 ＋ 12 × 2 ＋ 13 × 2 ＋ 14 × 1

　＋ 15 × 2 ＋ 16 × 3 ＋ 17 × 3 ＋ 18 × 2

　＋ 19 × 1 ＋ 20 × 1 ＝ 279（m）です。よっ

　て，平均は，279 ÷ 18 ＝ 15.5（m）です。

(3) ・平均より高い記録の人は，3 ＋ 3 ＋ 2 ＋ 1

　　＋ 1 ＝ 10（人）で，平均より低い記録の人は，

　　1 ＋ 2 ＋ 2 ＋ 1 ＋ 2 ＝ 8（人）なので，A

　　さんはまちがいです。

　・（平均）＝（合計）÷（人数）より，（合計）

　　＝（平均）×（人数）となるので，B さん

　　は正しいです。

　・ドットプロットを見ると，平均の 15.5 に

　　近い記録の人が多いとはかぎらないことが

　　明らかなので，C さんはまちがいです。

・最高記録と最低記録の人の記録が変わらなくても，それ以外の人の記録が変わると，合計が変わります。合計が変わると平均が変わるので，Dさんはまちがいです。

よって，正しいことを言っているのはBさんだけです。

2 割合，平均の求め方に注意します。

(1) （割合）＝（比べられる量）÷（もとにする量）で求めます。比べられる量は5点以上の人数なので，4＋9＋8＋6＋3＝30（人）で，もとにする量は全体の人数なので，クラスの人数である40人です。よって，割合は30÷40＝0.75より，75％です。

(2) 全員が獲得したポイントの合計は，
2×1＋3×3＋4×6＋5×4＋6×9＋7×8＋8×6＋9×3＝240（点）で，人数は40人なので，平均は，240÷40＝6（点）です。

3 目盛りがいくつあるかを数えて1目盛りの数を決めます。

(1) グラフの縦は1目盛り1人に，横は30kgから35kg，40kg，…と，5kgごとの数にすると，最も見やすいヒストグラムになります。グラフを表す部分は斜線をかき入れるか，色をぬるようにします。

(2) 表の上の段から人数をたしていくと，1段目から3段目までの合計が，
3＋8＋14＝25（人）で，4段目までの合計が，25＋9＝34（人）なので，体重の軽い方から28番目のはるとさんは上から4段目の範囲にいることがわかります。よって，45kg以上50kg未満です。

― 中学入試に役立つ **アドバイス** ―

「平均は合計を個数でわればいい」というような，方法をおぼえておくだけにならないよう注意しましょう。「平均にするということは，1つ1つ大きさのちがう記録を平らにならして全体を同じ大きさにすること」というイメージを持っておくことが，平均を考えるより発展的な問題に対応できる土台になります。

★★★ 最高レベル　　　　　問題 **94** ページ

1 (1) 12人　(2) 8人　(3) 6.6点

2 (1) 40人　(2) 7人

3 (1) 74km　(2) 25km　(3) 14km

4 A 13点　B 12点　C 18点　D 4点

解説

1 縦と横の関係，表のどのますがどのような点数をとった人の人数か，正確に読み取りましょう。

算＼国	0	2	4	6	8	10	計
0		1					㋐
2		1	2				㋑
4		2	2	2	1		㋒
6			4	5	3	1	㋓
8			1	6	2	2	㋔
10		4		2	1	2	㋕

(1) 算数と国語の得点が等しかった人は，上の表の色をつけたところに入る人なので，その人数の合計は，1＋2＋5＋2＋2＝12（人）です。

(2) 算数も国語も4点以下の人は，上の表の太線で囲まれた部分なので，その人数は，1＋1＋2＋2＋2＝8（人）です。

(3) 算数の結果は，㋐が0点の人で，1人，㋑が2点の人で，1＋2＝3（人），㋒が4点の人で，2＋2＋2＋1＝7（人），㋓が6点の人で，4＋5＋3＋1＝13（人），㋔が8点の人で，1＋6＋2＋2＝11（人），㋕が10点の人で，4＋2＋1＋2＝9（人）なので，人数の合計は，1＋3＋7＋13＋11＋9＝44（人）で，得点の合計は，0×1＋2×3＋4×7＋6×13＋8×11＋10×9＝290（点）です。よって，平均点は，290÷44＝6.59…より，6.6点です。

2 (1) 6点以下の人数の合計は，
1＋3＋1＋5＋7＋9＝26（人）で，7点以上の人数の割合が35％なので，図に表すと次のようになります。

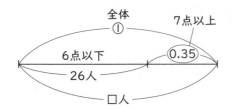

上の図より，6点以下だった人の割合が，
1 − 0.35 = 0.65 で，その部分の人数が26
人なので，全体の人数を□とすると，
□ × 0.65 = 26 より，□ = 26 ÷ 0.65 = 40
よって，クラス全体の人数は40人です。

(2) 人数がわからなくなっているのは，7点を
とった人と8点をとった人です。9点をとっ
た人は2人とわかっているので，7点をとっ
た人と8点をとった人の合計は，40 − 26
− 2 = 12（人）です。また，8点をとった
人が7点をとった人より2人多いので，次の
図のような関係になります。

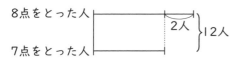

上の図より，8点をとった人の人数は，
(12 + 2) ÷ 2 = 7（人）です。

3 A駅からF駅までの路線の図にして，表から
わかる駅と駅の間の道のりを表すと，次のように
なります。

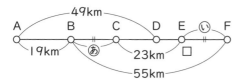

(1)（AからFまで）
　 =（AからBまで）+（BからFまで）
　 = 19 + 55 = 74（km）です。

(2)（DからFまで）
　 =（AからFまで）−（AからDまで）
　 = 74 − 49 = 25（km）です。

(3)（BからFまで）
　 =（BからCまで）+（CからEまで）+
　（EからFまで）と考えると，あ + 23 +い=
　55 より，あ+い= 55 − 23 = 32（km）で
　す。あといは等しいので，あ=い= 32 ÷ 2
　= 16（km）です。

よって，（CからDまで）
　 =（AからDまで）−（AからCまで）
　 = 49 −（19 + 16）= 14（km）です。

4 16人の記録の表と20人の記録のヒストグラ
ムをていねいに比べます。

・①より，ヒストグラムでは17点以上が3人で
すが，表では17点，18点1人ずつなので，A，
B，C，Dのだれか1人が18点です。

・②より，20人の得点の合計は，12 × 20 =
240（点）で，表の16人の得点の合計は，5
+ 6 + 8 × 2 + 9 + 11 × 2 + 12 × 2 +
14 + 15 × 2 + 16 × 2 + 17 + 18 = 193（点）
なので，A，B，C，Dの4人の得点の合計は，
240 − 193 = 47（点）です。

・ヒストグラムより，14点以上は，3 + 5 =
8（人）いて，③より，Aさんは11点，12
点，13点のいずれかで，同点の人がいないので，
13点に決まります。

・④より，Bさんは11点か12点のどちらかに
なることから，18点の1人は，CさんかDさ
んのどちらかになります。そこで，⑤より，C
さんが18点に決まります。

・ここまでで，47 −（13 + 18）= 16 より，
BさんとDさんの合計は16点です。Bさんが
11点だとDさんは，16 − 11 = 5（点），B
さんが12点だとDさんは，16 − 12 = 4（点），
になります。ヒストグラムから4点までに1
人いるとわかっていますが，表の16人の中に
はいないので，その1人はDさんになります。
よって，Bさんは12点に決まります。

┌─ 中学入試に役立つ **アドバイス** ─┐

記録を表で表すときは，表の縦と横が表すも
のに注意しなければならないし，グラフで
表すときは，折れ線グラフ，棒グラフ，ドッ
トプロット，ヒストグラムといったさまざま
なグラフを用いるので，それぞれのしくみや
特ちょうをすばやく読み取る力を身につけて
おく必要があります。そして，中学入試では，
表やグラフに平均や割合，和と差の関係な
ど，最も基本的な考えが必要になる問題にし
て出題されます。

└──────────────┘

1 (1)

畜産	37%	野菜	25%
米	17%	果物	10%
花	5%	その他	6%

(2) 3.7倍　(3) 2兆1500億円

2

＜自動車などの台数調べ＞

| 乗用車 | | トラック | バイク | その他 |

0　10　20　30　40　50　60　70　80　90　100
　　　　　　　　　　　　　　　　　　　　(%)

3 (1)

機械工業	42%
化学工業	16%
金属工業	14%
食料品工業	12%
せんい工業	2%
その他	14%

(2) 3.5倍

(3) ① 40兆6000億円

　　② 5兆8000億円

4 (1) ① 7　② 2

(2) ① 3.6　② 54

解説

1 帯グラフの目盛りを正しく読みます。

(2) 畜産は37%で，果物は10%なので，37÷10＝3.7（倍）です。

(3) 総生産額が8兆6000億円で，野菜は25%なので，8兆6000億×0.25＝2兆1500億（円）です。

2 全台数に対する割合を計算します。台数の合計は，216＋104＋48＋32＝400（台）です。

・乗用車の割合は，216÷400＝0.54より，54%

・トラックの割合は，104÷400＝0.26より，26%

・バイクの割合は，48÷400＝0.12より，12%

・その他の割合は，32÷400＝0.08より，8%

4 円グラフでは円1周は360°です。

(1) 15cmの48%なので，15×0.48＝7.2(cm)

(2) 100%で360°なので，1%は，
360°÷100＝3.6°です。よって，15%は，
3.6°×15＝54°です。

1 (1)

主な輸出品

品　目	輸出額(兆円)	割合（%）
機械類	16.5	20
自動車	16.1	19
電気機器	15.3	18
化学製品	10.5	13
鉄　鋼	9.9	12
その他	14.7	18
合　計	83.0	100

(2) 主な輸出品の割合（%）

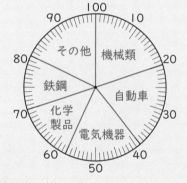

(3) 72°　(4) 1.2cm

2 ⑦，⑤

3 (1) 15%　(2) $\frac{1}{3}$倍　(3) 907さつ

解説

1 計算がわり切れないときは，問題の指示に従います。

(1) 輸出額の合計は，0.9＋10.5＋9.9＋16.5＋15.3＋16.1＋13.8＝83（兆円）なので，

・機械類の割合は，16.5÷83＝0.198…→20%

・自動車の割合は，16.1÷83＝0.193…→19%

・電気機器の割合は，15.3÷83＝0.184…→18%

・化学製品の割合は，10.5÷83＝0.126…→13%

・鉄鋼の割合は，9.9÷83＝0.119…→12%

・残りが「その他」になるので，食料品も「その他」に入れます。よって，

（0.9＋13.8）÷83＝0.177…→18%

(3) 1%を表す中心角の大きさは3.6°で，機械類の割合は20%なので，機械類の中心角の大きさは，3.6°×20＝72°です。

(4) 鉄鋼の割合は 12% なので，10cm の 12% は，
10 × 0.12 = 1.2 (cm) です。

2 もとにする量が変わると，割合が同じでも数量がちがったり，数量がちがっても割合が同じになることがあります。

㋐ 5 年生のサッカー好きの人数は，
160 × 0.25 = 40 (人) で，6 年生の野球好きの人数は，150 × 0.26 = 39 (人) なので，5 年生のサッカー好きの方が多いです。

㋑ 5 年生のバレーボール好きの人数は，サッカー好きと同じ 40 人で，6 年生のサッカー好きの人数は，150 × 0.24 = 36 (人) なので，㋑は正しいです。

㋒ 5 年生の野球好きの人数は，
160 × 0.2 = 32 (人) で，6 年生のバレーボール好きの人数は，150 × 0.2 = 30 (人) なので，同じ人数にはなりません。

㋓ 5 年生の卓球好きの人数は，
160 × 0.15 = 24 (人) で，6 年生の卓球好きの人数は，150 × 0.08 = 12 (人) なので，㋓は正しいです。

㋔ 卓球好きの 5 年生と 6 年生の合計は，
24 + 12 = 36 (人) で，バドミントン好きの 5 年生と 6 年生の合計は，
160 × 0.1 + 150 × 0.12 = 34 (人) なので，同じ人数にはなりません。

3 中心角の大きさから割合を求めます。

(1) 自然科学の部分の中心角の大きさは 54° なので，360° に対する 54° の割合は，
54 ÷ 360 = 0.15 より，15% です。

(2) 文学の本は 45% なので，
$15 ÷ 45 = \dfrac{15}{45} = \dfrac{1}{3}$ (倍) です。

(3) 文学の本の割合と自然科学の本の割合の合計は，45 + 15 = 60 (%) なので，文学の本と自然科学の本の冊数の合計は，
4800 × 0.6 = 2880 (冊) です。よって，社会科学の本は，
4800 − (2880 + 1013) = 907 (冊) です。

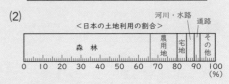

★★★ 最高レベル　　　問題100ページ

1 (1)

項　目	面積(万 ha)	割合 (%)
森　林	2495	66
農用地	526	14
宅　地	189	5
河川・水路	151	4
道　路	117	3
その他	302	8
合　計	3780	100

(2)

<日本の土地利用の割合>

2 (1) 男子 60%　女子 40%　(2) 36%
　　(3) 14%　(4) 250 人

3 (1) 15%　(2) 16 人

4 (1) 60°　(2) 2.3 問

解　説

1 求められるところから，1 つ 1 つ調べていきます。

(1) ・帯グラフから森林の割合は 66% です。

・森林の面積は，3780 × 0.66 = 2494.8 より，2495 万 ha です。

・農用地の割合は，526 ÷ 3780 = 0.139… より，14% です。

・宅地の面積は，3780 × 0.05 = 189 (万 ha) です。

・河川・水路の面積は，
3780 × 0.04 = 151.2 より，151 万 ha です。

・道路の割合は，117 ÷ 3780 = 0.030… より，3% です。

・その他の面積は，
3780 − (2495 + 526 + 189 + 151 + 117) = 302 (万 ha) です。

・その他の割合は，302 ÷ 3780 = 0.079… より，8% です。

2 円グラフと帯グラフはそれぞれちがう内容の割合を示していることと、それ以外に、問題文にも重要なことが書かれているので、それらからわかることをしっかり関連づけて考える必要があります。

(1) 円グラフのおうぎ形の中心角の大きさから、女子は、360°に対する144°の割合なので、144 ÷ 360 = 0.4 より、40%です。よって、男子の割合は、100 － 40 = 60（%）です。

(2) 男子の人数は全体の60%で、その男子のうちの60%が徒歩で通学しているので、次の図のようになります。

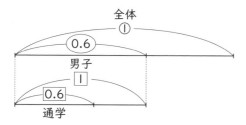

よって、徒歩で通学する男子の割合は、1 × 0.6 × 0.6 = 0.36 より、36%です。

(3) 帯グラフより、徒歩で通学する人数は、男女あわせて全体の50%です。(2)より、徒歩で通学する男子は、全体の36%です。よって、徒歩で通学する女子は、全体の、50 － 36 = 14（%）です。

(4) 徒歩で通学する女子の人数は35人で、(3)より、その割合は全体の14%です。よって、全体の人数を□人とすると、
　　□ × 0.14 = 35 より、
　　□ = 35 ÷ 0.14 = 250（人）です。

3 重なりの関係に注意します。

(1) AとBのどちらの本も読んだ人は24人なので、160人に対する24人の割合は、24 ÷ 160 = 0.15 より、15%です。

(2) Aの本を読んだ人の割合は、おうぎ形の中心角の大きさが216°なので、216 ÷ 360 = 0.6 より、60%で、Bの本を読んだ人の割合は、おうぎ形の中心角の大きさが、360° － 198° = 162°なので、162 ÷ 360 = 0.45 より、45%です。そして、両方読んだ人の割合が15%なので、次の図のようになります。

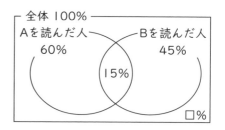

上の図より、A、Bの本のどちらかだけでも読んだ人の割合は、60 + 45 － 15 = 90（%）です。よって、どちらも読んでいない人の割合（□%）は、100 － 90 = 10（%）なので、その人数は、160 × 0.1 = 16（人）です。

4 180人で360°になるので、360 ÷ 180 = 2 より、1人を表すおうぎ形の中心角は2°です。

(1) 正解が0問の人の人数が7人なので、7人を表すおうぎ形の中心角の大きさは、2 × 7 = 14°です。よって、あの角度は、360° － （196° + 90° + 14°）= 60°です。

(2) 3問正解した人のおうぎ形の中心角は196°なので、人数は、196 ÷ 2 = 98（人）、2問正解した人のおうぎ形の中心角は90°なので、人数は、90 ÷ 2 = 45（人）、1問正解した人のおうぎ形の中心角は60°なので、人数は、60 ÷ 2 = 30（人）です。よって、全員の正解した問題の数の合計は、3 × 98 + 2 × 45 + 1 × 30 = 414（問）で、全員で180人なので、平均は、414 ÷ 180 = 2.3（問）です。

─── 中学入試に役立つ **アドバイス** ───

割合を表すグラフの問題として入試に出題される場合は、グラフをかく問題よりも、上級レベルの **2**、**3** や最高レベルの **2**、**3** のように、与えられたグラフなどからわかることを読み取って、質問の答えにたどりつくという問題が多いです。割合とは、もとにする量の何倍かを考えることなので、特に、グラフが2つ以上与えられていて、表す内容がちがう場合、それぞれの割合のもとになる量が同じなのかちがうのか注意して考えないと、割合は同じでも数量がちがったり、数量は同じでも割合はちがうという場合があります。

1 (1)

県　名	割合（%）
鹿児島	30
茨　城	12
千　葉	12
宮　崎	6
静　岡	2
その他	38
合　計	100

(2) ＜さつまいものとれ高の割合＞

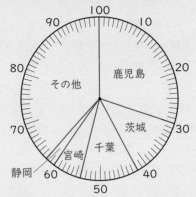

(3) 108°　(4) 1.8cm

2 (1) ① ④　② ⑦　(2) ① ⑦　② ④

3 (1) 50 こ以上 60 こ未満

(2) 3 番目以上 6 番目以下　(3) 30%

解　説

1 （割合）＝（比べられる量）÷（もとにする量）
で求めます。

(1) 百分率の小数第一位の数を四捨五入します。

鹿児島県は，38 ÷ 126 ＝ 0.301…
　　　　　　→ 30.1%より，30%です。

茨城県は，15 ÷ 126 ＝ 0.119…
　　　　　　→ 11.9%より，12%です。

千葉県は茨城県と同じ 12%です。

宮崎県は，7 ÷ 126 ＝ 0.055…
　　　　　　→ 5.5%より，6%です。

静岡県は，3 ÷ 126 ＝ 0.023…
　　　　　　→ 2.3%より，2%です。

その他は，48 ÷ 126 ＝ 0.380…
　　　　　　→ 38.0%より，38%です。

以上から，百分率の合計は，
30 ＋ 12 ＋ 12 ＋ 6 ＋ 2 ＋ 38 ＝ 100（%）
より，ちょうど 100%になるので，100%に
なるように調整する必要はありません。

(3) 1 周は 360°なので，1%を表すおうぎ形の
中心角の大きさは，360 ÷ 100 ＝ 3.6°です。
よって，鹿児島県の 30%を表すおうぎ形の
中心角の大きさは，3.6 × 30 ＝ 108°です。
計算の答えは整数になるので，小数第二位を
四捨五入する必要はありません。

(4) 千葉県の割合は 12%なので，帯グラフで千
葉県の割合を表す帯の長さは，15cm の 12%
になります。よって，15 × 0.12 ＝ 1.8（cm）
です。計算の答えが小数第一位までなので，
四捨五入する必要はありません。

2 あることがらの結果をまとめた資料をグラフ
で表す場合，折れ線グラフ，棒グラフ，円グラフ，
帯グラフ，ドットプロット，ヒストグラムといっ
たさまざまなグラフがあります。そこで，グラフ
にして表したい資料に対して，それぞれのグラフ
がどういう内容を表すことに向いているかしっか
りと理解しておくことが大切です。

3 各範囲に入る人数をたしかめます。

(1) ヒストグラムの人数を個数の少ない方からた
していくと，20 個以上から，40 個未満までで，
1 ＋ 4 ＝ 5（人），50 個未満までで，
5 ＋ 6 ＝ 11（人），60 個未満までで，11 ＋
10 ＝ 21（人）なので，集めた個数の少ない
方から 18 番目のはるなさんが集めた個数は，
50 個以上 60 個未満です。

(2) 83 個は 80 個以上 90 個未満の範囲に入りま
す。ヒストグラムより，90 個以上 100 個未
満の人数は 2 人で，80 個以上 100 個未満ま
でで，2 ＋ 4 ＝ 6（人）なので，あきとさんは，
集めた個数の多い人から，2 ＋ 1 ＝ 3（番目）
以上 6 番目以下と考えられます。

(3) 集めた個数が 70 個以上の人数は，
2 ＋ 4 ＋ 6 ＝ 12（人）です。全体 40 人に
対する 12 人の割合は，12 ÷ 40 ＝ 0.3 より，
30%です。

1 (1) 7：4　(2) 165°

2 (1) 3cm　(2) （下の図）

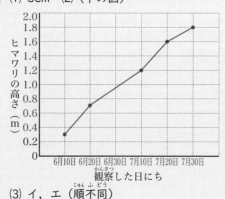

（3）イ，エ（順不同）

解　説

1 円グラフは全体が100％で中心角が360°です。

(1) 円グラフの漫画の部分のおうぎ形の中心角は，360°−（88°＋67°＋51°）＝154°で，おやつの部分のおうぎ形の中心角は88°です。使った金額の比は円グラフのおうぎ形の中心角の大きさの比と同じになると考えて，154°：88°＝7：4より，使った金額の比も7：4です。答えを比で表すときは，最も簡単な整数の比で表すようにします。

(2) 円グラフの中心角は全体が360°で，昨年の漫画の部分のおうぎ形の中心角が154°なので，昨年のおこづかい全体を360円，漫画に使った金額を154円として考えると，今年のおこづかい全体は，360×（1＋0.4）＝504（円）で，漫画に使った金額は，154×（1＋0.5）＝231（円）になります。今年のおこづかいの使い道を円グラフにすると，全体504円を360°としたときの，漫画に使った231円の部分のおうぎ形の中心角の大きさを□°とすると，360：□＝504：231より，□×504＝360×231，□＝360×231÷504＝165　よって，165°です。

2 6月10日，6月20日，（6月30日），7月10日，7月20日，7月30日は10日ごとの日

づけになっています。

(1) 6月10日のヒマワリの高さは0.3mで，7月30日のヒマワリの高さは1.8mなので，その間にのびた長さは，1.8−0.3＝1.5（m）で，1.5m＝150cmです。また，10×5＝50より，7月30日は6月10日から50日たっています。よって，1日あたりにのびた長さの平均は，150÷50＝3（cm）です。

(2) 縦軸は，1目盛りが0.2mずつ増えるように書きます。1mや2mになるところは，他の目盛りにあわせて，1.0（m），2.0（m）としましょう。横軸は，6月10日から10日ごとの日づけを書きます。

　グラフは，10日ごとにヒマワリがのびていく長さの変化を表すグラフにするので，折れ線グラフにします。0.3mは0.2mと0.4mの点線のまん中のところ，0.7mは0.6mと0.8mの点線のまん中のところに点をとります。また，6月30日の記録がないので，その前後の6月20日と7月10日のグラフの点を直線で結びます。

(3) アのように，けがの種類による人数のちがいを比べたり，ウのように，クラス別の図書の貸出数のちがいを比べるような，同じ期間での大小を比べやすくするグラフは「棒グラフ」です。また，イのように，赤ちゃんの体重の変わる様子や，エのように，ある人口の変わり方のように，時間がたつごとの変化をわかりやすくするグラフは「折れ線グラフ」です。

┌─ 中学入試に役立つ **アドバイス** ─┐
円グラフは，割合（おもに百分率）をおうぎ形の中心角の大きさで表すので，割合から角度を求めたり，角度から割合を求めるために，割合（％）と角度（°）との関係を理解しておくことが必要です。それだけでなく，グラフから割合のもとにする量や比べる量を求める問題など，入試算数の基礎力を試す問題に発展していきます。
└────────────────┘

思考力問題にチャレンジ① 問題106ページ

■1 (1) 400円 (2) (下の表 **赤太字**)

A駅	1.9	6.7	10.3	14.0	17.3
	B駅	4.8	8.4	12.1	15.4
		C駅	3.6	7.3	10.6
			D駅	3.7	7.0
				E駅	3.3
					F駅

(km)

(3) ㋐ 210円 ㋑ 320円

■2 (1) 算数80点 国語70点 (2) 4人

(3) 40人 (4) 40%

(5) (下の表 **赤太字**)

算\国	50	60	70	80	90	100
50						
60		2	3			
70	2	3	6	4	2	
80		1	㋐	3	3	
90			2	1		2
100				2		

解説

■1 表1からわかる道のりを図で表すと、次のようになります。

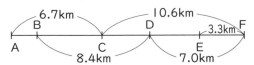

(1) 上の図より、A駅からF駅までは、6.7＋10.6＝17.3（km）です。よって、表2より、17.3kmの運賃は400円です。

(2) D駅からE駅までは、7.0－3.3＝3.7（km）
C駅からD駅までは、10.6－7.0＝3.6（km）
B駅からC駅までは、8.4－3.6＝4.8（km）
A駅からB駅までは、6.7－4.8＝1.9（km）
以上の結果をもとに、その他の空いているところをうめていきます。

(3) A駅からD駅までは10.3kmなので、360円で、D駅からF駅までは7.0kmなので、㋑円です。よって、360＋㋑＝680より、㋑＝320（円）です。A駅からB駅までは1.9kmなので、㋐円で、B駅からE駅までは12.1kmなので、360円で、E駅からF駅までは3.3km

なので、㋐円です。よって、㋐＋360＋㋐＝360＋㋐×2＝780より、㋐＝（780－360）÷2＝210（円）です。

■2 ていねいに計算して、糸口を見つけます。

算\国	50	60	70	80	90	100
50		㋓1				
60		㋔3	㋒4			
70	2	㋕1	㋑5	4	2	
80			㋐	3	3	
90			2	1		2
100				2		

(1) 上の表の----→より、算数は80点、国語は70点です。

(2) 算数の平均点と国語の平均点が等しいということは、算数の合計点と国語の合計点が等しいということです。それぞれの得点ごとの人数の合計から、算数の合計点は、50×1＋60×7＋70×14＋80×（㋐＋7）＋90×5＋100×2＝80×㋐＋2660、国語の合計点は、50×2＋60×6＋70×（㋐＋11）＋80×8＋90×7＋100×2＝70×㋐＋2700より、80×㋐＋2660＝70×㋐＋2700となります。2700－2660＝40で、80－70＝10なので、40÷10＝4より、㋐にあてはまる数は4です。

(3) 2＋6＋（11＋4）＋8＋7＋2＝40（人）です。

(4) 上の表の太線の枠内の人なので、その人数の合計は、1＋4＋4＋2＋3＋2＝16（人）です。よって、その割合は、16÷40＝0.4より、40%です。

(5) 算数の平均点が1点高くなったということは、算数の合計点が、1×40＝40（点）高くなったということです。上の表の㋑のところが5人から6人に1人増えていることから、その1人は㋒からの1人になります。㋒は、4－1＝3になり、その1人は10点増えたことがわかります。よって、あと2人で30点増える場合を考えると、㋓の1人と㋔の1人がそれぞれ70点をとったときしか考えられないので、㋓は0、㋔は、3－1＝2で、㋕は1＋2＝3になります。

15　角度

1 ① 180　② 180　③ 120　④ 120
　　⑤ 60
2 (1) 40°　(2) 75°
3 (1) 45°　(2) 110°
4 (1) 135°　(2) 75°
5 (1) 72°　(2) 85°
6 (1) 57°　(2) 87°

解　説

2 (1) あ＝ 180°－ 140°＝ 40°
(2) い＝ 180°－（40°＋ 65°）＝ 75°
3 (1) あ＝ 180°－（95°＋ 40°）＝ 45°
(2) いのとなりの角の大きさをうとします。
　　う＝ 180°－（75°＋ 35°）＝ 70°
　　い＝ 180°－ 70°＝ 110°
4 (1) 45°＋ 90°＝ 135°
(2) いの下側のとなりの角の大きさをうとします。
　　う＝ 180°－（30°＋ 45°）＝ 105°
　　い＝ 180°－ 105°＝ 75°
5 (2) 180°－ 95°＝ 85°
6 (1) 360°－（115°＋ 98°＋ 90°）＝ 57°
(2) ②のとなりの角の大きさを③とすると，
　　③＝ 360°－（65°＋ 102°＋ 100°）
　　　＝ 93°
　　②＝ 180°－ 93°＝ 87°

─ 中学入試に役立つ **アドバイス** ─

三角形の内角と外角の関係

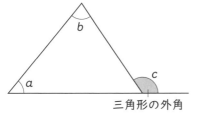

三角形の外角

$a + b = c$

1 (1) 30°　(2) 72°
2 (1) 35°　(2) 81°　(3) 37°　(4) 44°
3 (1) 75°　(2) 60°　(3) 75°
　　(4) 105°　(5) 23°　(6) 108°
4 (1) 138°　(2) 80°　(3) 28°　(4) 34°

解　説

1 (1) 2 つの底角は等しいので，
　　①＝ 180°－ 75°× 2 ＝ 30°
(2)（180°－ 36°）÷ 2 ＝ 72°
2 (1) 右の図で，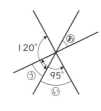
　　い＝ 180°－ 120°＝ 60°
　　また，あとうの角の大き
　　さは等しくなります（対
　　頂角の大きさは等しいと
　　いいます）。
　　あ＝う＝ 95°－い＝ 95°－ 60°＝ 35°
(2) 右の図で，あの角を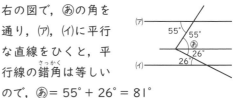
　　通り，(ア)，(イ)に平行
　　な直線をひくと，平
　　行線の錯角は等しい
　　ので，あ＝ 55°＋ 26°＝ 81°
(3) 右の図で，平行線の同位
　　角は等しいので，三角形
　　に角の大きさを移動して
　　考えます。
　　あ＝ 180°－（65°＋ 78°）＝ 37°
(4) 右の図の三角形 AEC で，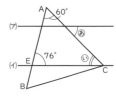
　　い＝
　　180°－（60°＋ 76°）
　　＝ 44°
　　平行線の錯角は等し
　　いので，あ＝い＝ 44°
3 (2) 右の図で，あのと
　　なりの角の大きさを
　　いとします。
　　い＝ 180°－
　　（45°＋ 15°）＝ 120°
　　あ＝ 180°－い＝ 180°－ 120°＝ 60°

(3) 右の図で，⑤のとな
りの角の大きさを◎
とします。

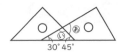

◎＝180°－（45°＋30°）＝105°

⑤＝180°－◎＝180°－105°＝75°

(4) 右の図で，⑤のとなりの
角の大きさを◎とします。

◎＝180°－（60°＋45°）
＝75°

⑤＝180°－◎＝180°－75°＝105°

(6) 右の図で，⑤のとなりの
角の大きさを◎とします。

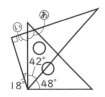

◎＝180°－（90°＋18°）
＝72°

⑤＝180°－◎
＝180°－72°＝108°

4 (1) ⑤の向かい合う角を◎とします。四角形の
4つの角の和は360°より，

◎＝360°－（66°＋32°＋40°）＝222°

⑤＝360°－◎＝360°－222°＝138°

(2) 34°＋68°＝⑤＋22°より，⑤＝80°

(4) 47°＋47°＝⑤＋60°より，⑤＝34°

★★ 上級レベル②　問題112ページ

1 (1) 15° (2) 30°

2 (1) 109° (2) 28° (3) 60° (4) 101°

3 (1) ⑤ 64° ◎ 128° (2) 70°
　　(3) 126° (4) 108°

4 (1) 147° (2) 99° (3) 94° (4) 146°

解説

1 (1) 三角形ABEはAB＝BEの二等辺三角形，
角ABE＝90°－60°＝30°
よって，
角BAE＝（180°－30°）÷2＝75°，
角⑤＝90°－75°＝15°

(2) 三角形BACは，BA＝BCの直角二等辺三角
形より，角BAC＝45°，
角⑤＝75°－45°＝30°

2 (1) 右の図で，⑤のと
なりの角の大きさを
◎とします。

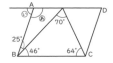

◎＝25°＋46°＝71°

⑤＝180°－◎＝180°－71°＝109°

(2) 右の図より，

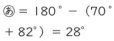

⑤＝180°－（70°
＋82°）＝28°

(3) 右の図で，⑤のとな
りの角の大きさを◎
とします。

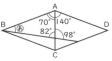

◎＝360°－（78°＋72°＋90°）＝120°

⑤＝180°－◎＝180°－120°＝60°

3 (1) ⑤＝（180°－52°）÷2＝64°

◎＝360°－（52°＋90°×2）＝128°

(2) 右の図より，

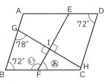

③＝（180°－40°）
÷2＝70°

(3) 平行線の錯角は等しい
ので，⑤＝126°

(4) 右の図は，折って重
なっているので，

⑤＋⑤＋36°＝180°

⑤＝72°より，

⑤＝180°－⑤＝180°－72°＝108°

4 (1) 五角形の角の和は，180°×3＝540°
540°－（122°＋92°＋85°＋94°）＝147°

(2) 六角形の角の和は，180°×4＝720°
720°－（144°＋98°＋142°＋151°＋86°）
＝99°

(3) 720°－（135°＋88°＋118°＋143°＋142°）
＝94°

(4) 720°－（104°＋142°＋93°＋108°＋127°）
＝146°

── 中学入試に役立つ**アドバイス** ──

多角形の角の和
・□角形の内角の和＝180°×（□－2）
・□角形の外角の和＝360°

1 (あ) 40°　(い) 20°

2 62°

3 30°

4 20°

5 720°

6 (あ) 50°　(い) 20°

7 x 78°　y 129°

8 x 35°　y 120°

解説

1 右の図より，

(あ)＝ 180° －（60°＋80°）

＝ 40°，点 C を通り直線 ℓ に平行な線をひくと，(あ)＋(い)

＝ 60°，

(い)＝ 60° － 40° ＝ 20°

2 右の図より，三角形 ABD と三角形 EBC を合わせた三角形は三角形 DBE にぴったりと重なります。よって，

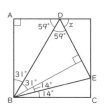

角 x ＝ 180° － 59° × 2 ＝ 62°

3 図は六角形なので，角の和は 720° です。

720° －（25°＋275°＋80°＋290°＋20°）

＝ 30°

4 右の図より，三角形 OAB の角の和は，x が9個分なので，x ＝ 20°

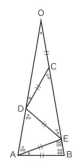

5 右下の図の三角形(あ)の角の和と三角形(い)の角の和と五角形(う)の角の和から三角形(え)の角の和をひいたものが印のついた8か所の角の大きさの和です。

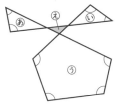

180°＋180°＋540° － 180° ＝ 720°

6 右の図より，

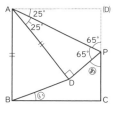

(あ)＝ 180° － 65° × 2

＝ 50°

三角形 ABD は AB ＝ AD の二等辺三角形であり，

角 A ＝ 90° － 25° × 2

＝ 40°

角 B ＝（180° － 40°）÷ 2 ＝ 70°

(い)＝ 90° － 70° ＝ 20°

7 ○＋○＋×＝88°，○＋×＋×＝65°，○と×の差○－×＝23°

○3つ分は，88°＋23°＝111°より，

○は 111° ÷ 3 ＝ 37°，×は 37° － 23° ＝ 14°

x ＝ 180° －（37° × 2 ＋ 14° × 2）＝ 78°

y ＝ 180° －（37°＋14°）＝ 129°

8 三角形ABCの角B ＝ 65°

角C ＝ 180° － 65° × 2 ＝ 50°

三角形CBEは，CB＝CEの二等辺三角形なので，x ＝（180° － 50° － 60°）÷ 2 ＝ 35°

角ABE ＝ 65° － x ＝ 65° － 35° ＝ 30°

三角形ABEと三角形BDCは同じ形の図形なので，角BDC＝角ABE ＝ 30°

角BCD ＝ 180° －（30°＋125°）＝ 25°

y ＝ 180° －（35°＋25°）＝ 120°

── 中学入試に役立つ アドバイス ──

・ブーメラン型の角の大きさの関係

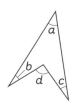

$a＋b＋c＝d$

・バタフライ型の角の大きさの関係

$a＋b＝c＋d$

★ 標準レベル　問題116ページ

1 ① 100　② 100　③ 10000
　④ 1000　⑤ 1000　⑥ 1000000

2 (1) 16cm²　(2) 400cm²
　(3) 2500cm²

3 ① 50000cm²　② 2m²
　③ 80000cm²　④ 4.5m²

4 ① 3　② 6　③ 3　④ 6　⑤ 18

5 (1) 44cm²　(2) 120cm²

6 ① 10　② 10　③ 100　④ 100
　⑤ 100　⑥ 10000

7 (1) 8a　(2) 9ha

8 ① 300m²　② 6a　③ 80ha
　④ 0.4km²

解説

3 ① 1m² = 10000cm² より,
　5m² = 5 × 10000 = 50000 (cm²)

② 20000 ÷ 10000 = 2 (m²)

③ 8 × 10000 = 80000 (cm²)

④ 45000 ÷ 10000 = 4.5 (m²)

5 (1) 4 × 11 = 44 (cm²)

(2) 8 × 15 = 120 (cm²)

7 (1) 1a = 100m² より
　20 × 40 ÷ 100 = 8 (a)

(2) 1ha = 10000m² より
　300 × 300 ÷ 10000 = 9 (ha)

8 (1) 3 × 100 = 300 (m²)

(2) 600 ÷ 100 = 6 (a)

(3) 800000 ÷ 10000 = 80 (ha)

(4) 1ha=0.01km² より, 40 × 0.01 = 0.4 (km²)

— 中学入試に役立つ **アドバイス** —
下の図の単位と面積の関係を覚えましょう。

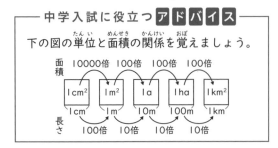

★★ 上級レベル　問題118ページ

1 (1) 182cm²　(2) 215cm²
　(3) 76cm²　(4) 121cm²

2 (1) 5倍　(2) 25倍

3 (1) 20　(2) 16　　**4** 12m²

5 (1) 240cm²　(2) 12cm

6 12:13　　**7** 20

解説

1 (1) 右の図のように, あ
の長方形と○いの長方形
に分けます。
18 × 4 + 10 × 11
= 182 (cm²)

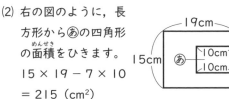

(2) 右の図のように, 長
方形から○あの四角形
の面積をひきます。
15 × 19 − 7 × 10
= 215 (cm²)

(3) 右の図のように, ○あの
長方形と○いの長方形と
○うの長方形に分けます。
1 × 3 + 3 × 6 + 5
× 11 = 76 (cm²)

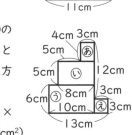

(4) 右の図のように, ○あの
長方形と○いの長方形と
○うの長方形と○えの正方
形に分けます。
4 × 3 + 5 × 8 + 6 ×
10 + 3 × 3 = 121 (cm²)

2 (1) 新しくできる長方形の縦の長さは, 4 × 5
= 20 (cm), 横の長さは, 5 × 5 = 25 (cm),
新しくできる長方形の周りの長さは,
(20 + 25) × 2 = 90 (cm), もとの長方形
の周りの長さは, (4 + 5) × 2 = 18 (cm)
だから, 90 ÷ 18 = 5 (倍)

(2) 新しくできる長方形の面積は,
20 × 25 = 500 (cm²), もとの長方形の面積は,
4 × 5 = 20(cm²)だから, 500 ÷ 20 = 25(倍)

3 (1) 24 × 15 = 18 × □, □ = 20

⑵ $32 \times 8 = \square \times \square$, $32 \times 8 = 256 = 16 \times 16$
より，$\square = 16$

4 右の図のように，道
を端に寄せて考えます。
斜線部分の面積は，
$3 \times 4 = 12$（m²）

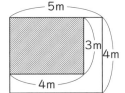

― 中学入試に役立つ **アドバイス** ―

土地と道路の問題では，道路を端に移動し
て，長方形を作ります。

5 ⑴ 右の図のよう
に，2つの四角
形 EBIF と四角形
GICH に分けて考
えます。

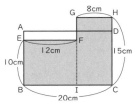

四角形 EBIF $= 10 \times 12$
$= 120$（cm²）
四角形 GICH $= 15 \times 8 = 120$（cm²）
$120 + 120 = 240$（cm²）
⑵ AB $= 240 \div 20 = 12$（cm）

6 右の図のように，長
方形の縦と横の長さの
比は⑨：④より，面積を
㊱とします。正方形と長

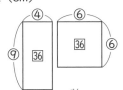

方形の面積が等しいので，正方形の1辺を⑥と
します。正方形と長方形の周りの長さの比は，⑥
$\times 4 : (⑨+④) \times 2 = 12 : 13$

7 長方形の土地の面積は，
$50 \times 60 = 3000$（m²）より，
アの土地もイの土地も 3000
$\div 2 = 1500$（m²）です。右
の図のようにイの土地を㋐
の長方形と㋒の長方形に分けます。

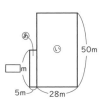

㋒の長方形の面積 $= 50 \times 28 = 1400$（m²）
㋐の長方形の面積 $= 1500 - 1400 = 100$（m²）
$\square = 100 \div 5 = 20$

1 140cm²

2 20cm²

3 12cm

4 ⑴ 9cm ⑵ 159cm²

5 36

6 32cm

7 22

8 13cm

解 説

1 下の図のように，㋐，㋑，㋒に分けて考えます。

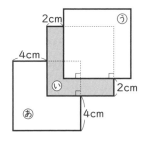

㋐の面積は，$8 \times 8 - 4 \times 4 = 48$（cm²）
㋑の面積は，$8 \times 8 - 6 \times 6 = 28$（cm²）
㋒の面積は，$8 \times 8 = 64$（cm²）
3つの面積の合計を求めます。
$48 + 64 + 28 = 140$（cm²）

2 下の図のように，正方形の中にある4つの直
角三角形をそれぞれ移動して考えます。

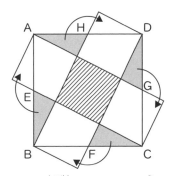

正方形 ABCD は斜線部分の面積5個分と同じで
す。
正方形の面積は，$10 \times 10 = 100$（cm²）だから，
$100 \div 5 = 20$（cm²）

3 重なっている部分の面積はそれぞれの正方形の $\frac{3}{50}$, $\frac{3}{18}$ とします。大きい方の正方形の面積を⑩, 小さい方の正方形の面積を⑱とすると, 図形全体の面積は,

⑩＋⑱－③ ＝ 520（cm²）

① ＝ 8（cm²）より, 小さい方の面積は, 8 × 18 ＝ 144（cm²） 12 × 12 ＝ 144 より, 小さい方の正方形の1辺の長さは 12cm

4 (1) 長方形 ABCD の周りの長さは,

（12 ＋ 20）× 2 ＝ 64（cm）です。下の図の太線部分が, 長方形の周りの長さと同じなので, 長方形の周りの長さ＋正方形の1辺の長さ2つ分が, 図形の周りの長さと等しいので, 正方形の1辺の長さは,

（82 － 64）÷ 2 ＝ 9（cm）

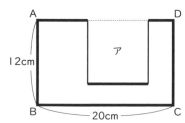

(2) 長方形 ABCD の面積から正方形アの面積をひいて求めます。

12 × 20 － 9 × 9 ＝ 159（cm²）

5 アとウの面積が等しいので, ア＋イとウ＋イの面積も等しくなります。

ア＋イは正方形, ウ＋イは長方形です。

24 × 24 ＝ 16 × □, □ ＝ 36

6 長方形 ABCD の周りの長さは

（BC ＋ CD）× 2 です。

右の図のあの面積とⒾの面積の和は,

192 － 8 × 8 ＝ 128（cm²）

BC ＋ CD ＝ 128 ÷ 8 ＝ 16（cm）

よって, 長方形 ABCD の周りの長さは

（BC ＋ CD）× 2 ＝ 16 × 2 ＝ 32（cm）

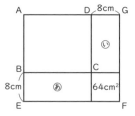

7 下の図の長方形あと長方形Ⓘの面積は等しいです。

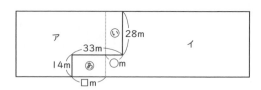

14 × □ ＝ 28 × ○ だから, □：○ ＝ 2：1

□ ＝ 33 × $\frac{2}{2+1}$ ＝ 22（m）

8 右の図のように, 1辺がイの正方形を角に寄せて考えます。長方形あの面積は,

（153 － 9 × 9）÷ 2

＝ 36（cm²）

イの長さ ＝ 36 ÷ 9 ＝ 4

よって, ア＝イ＋9

＝ 4 ＋ 9 ＝ 13（cm）

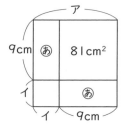

— 中学入試に役立つ **アドバイス** —

正方形の面積は1辺×1辺です。

よって, 面積の値は□×□となり, このような整数を平方数といいます。

よく出る21までの平方数は覚えておきましょう。

11 × 11 ＝ 121
12 × 12 ＝ 144
13 × 13 ＝ 169
14 × 14 ＝ 196
15 × 15 ＝ 225
16 × 16 ＝ 256
17 × 17 ＝ 289
18 × 18 ＝ 324
19 × 19 ＝ 361
20 × 20 ＝ 400
21 × 21 ＝ 441

17 三角形，四角形の面積

★ 標準レベル 問題122ページ

1 ① 60 ② 30
2 ① 60 ② 60
3 ① 8 × 6 ÷ 2 ② 24
4 (1) 9 × 6 ÷ 2 = 27 （cm²）
(2) 8 × 5 = 40 （cm²）
(3) 10 × 7 ÷ 2 = 35 （cm²）

解 説

1 ⑤＋⑥＋⑦＋⑧の面積の和は長方形の面積なので，6 × 10 = 60(cm²)　三角形 ABC の面積は，長方形の面積の半分なので，60 ÷ 2 = 30 （cm²）
2 平行四辺形ＡＢＣＤの面積と長方形ＡＥＦＤの面積は等しいです。

── 中学入試に役立つ アドバイス

平行四辺形の面積＝底辺×高さ

ひし形の面積＝対角線×対角線÷ 2

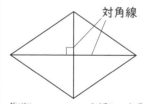

台形の面積＝（上底＋下底）×高さ÷ 2

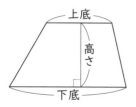

★★ 上級レベル① 問題124ページ

1 (1) 24cm² (2) 44cm²
(3) 18cm²
2 (1) 70cm² (2) 108cm²
(3) 132cm²
3 (1) 33cm² (2) 48cm²
(3) 32cm²
4 3.25cm²
5 (1) 15cm² (2) 35cm²
(3) 70cm²
6 (1) 6 (2) 7 (3) 10
7 (1) 24cm² (2) 24cm²

解 説

1 三角形の面積を求めるので，底辺×高さ÷ 2 を使います。
(1) 8 × 6 ÷ 2 = 24 （cm²）
(2) 11 × 8 ÷ 2 = 44 （cm²）
(3) 6 × 6 ÷ 2 = 18 （cm²）
2 平行四辺形の面積を求めるので，底辺×高さを使います。
(1) 10 × 7 = 70 （cm²）
(2) 12 × 9 = 108 （cm²）
(3) 11 × 12 = 132 （cm²）
3 ひし形の面積を求めるので，対角線×対角線÷ 2 を使います。
(1) 11 × 6 ÷ 2 = 33 （cm²）
(2) 12 × 8 ÷ 2 = 48 （cm²）
(3) 8 × 8 ÷ 2 = 32 （cm²）
4 直角三角形の縦の長さは 7cm，横の長さは 3 + 0.5 = 3.5 （cm）より，斜線部分の面積は，
3.5 × 7 ÷ 2 － 9 = 3.25 （cm²）
5 (1) 6 × 5 ÷ 2 = 15 （cm²）
(2) （9 － 2） × 5 = 35 （cm²）
(3) 10 × 7 = 70 （cm²）
6 (1) 7 ×□÷ 2 = 21 より，
□ = 21 ÷ 7 × 2 = 6
(2) 9 ×□ = 63 より，
□ = 63 ÷ 9 = 7
(3) □× 6 ÷ 2 = 30 より，

□ = 30 ÷ 6 × 2 = 10

7 (1) 三角形 ACD の面積から三角形 HGD の面積をひくので，8 × 8 ÷ 2 − 4 × 4 ÷ 2 = 24（cm²）

(2) 正方形の面積から，三角形 AED，三角形 EBF，三角形 DFC の面積をひくので，
8 × 8 − (4 × 8 ÷ 2 + 4 × 4 ÷ 2 + 4 × 8 ÷ 2) = 24（cm²）

── 中学入試に役立つ **アドバイス** ──

正方形もひし形と同じように，対角線が垂直に交わるので，対角線の長さから面積を求めることができます。

対角線

面積＝対角線×対角線÷2

★★ 上級レベル②　問題**126**ページ

1 52cm²

2 (1) $\frac{60}{13}$　(2) $\frac{15}{2}$

3 (1) 50cm²　(2) 48cm²

4 21cm²

5 1.2cm

6 8

7 21cm²

解説

1 (9 + 4) × 8 ÷ 2 = 52（cm²）

2 (1) 13 × □ ÷ 2 = 5 × 12 ÷ 2 より，
□ = 30 ÷ 13 × 2 = $\frac{60}{13}$

(2) 10 × 6 = 8 × □ より，
□ = 60 ÷ 8 = $\frac{15}{2}$

3 (1) 対角線が 10cm のひし形と考えて，
10 × 10 ÷ 2 = 50（cm²）

(2) 対角線が 8cm，12cm のひし形なので，

8 × 12 ÷ 2 = 48（cm²）

4 右の図のように，三角形⑦と三角形⑦に分けて考えます。三角形⑦の面積は，
3 × 6 ÷ 2 = 9（cm²）
三角形⑦の面積は，
6 × 4 ÷ 2 = 12（cm²）
よって，9 + 12 = 21（cm²）

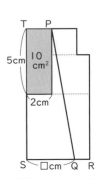

5 3つの正方形の面積の合計は，
4 + 9 + 25 = 38（cm²）
この図形の面積を直線 PQ で
2 等分するので，
38 ÷ 2 = 19（cm²）になればよいです。右の図の台形
TSQP で考えます。
面積が 19 + 10 = 29（cm²），上底が 2cm，下底が □ cm とすると，(2 + □) × 10 ÷ 2 = 29，
□ = 29 ÷ 10 × 2 − 2 = 3.8
よって，QR = 5 − 3.8 = 1.2（cm）

6 下の図で C の部分をふくめた図形で考えます。
A と B の面積が等しいので，A + C と B + C の面積は等しく，6 × □ ÷ 2 = 4 × 12 ÷ 2，
□ = 8

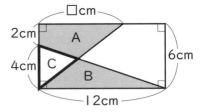

7 右の図の三角形
ACD の面積と三角形
ACE の面積は等しいので，かげをつけた部分の面積は四角形
ABCE の面積と等しいです。よって，7 × 6 ÷ 2 = 21（cm²）

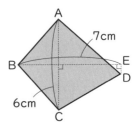

1　7cm

2　36cm²

3　77.5cm²

4　31cm²

5　20cm²

6　6.25cm²

7　(1) 8cm　(2) 60cm²　(3) 17cm

解　説

1　右の図の⑤の部分
の台形の面積は，

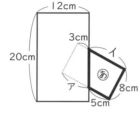

296 － 12 × 20
= 56（cm²）
（5 ＋イ）× 8 ÷ 2 =
56（cm²）より，イの
長さは9cmとなるので，アの長さは，ア＝3 ＋
9 － 5 = 7（cm）

2　正方形1つ分の面積は，6 × 6 ÷ 2 = 18（cm²）
かげをつけた部分の面積は，正方形3つ分の半
分と1つ分の半分の合計になるので，
18 × 3 ÷ 2 ＋ 18 ÷ 2 = 36（cm²）

3　右の図で，四
角形ＥＦＧＨは
縦7cm，横5cm
の長方形で，面積
は，

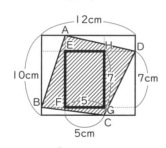

7 × 5 = 35(cm²)
周りの斜線部分
の面積は，四角形ＥＦＧＨを除いた面積の半分な
ので，（10 × 12 － 35）÷ 2 = 42.5（cm²）
よって，四角形ＡＢＣＤの面積は，
35 ＋ 42.5 = 77.5（cm²）

4　右の図で，三角形
ＡＢＣの面積から三角形⑤
と三角形⑥の面積をひき
ます。
右の図から，三角形⑤の
高さは，14 ÷ 2 = 7（cm），三角形⑥の高さは
6cmだから，

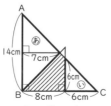

14 × 14 ÷ 2 －（14 × 7 ÷ 2 ＋ 6 × 6 ÷ 2）=
31（cm²）

5　三角形ＡＢＣの面積から，三角形Ａイケ，三
角形イＢエ，三角形Ｃエケの面積をひけばよい
です。
12 × 12 ÷ 2 －（8 × 6 ÷ 2 ＋ 4 × 8 ÷ 2 ＋
4 × 6 ÷ 2）= 20（cm²）

6　右の図のように，正
三角形ＡＢＣをかくと，
Ｄは，辺ＢＣの真ん中の
点になるので，長さは
5 ÷ 2 = 2.5（cm）
よって，三角形の面積
は，5 × 2.5 ÷ 2 = 6.25（cm²）

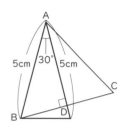

7　(1) ⑥の長さは，7 ＋⑤と等しいので，
　　⑤＋⑥＝⑤＋⑤＋7 = 23，⑤= 8（cm）

(2) 8 × 15 ÷ 2 = 60（cm²）

(3) 図1の四角形の面積は
　　7 × 7 ＋ 60 × 4 = 289（cm²）
　　⑤×⑤= 289，17 × 17 = 289より，
　　よって，⑤= 17（cm）

―― 中学入試に役立つ **アドバイス** ――

30°，60°，90°の直角三角形は，正三角形
を半分にしたものであることから，下の図の
ように，60°をはさむ辺の長さの比は2 : 1
になります。

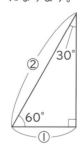

★ 標準レベル　問題130ページ

1 ① 8　② 25.12　③ 4×4　④ 50.24
　　⑤ 3　⑥ 18.84　⑦ 3×3　⑧ 28.26

2 (1) 円周 37.68cm　面積 113.04cm²
　　(2) 円周 18.84cm　面積 28.26cm²
　　(3) 円周 31.4cm　面積 78.5cm²
　　(4) 円周 43.96cm　面積 153.86cm²

3 (1) 37.68cm　(2) 113.04cm²
　　(3) 正三角形　(4) 30°　(5) 10 こ

解説

2 (1) 円周　$12 \times 3.14 = 37.68$（cm）
　　面積　$6 \times 6 \times 3.14 = 113.04$（cm²）

(2) 円周　$6 \times 3.14 = 18.84$（cm）
　　面積　$3 \times 3 \times 3.14 = 28.26$（cm²）

(3) 円周　$5 \times 2 \times 3.14 = 31.4$（cm）
　　面積　$5 \times 5 \times 3.14 = 78.5$（cm²）

(4) 円周　$7 \times 2 \times 3.14 = 43.96$（cm）
　　面積　$7 \times 7 \times 3.14 = 153.86$（cm²）

3 (1) $6 \times 2 \times 3.14 = 37.68$（cm）

(2) $6 \times 6 \times 3.14 = 113.04$（cm²）

(4) $360 \div 12 = 30°$

― 中学入試に役立つ アドバイス ―

円の面積＝半径×半径×円周率
円周＝直径×円周率

★★ 上級レベル①　問題132ページ

1 ① 12　② 120　③ 12.56　④ 6
　　⑤ 6　⑥ 120　⑦ 37.68

2 (1) 弧の長さ 6.28cm
　　　面積 6.28cm²

　　(2) 弧の長さ 12.56cm
　　　面積 50.24cm²

　　(3) 弧の長さ 6.28cm
　　　面積 18.84cm²

3 (1) 1cm　(2) 16cm　(3) 157cm²

4 (1)（式）　$10 \times 2 + 10 \times 3.14 = 51.4$
　　　（答え）51.4cm

　　(2)（式）　$10 \times 10 + 5 \times 5 \times 3.14 = 178.5$
　　　（答え）178.5cm²

5（式）$8 \times 8 \div 2 - \left(4 \times 4 \times 3.14 \times \dfrac{90}{360} + 4 \times 4 \times 3.14 \times \dfrac{45}{360} \right)$
　　　　$= 13.16$
　　（答え）13.16cm²

解説

2 (1) 弧の長さ　$4 \times 3.14 \times \dfrac{180}{360} = 6.28$(cm)

　　面積　$2 \times 2 \times 3.14 \times \dfrac{180}{360} = 6.28$（cm²）

(2) 弧の長さ $8 \times 2 \times 3.14 \times \dfrac{90}{360} = 12.56$(cm)

　　面積　$8 \times 8 \times 3.14 \times \dfrac{90}{360} = 50.24$(cm²)

(3) 弧の長さ $6 \times 2 \times 3.14 \times \dfrac{60}{360} = 6.28$(cm)

　　面積　$6 \times 6 \times 3.14 \times \dfrac{60}{360} = 18.84$(cm²)

3 (1) 半径を□cm とすると,
　　□$\times 2 \times 3.14 = 6.28$, □$= 1$

(2) 直径を□cm とすると,
　　□$\times 3.14 = 50.24$, □$= 16$

(3) $10 \times 10 \times 3.14 \times \dfrac{180}{360} = 157$（cm²）

4 直径 10cm の半円 2 個と 1 辺 10cm の正方形を組み合わせた図形です。半円 2 個を合わせると 1 つの円になります。

(1) $10 \times 2 + 10 \times 3.14 = 51.4$ (cm)

(2) $10 \times 10 + 5 \times 5 \times 3.14 = 178.5$ (cm²)

5 直角二等辺三角形の面積から中心角の大きさが 90° のおうぎ形の面積と中心角の大きさが 45° のおうぎ形の面積をひくので，

$8 \times 8 \div 2 - \left(4 \times 4 \times 3.14 \times \dfrac{90}{360} + 4 \times 4 \times 3.14 \times \dfrac{45}{360} \right) = 13.16$ (cm²)

★★ 上級レベル② 　問題134ページ

1 (1) 4 倍　(2) 9 倍

2 (1) 144°　(2) 140°　(3) 50°

3 (式) $8 \times 3.14 - 4 \times 4 = 9.12$

　(答え) 9.12cm²

4 (1) (式) $4 \times 4 \times 3.14 \times \dfrac{45}{360} = 6.28$

　　(答え) 6.28cm²

　(2) (式) $(1 \times 2 \times 3.14 + 2 \times 2 \times 3.14$

　　　　 $+ 3 \times 2 \times 3.14) \times \dfrac{90}{360} +$

　　　　 $4 \times 2 \times 3.14 \times \dfrac{45}{360} + 4 \times 2$

　　　　 $= 20.56$

　　(答え) 20.56cm

5 (式) $4 \times 2 \times 3.14 + (8 + 16) \times 2$

　　 $= 73.12$

　(答え) 73.12cm

6 (式) $14 \times 8 - 6 \times 6 \times 3 \times \dfrac{120}{360} \times 2$

　　 $= 40$

　(答え) 40cm²

解説

1 (1) $\dfrac{48 \times 3.14}{6 \times 2 \times 3.14} = 4$ (倍)

(2) $\dfrac{36 \times 36 \times 3.14}{12 \times 12 \times 3.14} = 9$ (倍)

2 半径の長さが等しいことから，二等辺三角形ができることを利用します。

(1) $x = 180 - 18 \times 2 = 144$°

(2) 三角形の外角より，$x = 70 + 70 = 140$°

(3) $x = 30 + 20 = 50$°

3 正方形の面積は，$4 \times 4 = 16$ (cm²)，半径×半径は正方形の面積の半分と同じになるので，半径×半径＝8 を利用します。

$8 \times 3.14 - 4 \times 4 = 9.12$ (cm²)

4 (1) 右の図のように移動すると，おうぎ形になります。

$4 \times 4 \times 3.14 \times \dfrac{45}{360}$

$= 6.28$ (cm²)

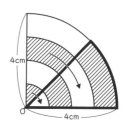

(2) 半径が 1cm，2cm，3cm の円の 4 分の 1 の弧と半径 4cm の円の 8 分の 1 の弧と 4cm の直線 2 つ分なので，

$(1 \times 2 \times 3.14 + 2 \times 2 \times 3.14$

$+ 3 \times 2 \times 3.14) \times \dfrac{90}{360} + 4 \times 2 \times 3.14 \times \dfrac{45}{360}$

$+ 4 \times 2$

$= 20.56$ (cm)

5 ロープの長さは，半径 4cm の円周 1 つと 4 つの直線の長さの和なので，

$4 \times 2 \times 3.14 + (8 + 16) \times 2 = 73.12$ (cm)

6 平行四辺形の面積から，中心角の大きさが 120° のおうぎ形の面積 2 つ分をひきます。

$14 \times 8 - 6 \times 6 \times 3 \times \dfrac{120}{360} \times 2 = 40$ (cm²)

1 （式）$18 \times 18 \times 3.14 \times \dfrac{90}{360} = 254.34$

（答え）254.34cm²

2 （式）$28 \times 28 \times 3.14 \times \dfrac{90}{360} - 28$

$\times 28 \div 2 = 223.44$

（答え）223.44cm²

3 （式）$(8 \times 8 \div 2 - 8 \times 3.14) \div 2$

$= 3.44$

（答え）3.44cm²

4 41.14cm²

5 （式）$4 \times 4 \times 3.14 \times \dfrac{120}{360} \times 6 =$

100.48

（答え）100.48cm²

6 （式）$10 \times 10 \times 3.14 \times \dfrac{90}{360} - \square \times \square$

$\times 3.14 \times \dfrac{90}{360} = 28.26$　$\square = 8$

（答え）8

解説

2 右の図のように，かげをつけた部分を移動すると，求める面積は，半径28cm，中心角の大きさが90°のおうぎ形の面積から，等しい辺の長さが28cmの直角二等辺三角形の面積をひいたものになります。

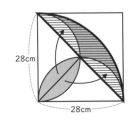

$28 \times 28 \times 3.14 \times \dfrac{90}{360} - 28 \times 28 \div 2$

$= 223.44$（cm²）

3 半径×半径は，正方形の面積の$\dfrac{1}{4}$より，

$8 \times 8 \div 2 \times \dfrac{1}{4} = 8$

斜線部分の面積は，

$(8 \times 8 \div 2 - 8 \times 3.14) \div 2 = 3.44$（cm²）

4 右の図のように，面積を移動すると，かげをつけた部分の面積は，三角形OADと三角形DMCと三角形EBMと三角形CFGとおうぎ形あの面積の和で表されます。

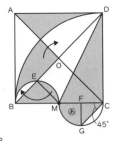

三角形OAD $= 8 \times 8 \div 4 = 16$（cm²）

三角形DMC $= 4 \times 8 \div 2 = 16$（cm²）

三角形EBM $= 4 \times 2 \div 2 = 4$（cm²）

三角形CFG $= 2 \times 2 \div 2 = 2$（cm²）

おうぎ形あ $= 2 \times 2 \times 3.14 \times \dfrac{1}{4} = 3.14$（cm²）

合計すると，41.14（cm²）

5 斜線部分をふくむ1つの円を考えます。斜線部分の一部を移動すると，中心角の大きさが120°のおうぎ形ができます。よって，このおうぎ形6つ分の面積を求めればよいので，

$4 \times 4 \times 3.14 \times \dfrac{120}{360} \times 6 = 100.48$（cm²）

6 右の図のうの部分をふくめて考えます。あといの部分の面積の差が28.26cm²であることは，あとうの部分といとうの部分の面積の差が28.26cm²であることと同じより，

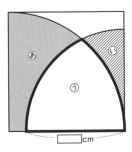

$10 \times 10 \times 3.14 \times \dfrac{90}{360} - \square \times \square \times 3.14 \times$

$\dfrac{90}{360} = 28.26$　$\square \times \square = 64$より，$\square = 8$

――― 中学入試に役立つ **アドバイス** ―――

円の中に正方形がある場合

半径×半径 $= a \times a \div 2$

★ 標準レベル
問題 **138** ページ

1 (1) E (2) GH (3) F (4) 7 (5) 92

2 ① A ② D ③ 対称の中心

3 (1) EF (2) G (3) $\dfrac{1}{2}$ (4) 7

4 (1) F (2) EF (3) D (4) 3 (5) 5

解説

1 四角形 ABCD と四角形 EFGH は合同な図形です。A と E，B と F，C と G，D と H が対応します。

(5) 角あの大きさは，

$360° －（70° ＋ 108° ＋ 90°）= 92°$

2 右の図のように，対称の軸は直線 ℓ になり，対称の中心は O となります。

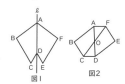

図1　図2

3 (3) 四角形 ABCD と四角形 EFGH の対応する辺の長さの比は辺 AD と辺 EH の長さの比と同じなので，10：5 = 2：1 です。

(4) $14 × \dfrac{1}{2} = 7$（cm）

4 (4) 三角形 ABC と三角形 DEF の対応する辺の長さの比は辺 AC と辺 DF の長さの比と同じなので，4：12 = 1：3 です。

(5) $9 ÷ 3 = 3$（cm）

── 中学入試に役立つ アドバイス ──

・線対称な図形

対応する 2 つの点を結ぶ直線は，対称の軸と垂直に交わり，その交わる点から対応する点までの長さは等しいです。

・点対称な図形

対応する 2 つの点を結ぶ直線は，対称の中心を通り，その対称の中心から対応する 2 つの点までの長さは等しいです。

★★ 上級レベル①
問題 **140** ページ

1 3：2

2 3：4：4

3 6：5

4 ① 2：3 ② 6：5 ③ 2：3：6

5 ① 3：4 ② 7：2 ③ 1：3 ④ 1：2

解説

1 高さが同じ三角形の面積の比は，底辺の長さの比と同じになるので，

あの三角形の面積：いの三角形の面積 = 6：4 = 3：2

2 高さが同じ三角形や四角形の面積の比は，底辺の長さの和の比と同じになるので，

あの三角形の面積：いの平行四辺形の面積：うの台形の面積 = 3：（2 ＋ 2）：（3 ＋ 1）= 3：4：4

3 辺 BC：辺 DE = 42（cm²）：35（cm²）= 6：5

4 三角形あの面積：三角形いの面積
= AE：ED = 2：3

三角形うの面積と，三角形あの面積と三角形いの面積の和の比は，BD：DC と同じなので，6：5

三角形あの面積＝②，三角形いの面積＝③とすると，

三角形あの面積：三角形いの面積：三角形うの面積＝②：③：⑥

5 三角形 DBE の面積：三角形 DEC の面積 = BE：EC = 3：4

三角形 DBC の面積：三角形 ADC の面積 = DB：AD = 7：2

三角形 DBE の面積＝③，三角形 DEC の面積＝④，三角形 ADC の面積＝②とすると，

三角形 DBE の面積：三角形 ABC の面積
=③：（③＋④＋②）
= 3：9
= 1：3

三角形 DBE の面積：四角形 ADEC の面積
= 1：（3 － 1）
= 1：2

高さの等しい三角形の面積の比は底辺の比と等しくなります。

三角形あの面積：三角形いの面積＝$a:b$

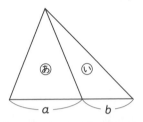

★★ 上級レベル②　　問題142ページ

1 (1) 50cm² (2) 20cm²

2 (1) ① 7：4 ② 8：3 ③ 7：4
　　(2) 1.5

3 2.5cm

4 (1) 110cm² (2) 62cm²

5 ① 2cm ② 7：8 6 $\dfrac{15}{32}$倍

解説

1 (1) D は辺 BC の真ん中の点より，

$$100 \times \frac{1}{2} = 50 \ (\text{cm}^2)$$

(2) AE：ED ＝ 3：2 より，

三角形 EDC の面積
＝三角形 ADC の面積 $\times \dfrac{2}{3+2}$

$$= 50 \times \frac{2}{5} = 20 \ (\text{cm}^2)$$

2 (1) ① 7 (cm)：4 (cm) より 7：4
　　② (4 ＋ 4)：(7 － 4) ＝ 8：3
　　③ (2 ＋ 7 － 2)：(4 － 2 ＋ 2) ＝ 7：4

(2) 4 ＋ x ＝ (4 ＋ 7) ÷ 2 より，x ＝ 1.5

3 （三角形 ABD の面積）＝（三角形 ABC の面積）－（三角形 DBC の面積）

三角形 DBC の面積＝①とすると，

三角形 ABC の面積＝③

三角形 ABD の面積：三角形 DBC の面積
＝ (③－①)：① ＝ 2：1

よって，AD：DC ＝ 5：DC ＝ 2：1 より

DC ＝ 2.5（cm）

4 (1) 台形 EBCD の面積＝長方形 ABCD の面積
－三角形 ABE の面積より，

$$160 - 160 \times \frac{1}{2} \times \frac{5}{5+3} = 160 - 50 =$$

110（cm²）

(2) 四角形 EFCD の面積＝台形 EBCD の面積－
三角形 FBC の面積より，

$$110 - 80 \times \frac{3}{3+2} = 110 - 48 = 62 \ (\text{cm}^2)$$

5 ① AP：PC ＝三角形 APR の面積：三角形
PCR の面積＝ 1：3 より，

$$AP = 8 \times \frac{1}{1+3} = 2 \ (\text{cm})$$

② BR：RC
＝三角形 BRA の面積：三角形 RCA の面積＝ 1：4，RS：SC ＝三角形 RSP の面積：三角形 SCP の面積＝ 1：2

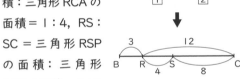

右上の図のように，比をそろえて考えると，

BS：SC ＝ (3 ＋ 4)：8 ＝ 7：8

6 三角形 DBE の面積＝三角形 ABC の面積×

$$\frac{3}{1+3} \times \frac{5}{5+3} = \text{三角形 ABC の面積} \times \frac{15}{32}$$

1 つの角を共通の角として，底辺も高さも異なる三角形の面積の関係

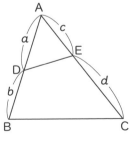

三角形 ADE の面積は，三角形 ABC の面積

の $\dfrac{a}{a+b} \times \dfrac{c}{c+d}$ 倍となる。

★★★ 最高レベル 問題144ページ

1 (1) 7：6　(2) 3：13

2 (1) 5：3　(2) $\frac{1}{9}$倍

3 (1) 2：1　(2) 3：3：2　(3) 6：7

4 $\frac{19}{84}$倍

解説

1 (1) 右の図のように，
BとDを結んで考え
ます。
三角形 DBE の面積：
三角形 EBC の面積
＝ DE：EC ＝ 1：3，

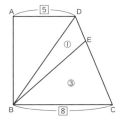

三角形 ABD の面積：三角形 DBC の面積 ＝ 5：
8 より，
三角形 ABD の面積：三角形 DBE の面積
＝ 2.5：1 となります。
よって，
四角形ABEDの面積：三角形EBCの面積
＝(2.5＋1)：3＝7：6

(2) 台形 ABCD の面積を
5 ＋ 8 ＝ 13 とすると，
EB によって，台形 ABCD
の面積が 2 等分されてい

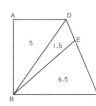

るとき，四角形 ABED と
三角形 EBC の面積はそれぞれ, 13 ÷ 2 ＝ 6.5
より，三角形 DBE の面積 ＝ 1.5 となるので，
DE：EC ＝ 1.5：6.5 ＝ 3：13

2 (1) AF：FB ＝ 三角形 AFC の面積：三角形
FBC の面積 ＝ 5：1，
AE：EF ＝ 三角形 AEH の面積：三角形 EFH
の面積 ＝ 3：1
比をそろえて考えると，
AE：EB ＝ 15：(5 ＋ 4) ＝ 5：3

(2) AG：GH
＝三角形 AGE の面積：三角形 GHE の面積 ＝
2：1，AH：HC ＝ 三角形 AHF の面積：三角
形 HCF の面積 ＝ 4：1
比をそろえて考えると，
AG：GC ＝ 8：(4 ＋ 3) ＝ 8：7

三角形AFG の面積＝三角形ABC の面積×

$$\frac{5}{5 + 1} \times \frac{8}{8 + 7}$$

＝三角形 ABC の面積× $\frac{4}{9}$

三角形AEG の面積＝三角形ABC の面積× $\frac{2}{6}$

＝三角形 ABC の面積× $\frac{1}{3}$

よって，
三角形 EFG の面積＝三角形 AFG の面積−三
角形 AEG の面積

＝三角形 ABC の面積× $\frac{4}{9}$ −三角形 ABC の

面積× $\frac{1}{3}$

＝三角形 ABC の面積× $\left(\frac{4}{9} - \frac{1}{3} \right)$

＝三角形 ABC の面積× $\frac{1}{9}$

3 (1) BD：DE ＝ 三角形 BDG の面積：三角形
DEG の面積
＝ 2：1

(2) BF：FG ＝ 三角形 BFD の面積：三角形 FGD
の面積 ＝ 1：1，
BG：GC ＝ 三角形 BGE の面積：三角形 GCE
の面積 ＝ 3：1 より，比をそろえて，
BF：FG：CG ＝ 3：3：2

(3) BE：EA ＝ 三角形 BEC の面積：三角形 EAC の
面積 ＝ 4：1 より，BD：DE：EA ＝ 8：4：3
三角形 ABC と三角形 ABH の面積は等しく，

三角形 DFG の面積＝三角形 ABC の面積× $\frac{1}{5}$

三角形 HDI の面積 ＝ 三角形 ABC の面積×

$\frac{4 + 3}{8 + 4 + 3} \times \frac{1}{1 + 1}$ ＝三角形ABCの面積×

$\frac{7}{30}$

よって，
三角形 DFG の面積：三角形 HDI の面積

＝ $\frac{1}{5}$：$\frac{7}{30}$

＝ 6：7

復習テスト⑥

問題**146**ページ

1 ⑤ 135° ⓘ 60° ⑤ 105°

2 (1) 138° (2) 86°

3 71cm²

4 (1) 15 (2) 8

5 (式) 25.12 ÷ 3.14 ÷ 2 = 4
   (答え) 4cm

6 (1) 7.74cm² (2) 10.26cm²

7 (1) 6 倍 (2) $\frac{7}{13}$ 倍

8 2 : 3

解説

1 右の図のように，三角定規に角度をかいて考えます。

⑤ = 180° − 45° = 135°
ⓘ = 90° − 30° = 60°
⑤ = 180° − (45° + 30°) = 105°

2 (1) 右の図で，三角形の外角より，
⑤ = 97° + 41° = 138°

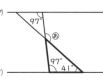

(2) 右の図で，⑤の角を通り，直線(ア)に平行な線をひいて考えます。
平行な線の同位角が等しいことを利用します。
⑤ = 55° + 31° = 86°

3 8 × 12 − 5 × 5 = 71 (cm²)

4 (1) 20 × □ ÷ 2 = 25 × 12 ÷ 2
   □ = 150 ÷ 20 × 2 = 15

(2) 12 × 7 = □ × 10.5
   □ = 8

5 円の半径を □ cm とすると，
□ × 2 × 3.14 = 25.12
□ = 25.12 ÷ 3.14 ÷ 2 = 4

6 (1) 6 × 6 − 3 × 3 × 3.14 = 7.74 (cm²)

(2) 6 × 6 × 3.14 × $\frac{1}{4}$ − 6 × 6 ÷ 2 = 10.26 (cm²)

7 (1) 点 F，G は底辺 BC を 3 等分した点より，三角形 ABC の面積は三角形 EFG の面積の 3 倍であり，平行四辺形 ABCD の面積は三角形 ABC の面積の 2 倍より，四角形 ABCD の面積は三角形 EFG の面積の 3 × 2 = 6(倍)です。

(2) 辺 AD と辺 BC の長さは等しいので，長さを 3 と 4 の最小公倍数⑫とします。
このとき，AE ＝③，BF ＝④となるので，
四角形 ABFE の面積＝(③＋④)×高さ÷2
四角形 EGCD の面積＝(③×3＋④)×高さ÷2

より，⑦÷⑬＝$\frac{7}{13}$ (倍)

8 右の図のように，
AD : DB ＝ 5 : 1 より，
三角形 ADE の面積：
三角形 DBE の面積＝
5 : 1
三角形 ADE の面積を
⑤とすると，
三角形 DBE の面積＝
①

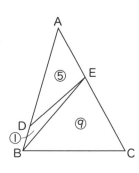

三角形 ADE の面積は四角形 BCED の面積の半分なので，三角形 ECB の面積＝⑤×2 −①＝⑨
AE : EC
＝三角形 AEB の面積：三角形 ECB の面積
＝(⑤＋①) : ⑨
＝ 2 : 3

■ 4章　図形

20　立体

★　　標準レベル　　問題 **148** ページ

1 (1) 6　(2) 8　(3) 12
　　(4)（式）$10 \times 4 + 7 \times 4 + 5 \times 4 = 88$
　　　（答え）88cm

2 (1) 4つ　(2) 点オ　(3) 面か

3 あ 9cm　い 18.84cm

4 (1)（辺）8　（頂点）5
　　(2)（式）$(6 \times 8 \div 2) \times 4 + 6 \times 6 = 132$
　　　（答え）132cm²

5 ウ

解　説

1 直方体や立方体は6つの面で囲まれていて，頂点の数は8，辺の数は12です。

2 展開図を組み立てて考えるか，見取図に書いて考えると分かりやすいです。

3 いの長さは底面の円周の長さと同じです。
　（円周の長さ）＝（半径）× 2 ×（円周率）です。

4 (2) 展開図は，二等辺三角形が4つと正方形が1つです。

5 ア…展開図を組み立てられません。
イ…展開図を組み立てられません。
エ…底面の円が大きすぎるので，組み立てられません。

―― 中学入試に役立つ **アドバイス** ――

□角すいの面・頂点・辺の数
・□角すいの面の数　□＋1
・□角すいの頂点の数　□＋1
・□角すいの辺の数　□× 2

★★　　上級レベル　　問題 **150** ページ

1 14

2 (1) 12.56cm　(2) 90°　(3) 62.8cm²

3 24 こ

4 486cm²

5 266.24cm²

6 ア 4　イ 5　ウ 6

解　説

1 六角柱の辺の数は18本，面の数は8つ，頂点の数は12個なので，$18 + 8 - 12 = 14$ となります。

―― 中学入試に役立つ **アドバイス** ――

□角柱の面・頂点・辺の数
・□角柱の面の数　□＋ 2
・□角柱の頂点の数　□× 2
・□角柱の辺の数　□× 3

2 (1) 底面である円の半径は2cmなので，円周の長さは，$2 \times 2 \times 3.14 = 12.56$（cm）となります。

(2) 半径8cmの円の円周は，$8 \times 2 \times 3.14 = 50.24$（cm）となります。展開図のおうぎ形は(1)より，あの長さが12.56cmなので，$12.56 \div 50.24 = 0.25 = \dfrac{1}{4}$ となり，半径8cmの円を4つに分けたものの1つ分になりますので，角いの大きさは $360° \div 4 = 90°$ になります。
（他の解き方）円すいの母線の長さが8cm，底面の円の半径が2cmですので，側面になるおうぎ形の角いの大きさは $360° \times \dfrac{2}{8} = 90°$ になります。

(3) 円の面積は（半径）×（半径）×（円周率）より，底面積は，$2 \times 2 \times 3.14 = 12.56$（cm²），側面の角いの大きさが90°のおうぎ形の面積は（母線の長さ）×（母線の長さ）×（円周率）÷ 4 より，$8 \times 8 \times 3.14 \div 4 = 50.24$（cm²）となります。
表面積は底面積と側面積の和なので，表面積

4章　図形　**67**

= 12.56 + 50.24 = 62.8（cm²）になります。

3 立方体を 5 個つなげたものは下の図のように
なるので，玉は 4 × 6 = 24（個）必要です。

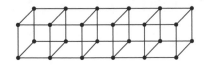

4 立体のへこんでいる面を動かして考えます。
1 辺が 3cm の小さな立方体を取り除いた立体の
表面積は，1 辺が 9cm の立方体の表面積と同じ
になるので，9 × 9 × 6 = 486（cm²）です。

5 この立体をいくつかの部分に分けて考えます。
1 辺が 6cm の正方形から半径 2cm の円を取
り除いた面が 2 つありますので，その面積は，
(6 × 6 − 2 × 2 × 3.14) × 2 = 46.88（cm²）
となります。次に，1 辺が 6cm の正方形の面
が 4 つあるので，その面積は，6 × 6 × 4 =
144（cm²）となります。最後に，半径 2cm，高
さ 6cm の円柱の側面積は円柱の底面である円
の（円周の長さ）×（円柱の高さ）になりますの
で，この円柱の側面積＝ 2 × 2 × 3.14 × 6 =
75.36（cm²）になります。
この立体の表面積はこれらの面積の和になりま
すので，表面積は，46.88 + 144 + 75.36 =
266.24（cm²）になります。

6 立方体の展開図で，となりのとなりの面は向
かい合う面になりますので，1 の面とウが向かい
合い，2 の面とイが向かい合います。さいころは
向かい合う面の数の和が 7 になるようにできて
いるため，ウは 7 − 1 = 6 となり，イは 7 − 2
= 5 となります。よって，アは 4 となります。

1 41.04cm²

2 (1) 29 こ　(2) 35 こ

3 右の図

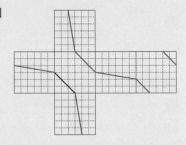

4 (1) 右の図

(2) 右の図

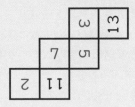

5 ア 4　イ 5

6 125 こ

解　説

1 糸の長さが最も短くなるように巻きつけたと
きの円すいの展開図は下のようになります。

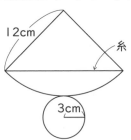

この円すいの母線の長さが 12cm，底面の円の半
径が 3cm ですので，側面になるおうぎ形の中心
角は 360° × 3 ÷ 12 = 90°になります。
糸より底面に近い部分の面積は，側面のおうぎ形
の面積から等しい辺が 12cm の直角二等辺三角
形の面積をひきます。よって，
12 × 12 × 3.14 ÷ 4 − 12 × 12 ÷ 2
= 41.04（cm²）になります。

2 (1) 立方体の個数が最も少ないとき，真上から見た図の例は下のようになり，図の中に書かれている数字は立方体が積まれている数です。これらの合計は 29 個となります。

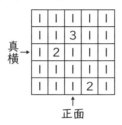

(2) 立方体の個数が最も多いとき，真上から見た図は下のようになり，図の中に書かれている数字は立方体が積まれている数です。これらの合計は 35 個となります。

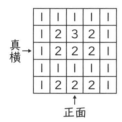

3 見取図を広げて考えます。展開図のとなりのとなりの面は向かい合う面となることも利用します。〇は 1 辺を 3 つに分けた 1 つ分の長さ，▲は 1 辺を 2 つに分けた 1 つ分の長さで，〇と▲を展開図にかき入れた図は右の図のようになります。

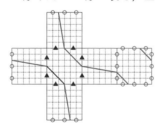

4 (1) 11 が書かれている面と 3 が書かれている面，5 が書かれている面と 2 が書かれている面，7 が書かれている面と13 が書かれている面がそれぞれ向かい合う面です。

(2) 見取図を広げて考えます。この展開図での向かい合う面にも注意して答えを書きましょう。

5 サイコロの手前の上の段を取り出して考えると，下の図のようになります。左のサイコロのウの面は 4 の目になり，右のさいころと 3 の面ではり合わせています。よって，アの面は 4 となります。

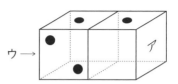

サイコロの下の段を取り出して考えると下の図のようになります。エが 3 の面であるため，向かい合う 4 の面ではり合わせています。図 1 のサイコロの面も考えることにより，イの面は 5 となります。

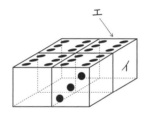

6 1 辺が 7cm の立方体は 1 辺が 1cm の立方体を 7 × 7 × 7 = 343（個）積み上げたものです。図 2 のように赤でぬったとき，すべての面が白色のものは，表面に出ていない立方体となるので，その立方体は（7 − 2）×（7 − 2）×（7 − 2）= 125（個）となります。

1 (1) 体積（式）5 × 7 × 6 = 210

　　　　（答え）210cm³

　　　表面積

　　　（式）5 × 6 × 2 + 6 × 7 × 2 + 5 × 7 × 2

　　　　= 214

　　　（答え）214cm²

　(2) 体積（式）4 × 4 × 4 = 64

　　　　（答え）64cm³

　　　表面積（式）4 × 4 × 6 = 96

　　　　（答え）96cm²

2 (1) （式）700 × 600 × 120 = 50400000

　　　（答え）50400000cm³

　(2) （式）2.5 × 1.2 × 0.6 = 1.8

　　　（答え）1.8m³

3 (1) （式）4 × 7 × 8 + 5 × 4 × 8 = 384

　　　　または,9 × 4 × 8 + 4 × 3 × 8

　　　　= 384

　　　（答え）384cm³

　(2) （式）9 × 7 × 8 − 5 × 3 × 8 = 384

　　　（答え）384cm³

4 (1) （式）280 ÷ （5 × 7） = 8

　　　（答え）8cm

　(2) （式）22.4 ÷ （1.6 × 4） = 3.5

　　　（答え）3.5m

　(3) 700dL, 0.01m³, 2000mL,

　　　1500cm³, 0.5L

　(4) （式）36000 ÷ （30 × 40） = 30

　　　（答え）30cm

解　説

4 (3) Lの単位にそろえると, 700dL = 70L,

　　2000mL = 2L, 1500cm³ = 1.5L,

　　0.01m³ = 10L となります。

　(4) 36L = 36000mL = 36000cm³ です。

1 (1) 900cm³　(2) 700cm²

2 (1) 12cm　(2) 496cm²

3 (1) 7.5cm　(2) 0.000276m³ あふれる

4 (1) 918cm³　(2) 1024cm³

解　説

1 (1) 大きい直方体の体積から小さい直方体の体

　　積をひきます。直方体を３つに分けてたして

　　もよいです。

　(2) いくつかの部分に分けて,

　　10 × 8 × 2 + （15 × 8 − 10 × 3） × 2 +

　　15 × 10 + 3 × 10 × 3 + 10 × 10 + 2 ×

　　10 = 700 （cm²） となります。

2 展開図は下の図のようになります。

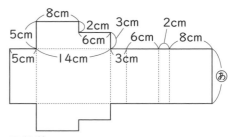

　(1) 底面積は 14 × 5 − 2 × 6 = 58 （cm²） で

　　すので, あの長さは, 696 ÷ 58 = 12 （cm）

　　となります。

　(2) 底面積は(1)より 58cm² なので, 表面積は,

　　（5 + 14 + 3 + 6 + 2 + 8） × 10 +

　　58 × 2 = 496 （cm²） となります。

3 (1) 下の図のあの部分の体積は

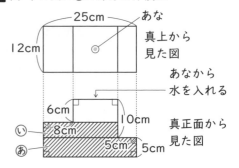

　　25 × 12 × 5 = 1500 （cm³） となります。

　　2.1L = 2100 （cm³） であるので,

　　2100 − 1500 = 600（cm³）がいの部分に入っ

　　ています。いの部分の高さは,

600 ÷ （20 × 12）= 2.5 （cm）となります。
よって,

5 + 2.5 = 7.5（cm）の高さまで水が入ります。

(2) この容器全体の体積は, 25 × 12 × 15 − 5 × 12 × 10 − 8 × 6 × 12 = 3324 （cm³）となります。15dL = 1.5L = 1500 （cm³）なので, 入れた水の合計は, 2100 + 1500 = 3600 （cm³）となります。よって, 3600 − 3324 = 276 （cm³）の水があふれます。なお, 1 m³ = 1000000cm³ なので, 0.000276 （m³）となります。

4 (1) 下の図のⓐの長さは,

（40 − 3 × 2）÷ 2 = 17 （cm）です。また, ⓘの長さは, 24 − 3 × 2 = 18 （cm）となるので, この容器の体積は, 17 × 18 × 3 = 918 （cm³）となります。

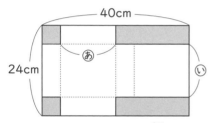

(2) 底面は正方形なので, 底面の縦と横の長さは同じになります。また, 下の図の底面の1辺と切り取る正方形の和であるⓤの長さは横の長さの半分である20cmになり, 底面の1辺と切り取る正方形の1辺の長さの2つ分の長さの和は縦の長さの24cmとなります。よって, 切り取る正方形の1辺の長さは, 24 − 20 = 4 （cm）となり, 底面の正方形の1辺の長さは, 24 − 4 × 2 = 16 （cm）となります。よってこの容器の体積は, 16 × 16 × 4 = 1024 （cm³）となります。

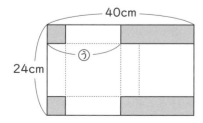

1 (1) 312cm³　(2) 308cm²

2 (1) （こ数）22 こ　（表面積）4500cm²
(2) 47500cm³

3 (1) 150cm²　(2) 810cm³

4 864cm³

5 （体積）32cm³
（表面積）120cm²

解 説

1 展開図に折り目の線を入れると下の図のようになります。下の図のⓐの長さは,
（14 − 6）÷ 2 = 4 （cm）, ⓘの長さは,
17 − 4 = 13 （cm）となります。

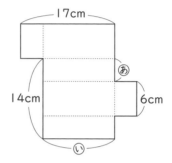

(1) 体積は, 13 × 6 × 4 = 312 （cm³）となります。

(2) 表面積は, 展開図の面積の和で考えて, 20 × 13 + 4 × 6 × 2 = 308 （cm²）となります。

2 (1) 3段積んで作った立体について, 1段ずつ考えます。いちばん上の段は1個のブロックが使われています。2段目は, 2 × 3 = 6 （個）のブロックが使われています。いちばん下の段は, 3 × 5 = 15 （個）のブロックが使われています。よって, 1 + 6 + 15 = 22 （個）使われています。

へこんだ部分を動かして考えると, この立体の表面積は, 10 × 3 × 10 × 5 × 2 + 10 × 5 × 9 × 2 + 10 × 5 × 6 × 2 = 4500（cm²）となります。

(2) 5段積んで作った立体の上から3段目までは(1)より22個のブロックが使われています。上から4段目は, 4 × 7 = 28 （個）のブロックが使われています。いちばん下の段は,

$5 \times 9 = 45$（個）のブロックが使われています。よって、5段積んで作った立体に使われているブロックの合計は、

$22 + 28 + 45 = 95$（個）になります。よって、この立体の体積は、

$10 \times 10 \times 5 \times 95 = 47500$（cm³）となります。

3 (1) 1.2Lの水を入れて、石を完全（かんぜん）にしずめたとき、水面の高さが13.4cmとなり、1.8Lの水を加（くわ）えたときの水面の高さが25.4cmなので、この2つの差（さ）を使って底面積（ていめんせき）を求めます。

1L＝1000cm³なので、

$1800 \div (25.4 - 13.4) = 150$（cm²）となります。

(2) 1.2L＝1200cm³なので、1.2Lの水を入れて石をしずめないとき、水面の高さは、(1)より、$1200 \div 150 = 8$（cm）となります。石をしずめたときに水面の高さが13.4cmとなるので、石の体積はこの直方体の容器（ようき）の高さの、$13.4 - 8 = 5.4$（cm）にあたります。よって、石の体積は、$150 \times 5.4 = 810$（cm³）となります。

4 直方体の展開図は下の図のようになります。

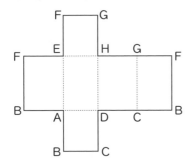

上の図で、四角形ABCDの面積が72cm²なので、（CDの長さ）×（ADの長さ）＝72、四角形DCGHの面積が108cm²なので、（CDの長さ）×（DHの長さ）＝108となります。$108 \div 72 = 1.5$より、

（ADの長さ）×1.5＝（DHの長さ）…①となります。

ここで、四角形ADHEの面積が96cm²なので、（ADの長さ）×（DHの長さ）＝96となります。①より、DHの長さを1.5でわると、ADの長さ

と同じになることから、四角形ADHEの面積を1.5でわったものは、ADを1辺とする正方形の面積と同じになります。$96 \div 1.5 = 64$なので、面積64cm²の正方形の1辺の長さは8cmになり、ADは8cm、CDは$72 \div 8 = 9$（cm）となります。また、DHの長さは$96 \div 8 = 12$（cm）となります。よって、この直方体の体積は、

$8 \times 9 \times 12 = 864$（cm³）となります。

5 （体積）上から1段ずつ考えます。いちばん上の段といちばん下の段は下の図のようになり、$4 \times 4 - 2 \times 2 = 12$（cm³）となります。

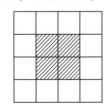

2段目と3段目は下の図のようになり、体積は4cm³となります。

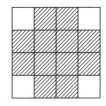

よって、体積は、$12 \times 2 + 4 \times 2 = 32$（cm³）となります。

（表面積）もとの立体の表面積は、$4 \times 4 \times 6 = 96$（cm²）で、その立体のうちくりぬかれた部分の面積は、$2 \times 2 \times 6 = 24$（cm²）です。くりぬかれた部分の内部（ぶ）の増えた表面は、一番上と一番下の段は、$2 \times 4 = 8$（cm²）で、上から2段目と3段目は、$2 \times 8 = 16$（cm²）となります。よって、$96 - 24 + 8 \times 2 + 16 \times 2 = 120$（cm²）となります。

─── 中学入試に役立つ **アドバイス** ───

立方体のくりぬきの体積、表面積の問題は上から1段ずつ考えます。また、くりぬきが重なっている部分にも注意しましょう。

1 (1) 体積（式）(3 × 4 ÷ 2) × 8 = 48

（答え）48cm³

表面積（式）(3 × 4 ÷ 2) × 2 + (3 + 4 + 5) × 8 = 108

（答え）108cm²

(2) 体積（式）{(4 + 7) × 4 ÷ 2} × 5 = 110

（答え）110cm³

表面積（式）{(4+7)×4÷2}×2+ (4+4+7+5)×5=144

（答え）144cm²

(3) 体積（式）10 × 10 × 3.14 × 20 = 6280

（答え）6280cm³

表面積（式）10×10×3.14×2+ (10×2×3.14)×20 =1884

（答え）1884cm²

2 (1) （式）31.4 ÷ 3.14 ÷ 2 = 5

（答え）5cm

(2) 体積（式）5 × 5 × 3.14 × 8 = 628

（答え）628cm³

表面積（式）5×5×3.14×2+31.4×8 =408.2

（答え）408.2cm²

3 (1) （式）(3 + 12) × 12 ÷ 2 = 90

（答え）90cm²

(2) 体積（式）90 × 10 = 900

（答え）900cm³

表面積（式）90 × 2 + (15 + 12 + 12 + 3) × 10 = 600

（答え）600cm²

解 説

3 (1) 底面は上底 3cm，下底 12cm，高さ 12cm の台形になります。

1 (1) （式）4 × 4 × 6 ÷ 3 = 32

（答え）32cm³

(2) （式）3 × 3 × 3.14 × 8 ÷ 3 = 75.36

（答え）75.36cm³

2 (1) （式）6 × 10 ÷ 2 × 4 + 6 × 6 = 156

（答え）156cm²

(2) （式）5×5×3.14+10×10×3.14÷2 =235.5

（答え）235.5cm²

3 (1) 942cm³ (2) 314cm³

4 (1) 正三角形 (2) $\frac{1280}{3}$ cm³

5 (1) 2cm (2) 71.4cm² (3) 42.84cm³

解 説

2 (2) 側面になるおうぎ形の中心角は 360° × 5 ÷ 10 = 180°ですので，このおうぎ形は半円になり，側面積は

10 × 10 × 3.14 ÷ 2 = 157(cm²)となります。

── 中学入試に役立つ **アドバイス** ──

円すいの側面積は，（円すいの母線の長さ） ×（底面の円の半径）× 3.14 でも計算できます。

3 (1) 辺 DC を軸にして 1 回転させると，底面の半径が 5cm の円柱になります。よって，体積は，5 × 5 × 3.14 × 12 = 942 (cm³)となります。

(2) 辺 AB を軸にして 1 回転させると，底面の半径が 5cm の円すいになります。よって，体積は，5 × 5 × 3.14 × 12 ÷ 3 = 314 (cm³)となります。

4 (2) 切断した立体は三角すいで，その体積は，

8 × 8 ÷ 2 × 8 ÷ 3 = $\frac{256}{3}$(cm³)となります。

よって，立方体から三角すいを取りのぞいた残りの立体の体積は，

8 × 8 × 8 − $\frac{256}{3}$ = $\frac{1280}{3}$ (cm³) となります。

5 (1) 半円部分のおうぎ形の弧の長さは，10.28
－ 2 × 2 = 6.28（cm）となります。そのお
うぎ形を 2 つ重ねると円周 12.56cm の円と
なり，円の半径は，12.56 ÷ 3.14 ÷ 2 = 2
（cm）となります。

(2) 表面積は 2 × 2 × 3.14 ＋（2 ＋ 3 ＋ 2）×
4 ＋ 10.28 × 3 = 71.4（cm²）となります。

(3) 底面は半円と長方形を合わせた形となり，
底面積は，2 × 2 × 3.14 ÷ 2 ＋ 2 × 4 = 14.28
（cm²）です。また，高さが 3cm なので，体
積は，14.28 × 3 = 42.84（cm³）となります。

★★ 上級レベル②　　問題 164ページ

1 カ

2 (1) 370.52cm³　(2) 320.28cm²　(3) ウ

3 (1) 14 本　(2) 4cm　(3) 168cm²
　　(4) 144cm³

4 1621.44cm³

解説

1 まず，同じ平面である P
と C を結びます。次に，向
かい合う面は切り口が平行
になるので，G を通って PC
に平行な線をひきます。P か
ら EF に引いた垂直な線と EF のまじわる点を Q
とすると，G を通って PC に平行な線が Q を通
ることから，切り口は長方形 PQGC となります。

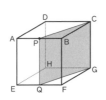

2 直線 AB を軸として 1 回転させた立体は，底
面の円の半径 5cm の円柱と底面の円の半径 3cm
の円柱を組み合わせた立体です。

(2) 底面になる半径 5cm の円の面積は，
5 × 5 × 3.14 = 78.5（cm²），底面が半径
5cm の円の円柱の側面積は，
5 × 2 × 3.14 × 4 = 125.6（cm²），真ん中
の半径 5cm の円の面積から半径 3cm の円の
面積をひいた部分の面積は，
5 × 5 × 3.14 － 3 × 3 × 3.14 = 50.24
（cm²），半径 3cm の円の円柱の側面積は，
3 × 2 × 3.14 × 2 = 37.68（cm²），一番上
の半径 3cm の円の面積は，

3 × 3 × 3.14 = 28.26（cm²）です。よって，
表面積は，
78.5 ＋ 125.6 ＋ 50.24 ＋ 37.68 ＋ 28.26
= 320.28（cm²）となります。

(3) この正四角すいの底面積は，9 × 9 = 81（cm²）
となります。この立体の体積は 370.52cm³
なので，正四角すいの高さは，
370.52 × 3 ÷ 81 =13.72…（cm）となり，
ウの 14cm が最も近いといえます。

3 (2) AB の長さが 18cm ですので，二等辺三角
形の底辺を 6cm としたときの高さ 2 つ分と，
長方形のうち，5cm の長さの 2 つ分を合わせ
て 18cm となります。よって，高さは，
（18 － 5 × 2）÷ 2 = 4（cm）となります。

(3) 二等辺三角形の面積の和は，
（6 × 4 ÷ 2）× 4 = 48（cm²），長方形の面
積の和は，5 × 6 × 4 = 120（cm²）なので，
表面積は，48 ＋ 120 =168（cm²）となります。

(4) この立体は，底面が二等辺三角形で高さが
6cm の三角柱が 2 つ組み合わさってできたも
のなので，体積は，
（6 × 4 ÷ 2）× 6 × 2 = 144（cm³）とな
ります。

4 一番上の円柱の半分は半径が 6cm で高さ
5cm だから，体積は，
6 × 6 × 3.14 ÷ 2 × 5 = 282.6（cm³）とな
ります。また，小さい円柱の半分は半径が 2cm，
高さ 3cm なので，体積は，
2 × 2 × 3.14 ÷ 2 × 3 = 18.84（cm³）とな
ります。直方体は縦が 11cm，一番上の円柱の半
径が 6cm で，横が，6 × 2 = 12（cm），高さが
10cm なので，体積は，
11 × 12 × 10 = 1320（cm³）となります。よっ
て，体積の合計は，
282.6 ＋ 18.84 ＋ 1320 = 1621.44（cm³）と
なります。

1 351.68cm²

2 189cm³

3 (1) 427.04cm³　(2) 362cm²

4 (1) 72cm³　(2) 54cm²　(3) 792cm²

5 (1) 20cm　(2) 16.2cm

解 説

1 円柱と円すいを組み合わせた立体です。円柱の下の底面の面積と側面積の和は，$4 \times 4 \times 3.14 + 4 \times 2 \times 3.14 \times 8 = 251.2$（cm²）となります。また，円すいの展開図のおうぎ形の中心角は180°なので，おうぎ形の面積は $8 \times 8 \times 3.14 \div 2 = 100.48$（cm²）となります。よって，この立体の表面積は $251.2 + 100.48 = 351.68$（cm²）となります。

2 この立体を2つ組み合わせると，底面は長方形，高さ9cmの四角柱です。よって，体積は $6 \times 7 \times 9 \div 2 = 189$（cm³）となります。

3 (1) 半径4cm，中心角が270°になるおうぎ形を底面にもち，高さ10cmの立体と，半径4cm，中心角が90°のおうぎ形を底面にもち，高さが4cmの立体を組み合わせたものです。体積は

$$4 \times 4 \times 3.14 \times \frac{270}{360} \times 10 + 4 \times 4 \times$$

$$3.14 \times \frac{90}{360} \times 4 = 427.04 （cm^3）となり$$

ます。

(2) 円の面積は，$4 \times 4 \times 3.14 = 50.24$（cm²），おうぎ形の面積の和は，$4 \times 4 \times 3.14 \times$

$$\frac{270}{360} + 4 \times 4 \times 3.14 \times \frac{90}{360} = 50.24$$

（cm²），側面になる長方形の面積の和は，$6 \times$

$$4 \times 2 + 4 \times 2 \times 3.14 \times \frac{270}{360} \times 10 + 4$$

$$\times 2 \times 3.14 \times \frac{90}{360} \times 4 = 261.52 （cm^2）$$

となりますので，表面積は，$50.24 + 50.24 + 261.52 = 362$（cm²）となります。

4 (1) 三角すいAIJEは底面が直角二等辺三角形で，高さが12cmなので，体積は，$6 \times 6 \div$

$2 \times 12 \div 3 = 72$（cm³）となります。

(2) 三角すいAIJEの展開図は1辺が12cmの正方形です。三角形IJEの面積は，$12 \times 12 - (12 \times 6 \div 2 \times 2 + 6 \times 6 \div 2) = 54$（cm²）となります。

(3) 上の面の面積は，

$12 \times 12 - 6 \times 6 \div 2 \times 2 = 108$（cm²）で，下の面の面積は，

$12 \times 12 = 144$（cm²）です。側面は合同な台形4つと，三角形IJEと三角形KLGなので，面積の和は，

$(6 + 12) \times 12 \div 2 \times 4 + 54 \times 2 = 540$（cm²）となります。求める立体の表面積は，

$108 + 144 + 540 = 792$（cm²）となります。

5 (1) 図1より，入っている水の体積は，

$13.7 \times 10 \times 10 = 1370$（cm³）です。図2のうち，底面が直角二等辺三角形である三角柱の部分に入っている水の体積は $10 \times 5 \div 2 \times 10 - 4 \times 4 \div 2 \times 10 = 170$（cm³）となります。直方体の部分に入っている水の体積は $1370 - 170 = 1200$（cm³）なので，アの部分の長さは，

$1200 \div (6 \times 10) = 20$（cm）となります。

(2) 三角柱の部分の体積は，

$10 \times 5 \div 2 \times 10 = 250$（cm³）なので，図3における直方体の部分に入っている水の体積は，

$1370 - 250 = 1120$（cm³）となります。図3より，直方体に入っている部分の水は底面が台形の立体で，台形の面積は，

$1120 \div 10 = 112$（cm²）です。また，水面と底面になる部分は平行なので，台形になる部分を三角形と長方形に分けると，三角形の部分は直角二等辺三角形になります。よって，三角形の部分の面積は，

$10 \times 10 \div 2 = 50$（cm²）で，長方形の部分の面積は，$112 - 50 = 62$（cm²）です。この台形は高さが10cmだから，長方形の横の長さは，$62 \div 10 = 6.2$（cm）となり，イの長さは，$10 + 6.2 = 16.2$（cm）となります。

1	2cm
2	125.6cm³
3	（オ）
4	345.4cm³
5	34.54cm²
6	3456cm³
7	36cm³

解説

1 見取図のへこんでいる面を
動かして考えます。この立体の
6つの面すべてが，右の図形を
回転させるか裏返した図形に

なります。立体の表面積が240cm²なので，1
つの面あたりの面積は，240 ÷ 6 ＝ 40（cm²）
となります。また，1つの面にはもとの立体の正
方形の面が10面ありますので，もとの立体の1
つの面の正方形の面積は，40 ÷ 10 ＝ 4（cm²）
となります。よって，もとの立方体の1辺の長
さは2cmとなります。

2 底面の円の半径が4cm，高
さが8cmの円柱の体積は，4
× 4 × 3.14 × 8 ＝ 401.92
（cm³）です。右の図の⑥の部

分の体積は底面の円の半径が
4cm，高さが8cmの円柱の体積の半分なので，
4 × 4 × 3.14 × 8 ÷ 2 ＝ 200.96（cm³）にな
ります。また，⑥の部分の体積は，底面の円の
半径が4cm，高さが3cmの円柱の体積の半分な
ので，4 × 4 × 3.14 × 3 ÷ 2 ＝ 75.36（cm³）
となります。

よって，体積は，
401.92 －（200.96 ＋ 75.36）＝ 125.6（cm³）
となります。

3 この展開図を組み立てる
と右の図のようになりま
す。
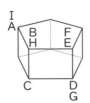

4 この立体の見取図は右の図の
ようになり，体積は，5 × 5
× 3.14 × 4 ＋（3 × 3 × 3.14
－ 2 × 2 × 3.14）× 2 ＝
314 ＋ 31.4 ＝ 345.4（cm³）
となります。
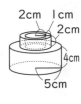

5 展開図を組み立てると，右の図
のようになります。円すいの側
面になるおうぎ形の弧の長さは，
4 × 2 × 3.14 ÷ 4 ＝ 6.28（cm）
で，円柱の底面になる円の周の

長さも6.28cmです。円柱の底面になる円の
半径は，6.28 ÷ 3.14 ÷ 2 ＝ 1（cm）です。
円柱の高さは，9 －（4 ＋ 1 × 2）＝ 3（cm）
となるので，表面積は，4 × 4 × 3.14 ÷ 4
＋ 6.28 × 3 ＋ 1 × 1 × 3.14 ＝ 12.56 ＋
18.84 ＋ 3.14 ＝ 34.54（cm²）となります。

6 へこんでいる面を動かして考えると，縦
18cm，横20cmの長方形の面が2つ，縦
15cm，横18cmの面が2つ，階段のような
形の面が2つあります。この階段のような形
を底面とし，高さが18cmの立体としたとき，
この立体の底面積は，（1644 － 18 × 20 ×
2 － 15 × 18 × 2）÷ 2 ＝ 192（cm²）と
なるので，体積は，192 × 18 ＝ 3456（cm³）
となります。

7 2つの立体に切り分けたときの面は，長方形
DPQCです。切り分けたあとの小さいほう
の立体は，底面が三角形BQCの三角柱です。
BQ：BF ＝ 2：3より，（三角形BQCの面積）：（三
角形BFCの面積）＝ 2：3となります。また，
（三角形BFCの面積）：（長方形BFGCの面積）
＝ 1：2より，（三角形BQCの面積）：（長方
形BFGCの面積）＝ 2：6 ＝ 1：3となります。
よって，切り分けたあとの小さい方の立体の
体積は，108 ÷ 3 ＝ 36（cm³）となります。

1 (1) 4本　(2) 21.5cm²

2 (1) （円柱の個数）8個

（円すいの個数）2個

（体積）734.76cm³

(2) （一番大きくなる立体の体積）

621.72cm³

（一番小さくなる立体の体積）

452.16cm³

解説

1 (1) 対称の軸を書くと，
右の図のようになりま
す。

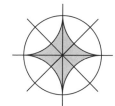

(2) 図2に右の図のように
線を書きます。白い部
分の面積は，半径1cm
の円から，対角線の長
さが2cmの正方形の面
積をひいたものの2倍
となり，

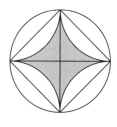

（1×1×3.14 − 2×2÷2）×2 = 2.28
（cm²）となります。図2のかげをつけた部分
の面積は，半径1cmの円の面積から白い部分
の面積をひいて，

1×1×3.14 − 2.28 = 0.86（cm²）となり
ます。図1には，図2と同じものが25個あ
りますので，図1のかげをつけた部分の面積は，
0.86 × 25 = 21.5（cm²）となります。

2 (1) 円を4つ並べるとき，4つの円の並べ方
によって，上に積める円柱もしくは円すいは
多くて10個となります。なお，円すいを積
んだときは，上に円柱もしくは円すいが積め
ないため，規則で2つ積むことになっていて
も，すぐ上に円すいを積んだときは，これ以
上円柱もしくは円すいを積むことはできませ
ん。750cm³以下で体積がいちばん大きくな

るのは，円柱を8個，円すいを2個積んだと
きで，その立体の体積は，（3×3×3.14×
3）×8 +（3×3×3.14×3÷3）×2
= 734.76（cm³）となります。

例えば，下の図のような積み上げ方があります。

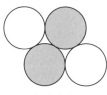

底面（A）　　　●の　　　　　○の
●は3つの円と接する。　積み上げ方　積み上げ方
○は2つの円と接する。

(2) 使う円すいの数が一番多くなるのは，円すい
が4個になるときです。750cm³以下で体積
が一番大きくなるのは，円柱を6個，円すい
を4個積んだときで，その立体の体積は（3
×3×3.14×3）×6 +（3×3×3.14
×3÷3）×4 = 621.72（cm³）となります。
また，350cm³以上で体積がいちばん小さく
なるときは，例えば，すべての底面の円柱の
1つ上に円すいを積むときで，円柱を4個，
円すいを4個積んだときとなります。その立
体の体積は，（3×3×3.14×3）×4 +（3
×3×3.14×3÷3）×4 = 452.16（cm³）
となります。

・体積が一番大きくなるとき

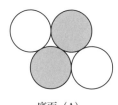

底面（A）　　　●の　　　　　○の
●は3つの円と接する。　積み上げ方　積み上げ方
○は2つの円と接する。

・体積が一番小さくなるとき

○は2つの円と接する。　　　　○の
　　　　　　　　　　　　　　積み上げ方

1 (1) ア 30　イ 30

ウ 半分

（$\frac{1}{2}$倍などでも可）

エ 15

(2) 20cm²　(3) $\frac{70}{3}$ cm²

2 (1) （面積の合計）28.26cm²

（周りの長さの合計）48.84cm

(2) （数字）9

（直線）右の図

（体積）405.06cm³

(3) BJ：JC＝1：2より，三角形 ABJ の面積：三角形 ABC の面積＝1：3となるので，三角形 ABJ の面積は，

$5 \times \frac{1}{3} = \frac{5}{3}$ （cm²）となります。

AI：IB＝1：2より，同じようにして，

三角形 IBJ の面積は，$\frac{5}{3} \times \frac{2}{3} = \frac{10}{9}$ （cm²）

となります。よって，六角形 IJKLMN の面積は，

$30 - \frac{10}{9} \times 6 = \frac{70}{3}$ （cm²）となります。

2 (1) おうぎ形あ〜おの中心角の合計は 360°です。おうぎ形あ〜おの面積の合計は，半径3cm の円の面積と同じなので，$3 \times 3 \times 3.14 = 28.26$ （cm²）となります。また，おうぎ形あ〜おの周りの長さの合計は，半径3cm の円の円周と半径3cm の長さの 10 倍を合わせたものなので，

$3 \times 2 \times 3.14 + 3 \times 10 = 48.84$ （cm）となります。

(2) ある直線を軸として1回転したときの体積を大きくするためには，軸からの長さが長い部分を考えるとよいので，横の直線になります。9 の一番下の部分の直線を軸として回転すると，軸からの長さが長い部分が多く，体積が最も大きくなります。体積は $7 \times 7 \times 3.14 \times 4 - 3 \times 3 \times 3.14 \times 3 - (6 \times 6 \times 3.14 - 4 \times 4 \times 3.14) \times 2 = 405.06$ （cm³）となります。

解説

1 (1) ア 正六角形は正三角形が 6 つ合わさってできた図形なので，面積は，

$5 \times 6 = 30$ （cm²）となります。

イ 角 ABC ＝角 OBA ＋角 OBC なので，角 ABC ＝ 60° ＋ 60° ＝ 120°となります。三角形 ABC は AB ＝ BC の二等辺三角形なので，角 BAC ＝（180°－120°）÷ 2 ＝ 30°となります。

ウ 三角形 ABC と三角形 OAC は同じ形ですので，面積が同じになります。

エ ウより，三角形 ABC の面積は，$5 \times 2 \div 2 = 5$ （cm²）となるので，三角形 ACE の面積は，$30 - 5 \times 3 = 15$ （cm²）となります。

(2) BG：GC ＝ 1：1より，（三角形 ABG の面積）:（三角形 ABC の面積）＝ 1：2となるので，三角形 ABG の面積は，$5 \times \frac{1}{2} = \frac{5}{2}$ （cm²）

となります。よって，四角形 AGDH の面積は，

$30 - \frac{5}{2} \times 4 = 20$ （cm²）となります。

■5章　いろいろな問題

23 面積図

★　標準レベル

問題174ページ

■ (1) 2　(2) 64　(3) ① 32　② 98
(4) 34　(5) ① つる　② かめ　③ 2
(6) ① 17　② 15

② (1) ア　プリンの代金の合計
　　 イ　ケーキの代金の合計
(2) 660 円　(3) ②
(4) プリン　11 こ　ケーキ　9 こ

解説

■ (3) ○＋△＝32（匹），○×2＋△×4＝98（本）
(4) ☐で囲まれた部分は 32 匹すべてがつる
　　としたときの足の数と実際の足の数の差より，
　　98 － 64 ＝ 34（本）
(5) アは縦 2，横○より，つるの足の合計を表し，
　　イは縦 4，横△より，かめの足の合計を表し
　　ます。かげをつけた部分は，縦が 4 － 2 ＝ 2
　　（本），横が△の長方形の面積を表します。
(6) かげをつけた部分の面積は(4)より，34（本）
　　△＝ 34 ÷（4 － 2）＝ 17（匹），
　　○＝ 32 － 17 ＝ 15（匹）

② (1) アの面積は縦が 120 円，横が○個，よって，
　　プリンの代金の合計を表し，イの面積は縦が
　　180 円，横が△個，よって，ケーキの代金の
　　合計を表します。
(2) 180 × 20 － 2940 ＝ 660（円）
(3) ウの部分の面積は，○×（180 － 120）＝
　　660 です。
(4) (3)より，○＝ 11（個），△＝ 20 － 11 ＝ 9（個）

― 中学入試に役立つ アドバイス ―

下の面積図で，a を求めたい場合は，
$a ＝（d × b －面積）÷（d － c）$ を使います。

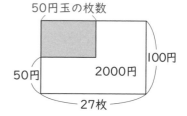

★★　上級レベル

問題176ページ

■ (1) 520g　(2) 200g
(3) 金属のおもり　10 こ
　　石のおもり　3 こ

② (1) 116 点
(2) 3 点の問題　16 問
　　4 点の問題　13 問

③ 14 まい

④ 4 きゃく

⑤ (1) ア 12　イ 18　ウ 30
(2) エ 600　オ 5

⑥ (1) 567 点　(2) 62 点
(3) ア 18　イ 18　ウ 83

解説

■ (1) 40 × 13 ＝ 520（g）
(2) 720 － 520 ＝ 200（g）
(3) 金属のおもりの個数は，
　　200 ÷（60 － 40）＝ 10（個），石のおもり
　　の個数は，13 － 10 ＝ 3（個）

② (1) 4 × 29 ＝ 116（点）
(2) 1 つ 3 点の問題は，
　　（116 － 100）÷（4 － 3）＝ 16（問）
　　1 つ 4 点の問題は，29 － 16 ＝ 13（問）

③ 下の面積図より，50 円玉の枚数は，
（100 × 27 － 2000）÷（100 － 50）＝ 14（枚）

50円玉の枚数

50円　2000円　100円

27枚

④ 下の面積図より，3 人がけのイスは，
（7 × 12 － 68）÷（7 － 3）＝ 4（脚）

3人がけのイスの数

3人　68人　7人

12脚

5 (1) ア　$400 \times \dfrac{3}{100} = 12$（g）

　　　イ　$200 \times \dfrac{9}{100} = 18$（g）

　　　ウ　$12 + 18 = 30$（g）

　　(2) エ　$400 + 200 = 600$（g）

　　　オ　$30 \div 600 \times 100 = 5$（%）

6 (1) $63 \times 9 = 567$（点）

　　(2) $(567 + 53) \div 10 = 62$（点）

　　(3) ア　$2 \times 9 = 18$（点）

　　　イ　あと面積が等しいので18点

　　　ウ　$18 + 65 = 83$（点）

--- 中学入試に役立つ **アドバイス** ---

下の面積図で，全体の平均を求めたい場合は，$(ア＋イ) \div (a + b)$ を使います。

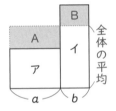

上の図で，Aの面積＝Bの面積になることも，利用することができます。

★★★ 最高レベル　　問題 **178** ページ

1 (1) 7まい　(2) 11まい　(3) 3500円

2 11こ

3 (1) 6g　(2) 10g　(3) 4%

4 70g

5 149点

6 (1) 98ページ　(2) 10日間

7 7回

8 80点

解　説

1 (1) 貯金箱に入っている枚数は18枚であり，合計の金額が3970円なので，10円玉の枚数は7枚または17枚ですが，10円玉が17枚では，3970円にならないので，7枚です。

(2) $18 - 7 = 11$（枚）

(3)

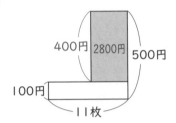

上の面積図より，

$(3970 - 70 - 1100) \div (500 - 100) = 7$（枚）

よって500円玉だけを数えると，

$500 \times 7 = 3500$（円）

2

30円と50円のお菓子は同じ個数だけ買ったことから，$(30 + 50) \div 2 = 40$（円）のお菓子を合わせて○個買ったとします。100円のお菓子を△個買ったとすると，○＋△＝43（個）です。

　上の面積図より，

△＝$(2380 - 40 \times 43) \div (100 - 40) = 11$（個）

3 (1) $300 \times \dfrac{2}{100} = 6$（g）

(2) $100 \times \dfrac{10}{100} = 10$（g）

(3) $(6 + 10) \div (300 + 100) \times 100 = 4$（%）

4 右の図の面積図で
考えます。

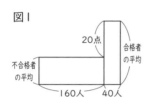

2つの食塩水を混ぜた
後，あの長方形の部分
の面積といの長方形の部分の面積は等しくなります。
あの長方形の部分の面積は，縦1%，横210gなので，1 × 210 = 210
いの長方形の縦の長さは，8 − 5 = 3（%）より，
いの長方形の横の長さは，
210 ÷ 3 = 70（g）

5 縦の長さを平均点，横の長さを人数として面積図を考えます。

図1は，合格者と
不合格者の平均点
と人数を表したも
のです。

図1

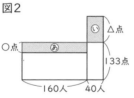

図2

図2は，図1に受
験生全体の平均点
をかいたものです。このとき，あの部分の長方形
の面積といの部分の長方形の面積は等しくなりま
す。

あの長方形の縦を○点，いの長方形の縦を△点と
すると，○ × 160 = △ × 40 より，○と△の比
は 40 : 160 = ① : ④になります。
① = 20 × $\frac{1}{1 + 4}$ = 4（点），④ = 4 × 4 = 16（点）
よって，合格者だけの平均点は，
133 + 16 = 149（点）

───── 中学入試に役立つ **アドバイス** ─────

下の面積図で，あといの面積が等しい場合
は，$c × a = b × d$ より，
$c : d = b : a$ を利用します。

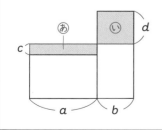

6 (1) 7 × 14 = 98（ページ）
(2) 下の面積図より，
　（12 × 14 − 98）÷（12 − 5）= 10（日間）

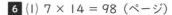

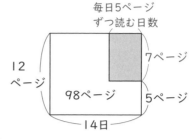

7 初めに持ち点が30点あることから，下の面
積図を考えます。
表が出た回数 =（45 − 1 × 10）÷（6 − 1）=
7（回）

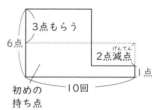

8 縦の長さを平均点，
横の長さを人数として
面積図を考えます。

図1は，1番から30番
までと残りの10人の平
均点と人数を表したも
のです。

図1

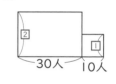

図2は，図1に全体の
平均をかいたものです。
このとき，あの部分の
長方形の面積といの部
分の長方形の面積は等

図2

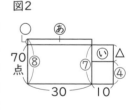

しくなります。あの長方形の縦を○点，いの長方
形の縦を△点とすると，○ × 30 = △ × 10 より，
○と△の比は 10 : 30 = ① : ③になります。1番
から30番までの平均点は残りの10人の平均点
の2倍だから，残りの10人の平均点を④とする
と，⑦が70点となります。
よって，1番から30番までの平均点は，
⑧ = 80点になります。

24 線分図 <small>せんぶんず</small>

★ 標準レベル

問題180ページ

1 ア 96 イ 48
2 ア 40 イ 60
3 ア 26 イ 26 ウ 13 エ 43
4 1100g
5 12kg
6 42

解 説

4 右の線分図より,
すいかの重さは,
(1900 + 300)
÷ 2 = 1100 (g)

5 右の線分図より,
Bさんがもらったお
米は,
(38 - 2) ÷ (2 + 1) = 12 (kg)

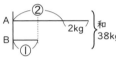

6 右の線分図より,
いちばん大きい整
数は,
(123 + 1 + 2)
÷ 3 = 42

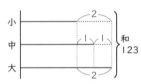

中学入試に役立つ アドバイス

2つの数の和と差がわかっているときは,線
分図を使って,求める <small>もと</small> ことができます。
下の線分図より,

$a =$ (和＋差) ÷ 2
$b =$ (和－差) ÷ 2

★★ 上級レベル

問題182ページ

1 (1) 1600 円
 (2) 兄 1600 円 弟 800 円
2 (1) 84g
 (2) りんご 61g みかん 42g
3 34
4 (1) 6000 円
 (2) 5000 円
5 (1) 45 ページ (2) 180 ページ
6 1035 円
7 (1) ⑦ 3 ④ 1500
 (2) けんさん 2000 円
  まいさん 500 円
8 (1) 4200 円 (2) 360 円

解 説

1 (1) 2400 − 800 = 1600 (円)
(2) 弟の持っているお金は,1600 ÷ 2 = 800(円)
 兄の持っているお金は,
 2400 − 800 = 1600 (円)
2 (1) 103 − 19 = 84 (g)
(2) みかんの重さは, 84 ÷ 2 = 42 (g),
 りんごの重さは, 42 + 19 = 61 (g)
3 下の線分図より,
Yは,
(100 + 9 − 7) ÷ 3 = 34

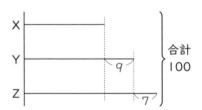

4 (1) 下の線分図より, 妹の金額 <small>きんがく</small> の3倍は,
 7000 − 1000 = 6000 (円)

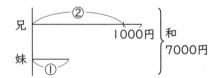

(2) 妹の金額は, 6000 ÷ 3 = 2000 (円)
 兄の金額は, 7000 − 2000 = 5000 (円)

5 (1) 下の線分図より，2日目に残っているページ数は，$90 \div \left(1 - \dfrac{1}{3}\right) = 135$ （ページ）

より，2日目に読んだページ数は，

$135 \times \dfrac{1}{3} = 45$ （ページ）

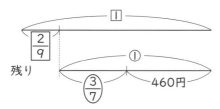

(2) $135 \div \left(1 - \dfrac{1}{4}\right) = 180$ （ページ）

―― 中学入試に役立つ **アドバイス** ――

相当算の線分図で，もとの数量を求めるときは，（数量）÷（その割合）の計算で求めます。

6 下の線分図で考えます。

残りの $\dfrac{3}{7}$ を使ったら，460円残ったことから，

$460 \div \left(1 - \dfrac{3}{7}\right) = 805$ （円）

初めに持っていたお金は，

$805 \div \left(1 - \dfrac{2}{9}\right) = 1035$ （円）

7 (2) まいさんが持っていたお金は，

$1500 \div 3 = 500$ （円）

けんさんが持っていたお金は，

$500 \times 4 = 2000$ （円）

8 (1) $3000 \times (1 + 0.4) = 4200$ （円）

(2) 売り値は，$4200 \times (1 - 0.2) = 3360$ （円）

よって，利益は，$3360 - 3000 = 360$ （円）

★★★ 最高レベル 問題184ページ

1 大きいバケツ 2100g
　小さいバケツ 900g

2 (1) 28才
　(2) 父　35才　太郎さん　7才

3 1200円

4 3210円

5 345ページ

6 (1) 1000円　(2) 500円

7 (1) 120円　(2) 90こ

8 160円

解説

1 3kg ＝ 3000g より，下の線分図からそれぞれ求めます。小さいバケツ2個分の砂の重さは，

$3000 - 1200 = 1800$ （g）

よって，小さいバケツの砂の重さは，

$1800 \div 2 = 900$ （g）

大きいバケツの砂の重さは，

$900 + 1200 = 2100$ （g）

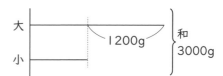

2 (2) 父の年れいは，$(42 + 28) \div 2 = 35$ （才）

　太郎さんの年れいは，$42 - 35 = 7$ （才）

3 定価は，$120 \times (1 + 0.25) = 150$ （円）

値引きした値段は，$150 \times (1 - 0.3) = 105$ （円）

利益は，

$150 \times 60 + 105 \times 40 - 120 \times 100 = 1200$（円）

4 下のような線分図をかいて考えます。

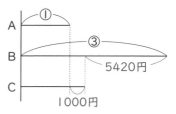

A君とB君の金額の差が，

$5420 + 1000 = 6420$ （円）より，

A君の所持金は，

6420 ÷ （3 − 1） = 3210 （円）

5 次の線分図をかいて考えます。

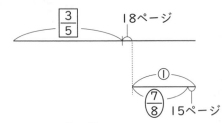

1日目に読んだ後に残っていたページ数は，

$$15 ÷ \left(1 - \frac{7}{8}\right) = 120 （ページ）$$

この本のページ数は，

$$(120 + 18) ÷ \left(1 - \frac{3}{5}\right) = 345 （ページ）$$

6 次の線分図をかいて考えます。

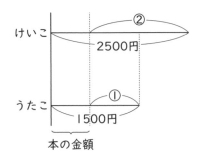

(1) 本を買った後のうたこさんの持っているお金
　　は，1000 ÷ （2 − 1） = 1000 （円）

(2) 本の値段は，1500 − 1000 = 500 （円）

7 (1) （3600 − 2400） ÷ 10 = 120 （円）

(2) 3600 ÷ （120 − 80） = 90 （個）

8 150個を10%の利益を見込んで定価をつけ
たので，150 × （1 + 0.1） = 165 （個）分の
売り上げがあり，15個分が利益になります。
残りの40個は，40 × （1 + 0.1） = 44 （個）
分の売り上げがあり，4個分の利益から，
40 × 5 = 200 （円）だけ減った利益になります。
売れなかった10個は，10 × 8 = 80 （円）だ
け利益から減ります。
全体の利益は，165 + 44 − 200 = 9 （個）分
の利益から，200 + 80 = 280 （円）だけ減り，
1160円になります。よって1個の仕入れ値は，
（1160 + 280） ÷ 9 = 160 （円）

復習テスト⑧

問題**186**ページ

1 9こ

2 13回

3 6.5%

4 90点

5 19こ

6 3200円

7 220ページ

8 17

解説

1 右の面積図で考え
ます。

$(120 \times 16 - 1560)$
$\div (120 - 80) = 9$
（個）

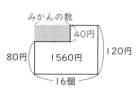
みかんの数
40円
80円 1560円 120円
16個

2 右の面積図で考え
ます。

$(50 - 1 \times 24)$
$\div (3 - 1) = 13$（回）

表が出た回数
3マス 50マス 2マス
1マス
24回

3 右の面積図で考えま
す。2つの食塩水を混ぜ
た後，あの長方形の部分
の面積と○の長方形の
部分の面積は等しくな
ります。

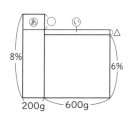
あ ○ ○
8% 6%
200g 600g

$200 \times \bigcirc = 600 \times \triangle$ より，$\bigcirc : \triangle = 3 : 1$，

$6 + (8 - 6) \times \dfrac{1}{1 + 3} = 6.5$（%）

4 右の面積図で考
えます。

あの部分の長方形
の面積と○の部分
の長方形の面積は
等しくなります。

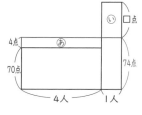
□点
4点 あ
70点 74点
4人 1人

$4 \times 4 = \square \times 1, \square = 16$　よって，5人目の点数は，
$74 + 16 = 90$（点）

5 右の線分図で考
えます。

白玉の個数は，
$(27 + 11) \div 2 =$
19（個）

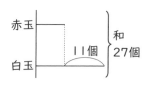
赤玉
11個 和 27個
白玉

6 弟の所持金は変わらないので，弟の比をそろ
えると，兄と弟の所持金の比が⑥：③となります。
下の線分図で考えると，

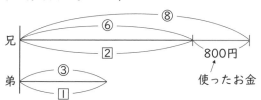
兄 ⑥ ⑧
② 800円
弟 ③ 使ったお金
①

⑧ー⑥＝②が使ったお金800円より，初めに兄
が持っていたお金は，$800 \div 2 \times 8 = 3200$（円）

7 右の線分図で
考えます。

1日目に読んだ
後に残っていた
ページ数は，

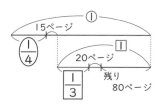
① 15ページ
$\frac{1}{4}$ ①
20ページ 1
$\frac{1}{3}$ 残り 80ページ

$(80 + 20) \div \left(1 - \dfrac{1}{3} \right) = 150$（ページ）

本のページ数は，

$(150 + 15) \div \left(1 - \dfrac{1}{4} \right) = 220$（ページ）

8 定価は，$1000 \times (1 + 0.4) = 1400$（円）
売値は $1000 + 162 = 1162$（円）より，ひい
た割合を□とすると，

$1400 \times (1 - \square) = 1162$

$1 - \square = 0.83$

$\square = 0.17$

0.17 は 17%

25 場合の数

1 (1) 6 (2) 6 (3) 24 (4) 12 (5) 12
2 (1) 4通り (2) 10通り
3 (1) 36通り (2) 6通り (3) 3通り
　　(4) 6通り
4 (1) ア 1 イ 1 ウ 2 エ 3 オ 3
　　(2) 15通り (3) 8通り

1 (1) 6通り (2) 4通り
2 16通り
3 (1) 6通り (2) 5通り (3) 9通り
4 45試合
5 (1) 9通り (2) 3通り (3) 3通り
6 (1) 24通り (2) 6通り
7 62通り
8 20通り

解説

1 (1) 123, 124, 132, 134, 142, 143 の6
通りです。
(2) 百の位が2, 3, 4の場合も同様に6通りず
つできます。
(3) 6 × 4 = 24（通り）
(4) 一の位が2または4のときより, 12通りで
きます。
(5) 1, 2, 3と2, 3, 4の並び順を変えてでき
る数はそれぞれ6通りより, 12通りできます。
3 (1) 表のマスの数が, サイコロの目の出方よ
り, 36通りです。
(2) 2個のサイコロの目の出方を（大, 小）とし
て表すと,（1, 1）,（2, 2）,（3, 3）,（4, 4）,
（5, 5）,（6, 6）の6通りです。
(3) 2個のサイコロの目の
和を表に書くと, 右
の図のようになります。
和が10になる場合は,
3通りです。

	1	2	3	4	5	6
1	2	3	4	5	6	7
2	3	4	5	6	7	8
3	4	5	6	7	8	9
4	5	6	7	8	9	10
5	6	7	8	9	10	11
6	7	8	9	10	11	12

(4) 2個のサイコロの目の
数の和が4以下より, 和が4のときと3のと
きと2のときを数えるので, 6通りです。
4 (2) 右の図より, Aか
らBまでの道順は
15通り

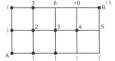

(3) AからCまでの道順
は4通り, CからBまでの道順は2通りより,
4 × 2 = 8（通り）

1 (1) 右の樹形図より,
6通りです。
赤—青　青—緑　緑—黄
　　　　　　緑　　　黄
　　　　　　黄
(2) 選ばない色を考え
ると4通りです。
2 1けたの整数は, 2の1通り, 2けたの整
数は12, 32, 52の3通り, 3けたの整数は,
132, 152, 312, 352, 512, 532の6通り,
4けたの整数は, 1352, 1532, 3152, 3512,
5132, 5312の6通り
よって, 1 + 3 + 6 + 6 = 16（通り）
3 (1) 2個のサイコロの目の出方を（大, 小）と
して表すと,（1, 1）,（2, 2）,（3, 3）,
（4, 4）,（5, 5）,（6, 6）の6通りです。
(2) 2個のサイコロの目の数の和が6になるのは,
（1, 5）,（2, 4）,（3, 3）,（4, 2）,
（5, 1）の5通りです。
(3) 2個のサイコロの目の数の積が奇数になるの
は, 大きいサイコロと小さいサイコロの両方
が奇数の目のときであるから（1, 1）,（1, 3）,
（1, 5）,（3, 1）,（3, 3）,（3, 5）,（5, 1）,
（5, 3）,（5, 5）の9通りです。
4 10チームをA〜J
として総当たりの対戦
表を作ると, 右の表のよ
うになります。
試合数は, 表の○印の数
なので,
1 + 2 + 3 + … + 9 = 45（試合）

	A	B	C	D	E	F	G	H	I	J
A										
B	○									
C	○	○								
D	○	○	○							
E	○	○	○	○						
F	○	○	○	○	○					
G	○	○	○	○	○	○				
H	○	○	○	○	○	○	○			
I	○	○	○	○	○	○	○	○		
J	○	○	○	○	○	○	○	○	○	

5 (1)(2)(3)

AさんとBさんの手の出し方と、勝ち負けをまとめると、次の表のようになります。

Aさん	勝ち負け	Bさん	勝ち負け
グー	あいこ	グー	あいこ
グー	勝ち	チョキ	負け
グー	負け	パー	勝ち
チョキ	負け	グー	勝ち
チョキ	あいこ	チョキ	あいこ
チョキ	勝ち	パー	負け
パー	勝ち	グー	負け
パー	負け	チョキ	勝ち
パー	あいこ	パー	あいこ

6 (1)

あ	い	う	え

あには4色から選んで色を入れ、いには残った3色から選んで入れ、うには残った2色から選んで入れ、えには、残りの1色を入れるので、4×3×2×1＝24（通り）

(2) 回転して同じぬり方のものは1通りとするので、24÷4＝6（通り）

7 下の図のように道と道が交差するところまでの道順をかくとAからBまでの道順は62通り

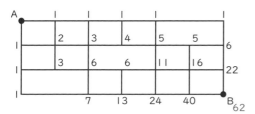

8 6枚の硬貨を合計した金額は320円であることから、支はらうことができる金額は、10, 20, 50, 60, 70, 100, 110, 120, 150, 160, 170, 200, 210, 220, 250, 260, 270, 300, 310, 320の20通りです。

★★★ 最高レベル 問題192ページ

1 (1) 6こ (2) 108こ (3) 162こ
2 15通り
3 20こ
4 (1) 3通り (2) 9通り (3) 9通り
5 (1) 35通り (2) 4通り (3) 18通り
6 ア 2 イ 8 ウ 8 エ 14

解説

1 (1) 123, 132, 213, 231, 312, 321の6個

(2) 青いカード1枚と赤いカード2枚でできる数は青いカードの選び方が3通り、赤いカードの選び方が3通り、3枚のカードを並べる順番が6通りあるので、3×3×6＝54（個）、青いカード2枚と赤いカード1枚でできる数も同様なので、54＋54＝108（個）

(3) 青いカード、赤いカード、黄色いカードそれぞれ1枚を選ぶ選び方は3通り、3枚のカードを並べる順番が6通りあるので、
3×3×3×6＝162（個）

2 和が7になるさいころの目の数と場合の数を考えます。
① 1, 1, 5の場合は3通り
② 1, 2, 4の場合は6通り
③ 1, 3, 3の場合は3通り
④ 2, 2, 3の場合は3通り
①〜④より、3＋6＋3＋3＝15（通り）

3 3つの点を結んでできる三角形の個数は、A, B, C, D, E, Fの6つの文字から3つの文字を選ぶ場合の数と同じであるから、
（6×5×4）÷（3×2×1）＝20（個）です。

4 (1) たろうさんが、グーで勝つか、パーで勝つか、チョキで勝つかの場合より、3通り

(2) グーで負けるか、パーで負けるか、チョキで負けるかの場合は3通りで、3人がそれぞれ負ける場合があるので、
3×3＝9（通り）

(3) 3人が同じ手を出す場合は3通り、3人がすべて異なる手を出す場合は、6通りより、
3＋6＝9（通り）

5 (1) $7 \times 6 \times 5 \div (3 \times 2 \times 1) = 35$（通り）

(2) 4人の男子の中から3人を選ぶので4通り

(3) 男子4人から2人の選び方は6通り，女子3
人から1人の選び方は3通りなので，
$6 \times 3 = 18$（通り）

─ 中学入試に役立つ **アドバイス** ─

異なるN個のものがあり，2つを選んで並
べるときは，$N \times (N-1)$

異なるN個のものがあり，2つを選ぶときは，
$N \times (N-1) \div (2 \times 1)$

異なるN個のものがあり，3つを選んで並
べるときは，$N \times (N-1) \times (N-2)$

異なるN個のものがあり，3つを選ぶときは，
$N \times (N-1) \times (N-2) \div (3 \times 2 \times 1)$

6 回転して同じ図形は1種
類と考えます。

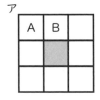

(a) アの場合は，中心ともう
1か所をぬる場所を考え
ます。もう1か所は，右
の図のAまたはBの場所より，2通りあります。
イの場合は，ぬる場所の1つが，角と角の間
をぬる場合とぬらない場合を考えます。角と
角の間をぬる場合はC〜Hの6通りあります。
ぬらない場合は，IまたはJの2通りあります。
$6 + 2 = 8$（通り）

イ

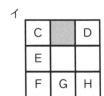

(b) ウは，中心をぬり，あとの2か所はイの場合
と同じですから，8通り
エの場合，まずはじめに，3か所ともにすべ
て角と角の間をぬる場合と3か所ともにすべ
て角をぬる場合を考えます。それぞれ，次の
図の場合だけなので，$1 + 1 = 2$（通り）

エ 1通り　　　1通り

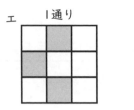 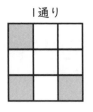

次に，2か所ぬる場所を決めて，もう1か所
のぬる場所を考えます。
2か所ともに，角と角の間をぬる場合は，残
りの1か所を考えます。
（あ）の場合は，○をつけた4通りになります。
（い）の場合は，○をつけた2通りになります。
よって，$4 + 2 = 6$（通り）
次に，2か所ともに，角をぬる場合は，残り
の1か所を考えます。
（う）の場合は，○をつけた4通りになります。
（え）の場合は，○をつけた2通りになります。
よって，$4 + 2 = 6$（通り）

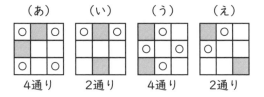

よって，$2 + 6 + 6 = 14$（通り）

26 規則性・推理

★ 標準レベル

問題194ページ

1 (1) 8こずつ　(2) 黒色　(3) 32こ
(4) 80番目

2 (1) 17　(2) 81　(3) 11　(4) 8

3 B, D, A, C, E

4 (1) B　(2) 37点　(3) 54点

解 説

1 (1) ●●○●○●○● が繰り返し並んでいます。

(2) 50 ÷ 8 = 6 あまり 2 より, 8 個ずつの繰り返しが 6 回と 2 個並ぶので, 50 番目のご石の色は黒です。

(3) 1 つの繰り返しの中に黒いご石が 5 個あるので, 5 × 6 + 2 = 32 (個)

(4) 50 ÷ 5 = 10 より, 8 個ずつの繰り返しが 10 回あるので, 8 × 10 = 80 (番目)

2 (3) 差が 1, 2, 3, 4, 5 と 1 ずつ増えていく規則なので, □ = 7 + 4 = 11

(4) 次の数は, 前の 2 つの数の和で表される規則なので, □ = 3 + 5 = 8

3 結果に関して表に○と×を入れて考えます。A〜D は最下位ではないことから, E の 5 位がはじめに決まり, 次に B の 1 位が決まります。あとエの条件を考えて, A が入る場所が決まります。

	1位	2位	3位	4位	5位
A	×			×	×
B	○	×	×	×	×
C	×				×
D	×				×
E	×	×	×	×	○

4 次の図のように, ①〜④をまとめます。

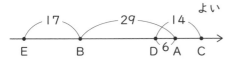

点数がよい

E　17　B　29　D　6　A　14　C

(1) よい方から順番に CADBE と並ぶので, B

(2) 14 + (29 − 6) = 37 (点)

(3) E と B の差と B と C の差の合計が最高点の人と最低点の人の点数の差になるので,
17 + 37 = 54 (点)

★★ 上級レベル①

問題196ページ

1 (1) 56番目　(2) 11　(3) 41番目

2 (1) 16こ　(2) 6064こ

3 (1) 水曜日　(2) 金曜日　(3) 水曜日

4 ③, ①, ②, ④

5 (1) 45　(2) 15　(3) 9　(4) 4

6 (1) 7　(2) 9　(3) 9

解 説

1 (2, 1), (4, 3, 2, 1), (6, 5, 4, 3, 2, 1), (8, 7, 6, 5, 4, 3, 2, 1), …とグループに分けると, 各グループの最初の数が 2, 4, 6, 8, …と 2 ずつ大きくなっています。

(1) 2 + 4 + 6 + 8 + 10 + 12 + 14 = 56 (番目)

(2) 8 番目の 1 は, 56 + 16 = 72 (番目), 9 番目の 1 は, 72 + 18 = 90 (番目), 91 番目の数は 20 であるから,
100 番目の数は, 20 − 10 + 1 = 11

(3) 次の表にまとめます。

グループ		和	最初からの和
1つ目	3	3	3
2つ目	3 + 7	10	13
3つ目	3 + 7 + 11	21	34
4つ目	3 + 7 + 11 + 15	36	70
5つ目	3 + 7 + 11 + 15 + 19	55	125
6つ目	3 + 7 + 11 + 15 + 19 + 23	78	203

最初の数から順にたしていくとき, 初めて 200 をこえるのは,
2 + 4 + 6 + 8 + 10 + 12 − 1 = 41 (番目)

2 (1) 正方形の紙を 1 枚とめるのに 4 個のマグネットを使い, 1 枚増やすごとに 3 個のマグネットを使うので, 5 枚とめるときは,
4 + 3 × (5 − 1) = 16 (個)

(2) 2021 枚とめるときは,
4 + 3 × (2021 − 1) = 6064 (個)

3 (1) 4 月は 30 日あるので, (30 + 1) ÷ 7 = 4 あまり 3 より, 月曜日から日曜日までを 4 周して, 3 日後なので, 水曜日です。

(2) 3 月は 31 日あるので,
(31 + 1) ÷ 7 = 4 あまり 4 より,
曜日を逆に見て, 月曜日から火曜日までを 4 周して, 4 日前なので, 金曜日です。

(3) 4月から12月までの日数と1月1日を考えると，

(30 + 31 + 30 + 31 + 31 + 30 + 31 + 30 + 31 + 1) ÷ 7 = 39 あまり 3 より，水曜日

4 ①②と①④を比べると，①②のほうが軽いので，②＜④となります。③④と①④を比べると，③④の方が軽いので，③＜①となります。②④と①④を比べると，①④の方が軽いので，①＜②となります。

よって，おもりの重さの小さい順に並べると，

③，①，②，④

6 (1) 2401 = 7 × 7 × 7 × 7 より，□ = 7

(2) 3 ● 6 = (3 × 3) × (3 × 3) × (3 × 3) より，□ = 9

(3) 8 = 2 × 2 × 2　また，

(8 ● 18) = 8 × 8 ×…× 8 = (2 × 2 × 2) × (2 × 2 × 2) ×…× (2 × 2 × 2)

より，2 のかけ算が，3 × 18 = 54 (個) あります。

(8 ● 18) ▲ 6 は，54 ÷ 6 = 9 より，

2 の積が 9 個あります。よって，□ = 9

★★ 上級レベル②　問題**198**ページ

1 257

2 (1) 9802

(2) 上から 4 だん目の左から 45 番目

3 (1) 15 こ　(2) 14 番目

4 (1) 16 番目　(2) $9\dfrac{1}{2}$

5 (1) 64　(2) 2106 こ　(3) 8190

6 A 3 位　B 4 位　C 2 位　D 1 位

解説

1 4つずつに分けて考えると，次の表になります。

1	3	7	9
11	13	17	19
21	23	27	29
31	33	37	39
41	43	47	49
51	53	57	59
⋮	⋮	⋮	⋮
⋮	⋮	⋮	⋮

103 ÷ 4 = 25 あまり 3 より，上から 26 段目，

左から 3 つ目の数になるので，257 です。

2 (1) 左から奇数番目の数は，奇数×奇数となっており，そのすぐ右の数は 1 をたした数になっています。99 × 99 + 1 = 9802

(2) 2022 に最も近い奇数×奇数は

45 × 45 = 2025 です。2022 = 2025 − 3 より，上から 4 段目の左から 45 番目となります。

3 (1) 5 番目の三角形のご石の数は，

1 + 2 + 3 + 4 + 5 = 15 (個)

(2) 13 番目に使うご石の数は，

1 + 2 + 3 + … + 13 = 91 (個) だから，

14 番目で初めて 100 個以上になります。

4 $\dfrac{1}{1}$，$\left|\dfrac{1}{2}$，$\dfrac{1}{2}\right|$，$\left|\dfrac{1}{3}$，$\dfrac{1}{3}$，$\dfrac{1}{3}\right|$，$\left|\dfrac{1}{4}$，$\dfrac{1}{4}$，$\dfrac{1}{4}\right.$，

$\left.\dfrac{1}{4}\right|$，$\left|\dfrac{1}{5}\right.$，……と区切って考えます。

(1) (1 + 2 + 3 + 4 + 5) + 1 = 16 (番目)

(2) 1 つの区切りの和がどれも 1 になることから，50 番目までの数の合計は，

$9 + \dfrac{1}{10} × 5 = 9\dfrac{1}{2}$

5 (1) 各段の和は，前の段の 2 倍になっていることから，7 段目のメダルに書かれた数の和は，

1 × 2 × 2 × 2 × 2 × 2 × 2 = 64

(2) 35 段目から 73 段目まで，

73 − 35 + 1 = 39 (段) ある。

メダルの数は，

(35 + 73) × 39 ÷ 2 = 2106 (個)

(3) 各段の和は，前の段の和の 2 倍になっていることから，ある段の下の段の和は，

4096 × 2 = 8192

一番右と一番左にあるメダルはそれぞれ 1 が書かれており，その 2 つを除くので，

8192 − 2 = 8190

6 右の表から，D は 1 位，C が 2 位であることがわかります。A は 4 位ではないので，B が 4 位で，残った A は 3 位だったことがわかります。

	1	2	3	4
A	×			×
B	×	×		
C	×	○		
D	○			

1 (1) C (2) A

2 火曜日

3 3勝1敗

4 $\dfrac{11}{36}$

5 D, C, A, B

6 (1) 28 (2) 52 (3) 60 (4) 10

7 (1) $\dfrac{3}{7}$ (2) 8 (3) 20

解説

1 AからEまでの年れいの関係を図で表すと，次のようになります。

C D E B A ─→ 年上

2 次の年の1月10日まで，365 + 1 = 366(日)あるので，366 ÷ 7 = 52 あまり2より，月曜日から2日目の火曜日

― 中学入試に役立つ アドバイス ―

曜日を求める問題は，1週間（7日間）を1つの区切り（周期）として，何週間と何日になるかを考えます。1週間の区切りを考えるときに，何曜日から始まり，何曜日で終わるのかに気をつけるようにしましょう。

3 それぞれの組の勝った数の和と敗れた数の和は同じになります。A組とC組は全勝と全敗で，D組は勝った数と敗れた数が同じなので，B組の勝った数と敗れた数は，E組の勝った数と敗れた数を逆にしたものになります。よって，B組は3勝1敗になります。

4 分母を36にして，分数を書き直すと，

$\dfrac{2}{36}, \dfrac{3}{36}, \dfrac{4}{36}, \dfrac{5}{36}, \dfrac{6}{36}, \cdots$ となるので，

10番目の分数は，$\dfrac{11}{36}$

5 Aの発言から，Aは白い帽子で4番目になりません。

Bの発言から，Bは1番目になりません。

Cの発言から，Cは白い帽子で1番目と4番目にならず，また，1位は白い帽子です。

Dの発言から，Dは4番目になりません。

ここまでで考えると，Bが4番目であることが決まります。

	1番目	2番目	3番目	4番目	帽子
A				×	白
B	×	×	×	○	
C	×			×	白
D				×	

赤い帽子に着目すると，Cが3番目であるとAが決まらないので，Cは2番目とわかり，Aは3番目と決まります。よって，D, C, A, Bの順番になります。

6 (1) 1 + 2 + 3 + 4 + 6 + 12 = 28

(2) 【36】 = 1 + 2 + 3 + 4 + 6 + 9 + 12 + 18 + 36 = 91，

【18】 = 1 + 2 + 3 + 6 + 9 + 18 = 39

よって，91 − 39 = 52

(3) 【15】 = 1 + 3 + 5 + 15 = 24

【24】 = 1 + 2 + 3 + 4 + 6 + 8 + 12 + 24 = 60

(4) ▲は1とその数しか約数がない数なので，素数です。

よって，2, 3, 5, 7, 11, 13, 17, 19, 23, 29の10個あります。

7 (1) $10 ☆ 4 = \dfrac{10 - 4}{10 + 4} = \dfrac{6}{14} = \dfrac{3}{7}$

(2) $8 ☆ B = \dfrac{8 - B}{8 + B} = 0$ となるのは，分子が0になるときなので，B = 8

(3) $A ☆ 4 = \dfrac{A - 4}{A + 4} = \dfrac{2}{3}$

分母と分子の差が8であるので，$\dfrac{2}{3} = \dfrac{16}{24}$

となればよいので，A = 20

復習テスト⑨ 問題202ページ

1 (1) 120こ　(2) 435

2 10回

3 (1) 70通り　(2) 16通り

4 (1) 6通り　(2) 9通り

5 (1) 18番目　(2) $\dfrac{11}{20}$　(3) $26\dfrac{1}{4}$

6 (1) 5の倍数　(2) 36, 48, 72, 144

7 ① 12　② 17

解説

1 (1) 百の位から順に1から6までのカードを1枚ずつ選び, 順番に並べるので, $6 \times 5 \times 4 = 120$（個）

(2) 百の位が6の3けたの数は, $5 \times 4 = 20$（個）, 百の位が5の3けたの数も, $5 \times 4 = 20$（個）です。50番目に大きい数は, 百の位が4の数です。

次に, 十の位を考えます。

46□となる□に入る数は4個, 45□となる□に入る数も4個, その次に大きい数は, 436, 435と続くので, 50番目に大きい数は435です。

2 5チームの中から2チームが試合をする場合の数より, $5 \times 4 \div (2 \times 1) = 10$（回）

3 (1) 右の図より, AからBまでの最短の行き方は70通り

(2) 点Pを通り, 点Qを通らないで進む道の図に道順の場合の数をかいていくと, 16通り

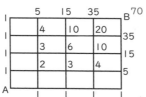

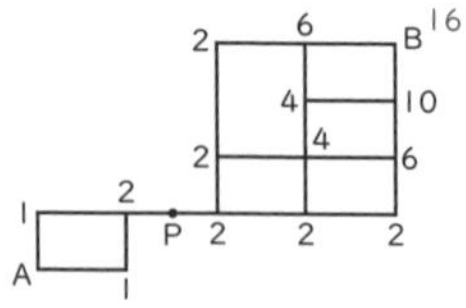

4 (1) 2人をAさん, Bさんとすると, Aさんが勝つか, または負けるかで勝負がつくので, 6通りです。

(2) 3人をAさん, Bさん, Cさんとすると, 3人の手の出し方が同じか, または, 3人と

も異なる場合に勝者と敗者に分かれないので, $3 + 6 = 9$（通り）

5 (1) 右の図のように段を作って整理して分数をかいて考えます。

				和
	$\frac{1}{2}$			$\frac{1}{2}$
	$\frac{3}{4}$	$\frac{1}{4}$		1
$\frac{5}{6}$	$\frac{3}{6}$	$\frac{1}{6}$		$\frac{3}{2}$
$\frac{7}{8}$	$\frac{5}{8}$	$\frac{3}{8}$	$\frac{1}{8}$	2
$\frac{9}{10}$	$\frac{7}{10}$	$\frac{5}{10}$	$\frac{3}{10}$ $\frac{1}{10}$	$\frac{5}{2}$
$\frac{11}{12}$	$\frac{9}{12}$	$\frac{7}{12}$ ………………		3

(2) 分母が2ずつ増え, 分数は1つずつ増えていくので, 右の図で, $1 + 2 + 3 + \cdots + 9 = 45$ より50番目は上から10段目, 左から5番目です。

上から10段目の分母は20, 分子は11より, $\dfrac{11}{20}$

(3) 上の図で, 段が1つ増えるごとに, 和は $\dfrac{1}{2}$ ずつ増えるので,

$$\frac{1}{2} + 1 + \frac{3}{2} + 2 + \frac{5}{2} + 3 + \frac{7}{2} + 4 + \frac{9}{2}$$

$$+ \left(\frac{19}{20} + \frac{17}{20} + \frac{15}{20} + \frac{13}{20} + \frac{11}{20} \right)$$

$$= 26\frac{1}{4}$$

6 (1) $C \circledcirc 5 = C + (C \div 5 \text{の余り}) = C$ となることから, $C \div 5$ の余りが0です。

よって, Cは5の倍数

(2) $168 \div D$ の余りが, $192 - 168 = 24$ より, Dは24より大きく, $168 - 24 = 144$ の約数です。よって, 36, 48, 72, 144

7 ① 一番上の横の1列と右ななめ上の数が共通であることを利用して考えます。

$10 + 7 = 5 + A$, $A = 12$

② 一番下の横の1列と右ななめ下の数が共通であることを利用して考えます。

$10 + 12 = 5 + B$, $B = 17$

1 (1) 78点　(2) 93点　(3) 12点

2 (1) 250円　(2)① 162　② 216

　　(3) 4こ

解説

1 (1) 1人で20個の玉を取り出します。3人で
合計60個の玉を取り出します。赤玉1個に
つき3点，白玉1個につき6点より，3人の
合計の点数が
240点である
ことから，赤玉
の個数と白玉の
個数を右の面積
図で求めます。

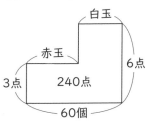

白玉の個数は，(240 − 3 × 60) ÷ (6 − 3)
= 20(個)，赤玉の個数は，60 − 20 = 40(個)
A君の取り出した赤玉の個数は，白玉の個数
の3倍より4個少なかったことから，下の線
分図で求めます。

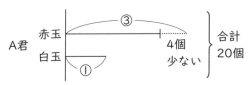

A君の白玉の個数は，
(20 + 4) ÷ (1 + 3) = 6 (個)
A君の赤玉の個数は，20 − 6 = 14 (個)
よって，A君の点数は，6 × 6 + 3 × 14 =
78 (点)

(2) B君とC君の
合わせた白
玉の個数は，
20 − 6 = 14 (個)
右上の線分図より，
B君の白玉の個数は，(14 + 8) ÷ 2 = 11 (個)
B君の赤玉の個数は，20 − 11 = 9 (個)
よって，B君の点数は，
6 × 11 + 3 × 9 = 93 (点)

(3) 3人が取り出した玉がすべて赤玉だとすると，
5 × 60 = 300 (点)，赤玉1つと白玉1つ
を交換すると，5 + 3 = 8 (点)減るので，

白玉の個数は，(300 − 108) ÷ 8 = 24 (個)
赤玉は，60 − 24 = 36 (個)
また，A君について，すべて赤玉だとすると，
5 × 20 = 100 (点)，赤玉1つと白玉1つ
を交換すると5 + 3 = 8 (点)減るので，白
玉の個数は，(100 − 44) ÷ 8 = 7 (個)
赤玉の個数は，20 − 7 = 13 (個)
(B君が取り出した白玉の個数)：(C君が取り
出した赤玉の個数) = 2 : 3 より，
B君が取り出した白玉の個数を②，
C君が取り出した赤玉の個数を③とすると，
B君の赤玉の個数は，36 − 13 −③となり，
B君が取り出した白玉の個数②と合わせて20
(個)より，①= 3
よって，C君が取り出した赤玉の個数は，
3 × 3 = 9 (個)　よって，白玉は11個
C君の得点は，5 × 9 − 3 × 11 = 12 (点)

2 (1) (税抜き価格) × (1 + 0.1) = 275 (円)
より，税抜き価格は，275 ÷ 1.1 = 250 (円)

(2) (ドーナツAの税抜き価格) × (1 + 0.1) =
165 (円)より，ドーナツAの税抜き価格は，
165 ÷ 1.1 = 150 (円)
ドーナツAの持ち帰り分の値段は，
150 × (1 + 0.08) = 162 (円)より，①
は162です。
合計金額が818円なので，
ドーナツBの持ち帰り分の値段は，
818 − (275 + 165 + 162) = 216 (円)
より，②は216です。

(3) セールのとき，ドーナツAは，
162 − 108 = 54 (円)，ドーナツBは，
216 − 108 = 108 (円)安く買うことがで
きます。
合わせて15
個買い1404
円安くなった
ので，右の面
積図で考えま
す。
ドーナツAの個数は，
(108 × 15 − 1404) ÷ (108 − 54) = 4(個)

1 (1) ア 17 イ 9 (2) ウ 16 (3) エ 729

2 (1) ア 7 イ 2 ウ 5 エ 3 オ 12

(2) (求め方)〈2021〉＝［2020，1］＋
［2019，2］＋［2018，3］＋…＋
［1011，1010］
＝（2020－1）＋（2019－2）＋
（2018－3）＋…＋（1011－1010）
＝ 2019＋2017＋2015＋…＋1
ここで，1から2019までの奇数の和
であることから，等差数列の和を用いて，
（1＋2019）×1010÷2＝
1020100
（答え）1020100

(3) (求め方)〈キ〉＝289
289＝17×17より，17番目の奇
数を見つけます。17番目の奇数は，
1＋（17－1）×2＝33
［a，1］＝33となるaは34より，
キ＝34＋1＝35
（答え）35

(4) (求め方) 2＋4＋6＋…＋2×□
＝2450より，等差数列の和を用いて，
（2＋2×□）×□÷2＝2450
（1＋□）×□＝2450
50×49＝2450より，□＝49
ここで，49個の2の倍数の和にな
るのは，4から始まる49番目の偶
数より，
4＋（49－1）×2＝100　よって，
ク＝100
（答え）100

解説

1 下の図のように，五角
すいの形をした山を上から
見た図で考えます。

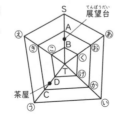

(1) ア　SからAまで，直接行く道順が1通り，
Sから㋐まで行く道順が，右回り，左回りで
2通り，㋐から㋔に行き，㋔からAまで行く
道順が，右回り，左回りで2通りより，2×
2＝4（通り）
㋑，㋒，㋓の場合も同様に4通りあります。
よって，1＋4×4＝17（通り）

イ　BからTまで，直接行く道順が1通り，
Bから㋗まで行く道順が，右回り，左回りで
2通り，㋖，D，㋘の場合も同様に2通りあ
ります。
よって，1＋2×4＝9（通り）

(2) ウ　SからAまで行き，AからCまで行く
道順が，右回り，左回りで2通り，Sから㋒
まで行く道順が，右回り，左回りで2通りで，
㋒からCまでが1通りなので，㋒を通る場合
は2通り，Sから㋐まで行く道順が，右回り，
左回りで2通り，㋐から㋔を通ってCに行く
道順が，右回り，左回りで2通りより，2×
2＝4（通り）
㋑，㋓の場合も同様に4通りあります。
2＋2＋4×3＝16（通り）

(3) (1)より，Sからすぐ上の高さまで進んでから
Tまで行く道順は，17×9＝153（通り），
(2)より，Sから同じ高さの別の場所まで進ん
でからTまでの道順は，16×9＝144（通
り）であることから，同じ高さの別の場所は，
4か所あるので，153＋144×4＝729（通り）

2 2つの約束記号と計算の結果を調べます。
〈3〉＝［2，1］＝1×1－2×0＝1
〈4〉＝［3，1］＝2×1－3×0＝2
〈5〉＝［4，1］＋［3，2］
　　＝3×1－4×0＋2×2－3×1＝4
〈6〉＝［5，1］＋［4，2］
　　＝4×1－5×0＋3×2－4×1＝6
〈7〉＝［6，1］＋［5，2］＋［4，3］＝5×1
　　－6×0＋4×2－5×1＋3×3－4
　　×2＝9

ここでわかることは，［x，y］＝x－yと同じ計
算結果になります。また，〈奇数〉のときは，平方数，
〈偶数〉のときは，2＋4＋6＋…＋2×□のよ
うに，2の倍数の和になります。

1 (1) 2700　(2) 310000

2 (1) 5.2　(2) 2.5

3 (1) 24.57　(2) 130

4 (1) ① 5：4　② 72：115

　　(2) ① 7　② 70

5 (1) 和歌山県 20　愛媛県 17

　　静岡県 13　熊本県 12

　　長崎県 7　その他 31

　　(2) 61°

　　(3) 静岡県 3.3cm　長崎県 1.8cm

6 (1) 37°　(2) ⊛ 34°　ⓘ 56°

7 (1) 4cm²　(2) 3：7

8 体積 96cm³　表面積 144cm²

9 なし 9こ　りんご 6こ

10 (1) 56 通り　(2) 38 通り

解　説

1 (2) 上から 2 けたのがい数にして，870 × 360 で考えます。答えも上から 2 けたのがい数にします。

3 (1) (1.32 + 7.68) × 2.73
= 9 × 2.73 = 24.57

(2) (4 + 22) + (6 + 20) + (8 + 18) + (10 + 16) + (12 + 14) = 26 × 5 = 130

4 (1) ① 0.35 : 0.28 = 35 : 28 = 5 : 4

② $1\frac{3}{5} : 2\frac{5}{9} = \frac{8}{5} : \frac{23}{9} = \frac{72}{45} : \frac{115}{45}$

= 72 : 115

(2) ① □ = 49 ÷ 7 = 7

② □ = 2.8 × (80 ÷ 3.2) = 70

5 (1) 愛媛県…128 ÷ 750 × 100 = 17.0…より，17 (%) となります。その他の県も同じように計算します。

(2) 360° × (17 ÷ 100) = 61.2°より，61°

(3) 静岡県…25 × (13 ÷ 100) = 3.25 (cm)

　　長崎県…25 × (7 ÷ 100) = 1.75 (cm)

6 (1) 角⊛ = 94° − 57° = 37°

(2) 角⊛ = (180° − 112°) ÷ 2 = 34°

角ⓘ = 180° − (34° + 90°) = 56°

7 (1) 三角形 ABD の面積は 24cm² です。

BF：FD = 1：2 より，三角形 ABF の面積は

$24 × \frac{1}{3} = 8$ (cm²) です。また，

AF：FE = 2：1 より，三角形 BEF の面積は，

$8 × \frac{1}{2} = 4$ (cm²) となります。

(2) 三角形 ABC の面積は 24cm² なので，

三角形 ABE の面積：三角形 AEC の面積 = 7.2：16.8 = 3：7 となります。

8 この立体は 1 辺が 2cm の立方体が 12 個あるので，体積は 8 × 12 = 96 (cm³) となります。また，へこんでいる面を動かして考えると，表面積は 4 × 6 × 6 = 144 (cm²) となります。

9 かごが 150 円ですので，なしとりんごを合わせた代金は 1590 円となります。

(130 × 15 − 1590) ÷ (130 − 90) = 9 (個)

よって，なしが 9 個，りんごが 6 個となります。

10 (1) A から B までの最短の行き方の数は下の図のように 56 通りあります。

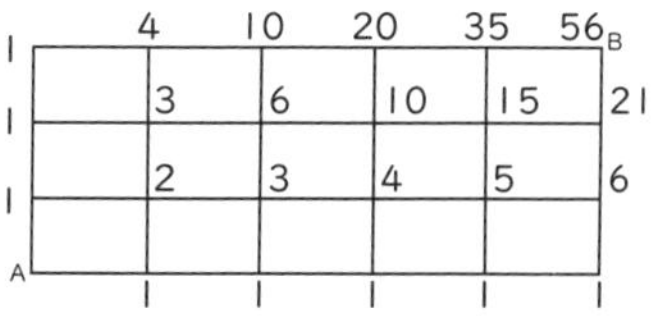

	4	10	20	35	56 B
1	3	6	10	15	21
1	2	3	4	5	6
A	1	1	1	1	1

(2) 下の図について，A から⊛までの行き方は 3 通り，ⓘから B までの行き方は 6 通りなので，⊛とⓘを通る行き方は 3 × 6 = 18 (通り) となります。求める行き方の数は，(1)で求めた数から⊛とⓘを通る行き方の分をひけばよいので，56 − 18 = 38 (通り) となります。

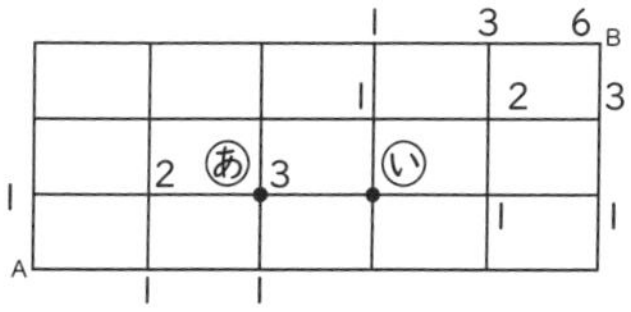

			1	3	6 B
			1	2	3
1	2 ⊛	3	ⓘ	1	1
A	1		1		1

総仕上げテスト②

1 (1) 24cm　(2) 120 こ　(3) 30 こ

2 (1) 33.75cm²　(2) 6.25cm

3 (1) $\dfrac{23}{9}\left(2\dfrac{5}{9}\right)$　(2) $\dfrac{27}{4}\left(6\dfrac{3}{4}\right)$

4 (1) 105m　(2) 12 分後

5 (1) 60 点以上 70 点未満

(2) 14 番目以上 18 番目以下　(3) 45%

6 (1) 7.5cm　(2) $\dfrac{100}{3}$ cm

7 (1) 100.48cm²　(2) 5.13cm²

8 2424.08cm³

9 (1) 3475 円　(2) 139 円

10 (1) 27 番目　(2) $\dfrac{13}{9}$

(3) $\dfrac{79}{30}\left(2\dfrac{19}{30}\right)$　(4) $\dfrac{779}{60}\left(12\dfrac{59}{60}\right)$

解説

1 (1) 120, 144, 96 の最大公約数は 24 なので, 24cm です。

(3) 120 と 144 の最小公倍数は 720 です。縦に 6 個, 横に 5 個並ぶので, $6 \times 5 = 30$ (個) 使います。

2 (1) $(3.68 + 7.12) \times 6.25 \div 2 = 33.75 (cm^2)$

(2) $33.75 \div 5.4 = 6.25$ (cm)

4 (1) $(80 - 65) \times 7 = 105$ (m)

(2) $1740 \div (80 + 65) = 12$ (分後)

5 (3) 40 点以上 70 点未満の人は
$6 + 5 + 7 = 18$ (人) いるので,
$18 \div 40 \times 100 = 45$ (%) となります。

6 (1) ひし形の面積は, $9 \times 12 \div 2 = 54 (cm^2)$ ですので, 三角形 ACD の面積は,
$54 \div 2 = 27 (cm^2)$ となります。よって,
(辺 CD の長さ)$= 27 \div (7.2 \div 2) = 7.5(cm)$ となります。

(2) 三角形 AED の面積は, $20 \times 20 \div 2 = 200$ (cm^2) です。三角形 AFD の面積は, $20 \times 12 \div 2 = 120$ (cm^2) となることから, 三角形 AEF の面積は, $200 - 120 = 80$ (cm^2)

です。辺 BE の長さは, $80 \div (12 \div 2) =$ $\dfrac{40}{3}$ (cm) なので, 辺 EC の長さは,
$20 + \dfrac{40}{3} = \dfrac{100}{3}$ (cm) となります。

7 (1) $16 \times 16 \times 3.14 \div 4 - 8 \times 8 \times 3.14$ $\div 2 = 100.48$ (cm^2) となります。

(2) 半径 6cm, 中心角 45° のおうぎ形の面積から直角二等辺三角形の面積をひいて,
$6 \times 6 \times 3.14 \times \dfrac{45}{360} - 6 \times 6 \div 2 \times \dfrac{1}{2}$
$= 5.13$ (cm^2) となります。

8 全体の体積から立体がない部分の体積をひいて, $10 \times 10 \times 3.14 \times 10 - 3 \times 3 \times 3.14 \times$ $4 - (10 \times 10 \times 3.14 - 6 \times 6 \times 3.14) \times 3$ $= 2424.08$ (cm^3) となります。

9 (2) $3475 \div (1 + 0.25) = 2780$ (円) より, 仕入れ値は 2780 円です。利益は (売れた値段) $-$ (仕入れ値) ですので, $2919 - 2780 = 139$ (円) となります。

10 (1) 分母が 6 の最後は, $1 + 2 + 3 + 4 + 5 + 6 = 21$ (番目) です。分母が 7 のときは小さい方から, $\dfrac{1}{7}, \dfrac{3}{7}, \dfrac{5}{7}, \dfrac{7}{7}, \dfrac{9}{7}, \dfrac{11}{7}$
となるので, 27 番目となります。

(2) 分母が 9 の最初から 7 番目の分数です。

(3) 真分数は分子が分母よりも小さい分数のことです。よって 15 番目までの真分数の和は,
$\dfrac{1}{2} + \dfrac{1}{3} + \dfrac{1}{4} + \dfrac{3}{4} + \dfrac{1}{5} + \dfrac{3}{5} = \dfrac{79}{30}$ となります。

(4) 55 番目は $\dfrac{19}{10}$, 67 番目は $\dfrac{1}{12}$ で, 56 番目から 66 番目は分母が 11 の分数になります。分母が 11 の分数の和を計算すると 11 になるので, 55 番目から 67 番目までの和は,
$\dfrac{19}{10} + 11 + \dfrac{1}{12} = \dfrac{779}{60}$ となります。

最高クラス問題集

算数
小学4年

問題編

旺文社

最高クラス
問題集

算　数
小学 4 年

問　題
編

旺文社

1 整数の表し方，がい数

ねらい 億や兆の大きい数を使いこなせるようになる。また，切り上げ，切り捨て，四捨五入を使って，大きな数をがい数で表し，大きさを比べたり，計算の見積もりをしたりすることができるようになる。

★ 標準レベル

⏱ 20分　　　　／100　　答え **7**ページ

1 次の問いに答えなさい。〈6点×2〉

(1) 11438120000000 の読み方を漢字で書きなさい。

(2) 二十五兆九千二十億六千八百三十七万千二百を数字で書きなさい。

2 次の数を数字で答えなさい。〈6点×3〉

(1) 10億より100小さい数

(2) 1000万を24こ集めた数

(3) 1兆を10こ，1億を320こ，千を59こあわせた数

3 次の問いに答えなさい。〈6点×2〉

(1) 64000 の十万倍の数は1億を何こ集めた数ですか。

(2) 10兆は10億の何万倍の数ですか。

4 86154 について，次の問いに答えなさい。〈6点×2〉

(1) 四捨五入して一万の位までのがい数にしなさい。

(2) 四捨五入して上から2けたのがい数にしなさい。

5 太陽と金星と地球がこの順番でまっすぐにならんだときに，太陽から地球までのきょりは1億4960万km，太陽から金星までのきょりは1億820万kmになります。次の問いに答えなさい。〈6点×2〉

(1) 太陽から地球までのきょりは約何億何千万kmですか。

(2) 地球から金星までのきょりは約何千万kmですか。

6 ある市の小学4年生の児童の数を四捨五入して，上から1けたのがい数にすると約5000人になりました。この児童の実際の数は，何人以上何人以下ですか。〈7点〉

7 ある店では商品を500円以上買うと，おまけがつきます。商品のねだんを上から1けたのがい数にして計算するとき，次のア〜ウのうち，かならずおまけがつく商品はどれですか。〈7点〉

ア 四捨五入して500円になる商品　　イ 切り上げで500円になる商品
ウ 切り捨てで500円になる商品

8 次の計算を四捨五入して上から1けたのがい数にして，積や商を見積もりなさい。〈6点×2〉

(1) 547 × 2934

(2) 60125 ÷ 381

9 遠足で水族館に行きます。入館料は1人515円です。4年生が128人参加するとき，入館料の合計はおよそいくらですか。上から2けたのがい数にしてから見積もりなさい。〈8点〉

(式)

★★　**上級**レベル　　⏱ **30**分　　／100　　答え**7**ページ

1　23 × 31 ＝ 713 を使って，次の計算をしなさい。〈4点×4〉

(1) 230 × 3100

(2) 23 億 × 310

(3) 23 万 × 31 万

(4) 23 億 × 31 万

2　次の計算をしなさい。〈4点×4〉

(1) 10 億 ＋ 9990 億

(2) 3 億 － 2000 万

(3) 56 億 ÷ 1000 × 10

(4) 32 億 5000 万 ÷ 10 × 10000

3　次の計算式の数を（　）の中までのがい数にして，和や差を求めなさい。

〈4点×3〉

(1) 64913 ＋ 29536（千の位）

(2) 420305 － 196072（一万の位）

(3) 519282 － 122865 － 245559（上から2けた）

4　次の計算の答えを上から2けたのがい数で求めなさい。〈4点×2〉

(1) 89876 × 16452

(2) 235848 ÷ 9826

5 次の問いに答えなさい。〈8点×2〉

(1) 子ども会の遠足で動物園に行きます。子どもの入園料は 880 円でおとなの入園料は 1200 円です。子ども 67 人とおとな 33 人が参加するとき，入園料の合計はおよそいくらですか。四捨五入して上から 2 けたのがい数で答えなさい。

（式）

(2) 野球の試合にバスで行きます。野球チームの人数は 147 人で，バスを 1 台かりるのに 74500 円かかります。1 台のバスの定員が 60 人のとき，1 人分のバス代はおよそ何円ですか。四捨五入して上から 2 けたのがい数で答えなさい。

（式）

6 2 つの整数を四捨五入によって百の位までのがい数にすると 1400 と 2500 になりました。次の問いに答えなさい。〈8点×2〉

(1) もとの数の和がいちばん小さくなる場合，その和はいくつになりますか。

(2) もとの数の差がいちばん小さくなる場合，その差はいくつになりますか。

7 次の問いに答えなさい。〈8点×2〉

(1) 十の位で四捨五入して 1000 になる整数は何こありますか。

(2) 百の位を切り捨てして 15000 になる整数は何こありますか。

★★★ 最高レベル　　　⏱ 40分　　　／100　　　答え 8 ページ

1　A国の人口はB国の人口より 59320000 人多く，B国の人口はC国の人口より 1049001000 人多いです。次の問いに答えなさい。〈10点×2〉

(1) A国の人口とC国の人口の差は何人ですか。

（式）

（答え欄）

(2) 3つの国の人口の合計が 3150331000 人のときB国の人口は何人ですか。

（式）

（答え欄）

2　1本の長さが 10cm で，1本のねだんが 100 万円の金属のぼうがあります。10 m 買ったときのねだんはいくらになりますか。〈10点〉

（式）

（答え欄）

3　102345 は 6 つの連続する数字 0，1，2，3，4，5 をならべかえてできる数です。また，456879 も 6 つの連続する数字 4，5，6，7，8，9 をならべかえてできる数です。このように 6 つの連続する数字をならべかえてできる 6 けたの数について，次の問いに答えなさい。〈10点×2〉

(1) いちばん大きい数といちばん小さい数の差はいくつですか。

（式）

（答え欄）

(2) 千の位の数字が「1」の数は何こできますか。

（答え欄）

---

4 整数を 2 倍して一の位を四捨五入すると 230 になりました。このような整数をすべて書きなさい。〈10点〉

```
┌─────────────────────────────────────┐
│                                     │
└─────────────────────────────────────┘
```

5 かいとさんは 1 日に 40 円ずつ貯金をしていきました。何日か貯金した後，かいとさんの貯金は四捨五入で上から 2 けたのがい数であらわすと 1000 円でした。かいとさんが貯金した期間は何日以上何日以下ですか。〈10点〉
（式）

```
┌─────────────────────────────────────┐
│                                     │
└─────────────────────────────────────┘
```

6 X は 3 けたの整数で，Y と Z は 2 けたの整数です。X は十の位を四捨五入すると 700 になり，Y は一の位を四捨五入すると 40 になり，Z は一の位を四捨五入すると 20 になります。(X − Y)× Z を計算したときの最大値を答えなさい。〈15点〉
（式）

```
┌─────────────────────────────────────┐
│                                     │
└─────────────────────────────────────┘
```

7 4 つの荷物 A，B，C，D の重さをデジタル重量計を使って測定します。この重量計は一の位を切り捨てて重さを表示します。まず 4 つの荷物を 1 つずつ測定したところ，2 つが 370kg と表示され，残りの 2 つが 380kg と表示されました。ただし，正確な荷物の重さは A が 377kg，B が 381kg であることがわかっています。次に，2 つの重さの合計を測定したところ，A と D が 760kg，C と D が 750kg と表示されました。4 つの荷物を軽い順に左から書きなさい。〈15点〉

```
┌─────────────────────────────────────┐
│                                     │
└─────────────────────────────────────┘
```

2　わり算の筆算

ねらい　わり算の筆算ができるようになる。

★　標準レベル　　⏱20分　　／100　　答え9ページ

1 次のわり算をしなさい。わり切れないものは，あまりも書きなさい。〈3点×6〉

(1)
$$8\overline{)72}$$

(2)
$$3\overline{)57}$$

(3)
$$5\overline{)87}$$

(4)
$$4\overline{)612}$$

(5)
$$6\overline{)359}$$

(6)
$$3\overline{)360}$$

2 次のわり算はわり切れます。□にあてはまる数を求めなさい。〈3点×3〉

(1)
$$6\overline{)5\square}\quad 9$$

(2)
$$9\overline{)78\square}\quad 87$$

(3)
$$7\overline{)73\square}\quad 105$$

3 次のわり算をしなさい。わり切れないものはあまりも書きなさい。〈3点×3〉

(1) 84 ÷ 5　　　(2) 876 ÷ 3　　　(3) 473 ÷ 7

4 次のわり算をしなさい。わり切れないものはあまりも書きなさい。〈3点×6〉

(1) 48 ÷ 24

(2) 78 ÷ 13

(3) 72 ÷ 31

(4) 246 ÷ 15

(5) 895 ÷ 43

(6) 712 ÷ 29

5 次のわり算をしなさい。わり切れないものはあまりも書きなさい。〈3点×6〉

(1) 420 ÷ 70

(2) 6400 ÷ 800

(3) 3600 ÷ 90

(4) 570 ÷ 60

(5) 2900 ÷ 600

(6) 7000 ÷ 90

6 次の計算をしなさい。〈3点×2〉

(1) 300 ÷ 25

(2) 750 ÷ 15

7 97本のえん筆を13本ずつたばにします。何たばできて，何本あまりますか。

〈11点〉

（式）

8 600Lの水を1このバケツに17Lずつ入れていきます。全部の水を入れるのにバケツは何こ必要ですか。〈11点〉

（式）

★★　上級レベル ⏱ 30分　 ／100　答え **9**ページ

1　次の計算をしなさい。〈5点×3〉

(1) $64 \div 8 + 24 \div 6 \times 2$

(2) $125 \div (96 \div 8 + 19 - 3 \times 2)$

(3) $29 \times (15 + 6) \div 7 \times 11$

2　次の□にあてはまる数を求めなさい。〈5点×4〉

(1) $27\square4 \div 4 = 686$

(2) $164 \div \square = 5$ あまり 4

(3) $342 \div \square = 9$

(4) $6 \times \square - 254 = 484$

3　6このりんごが入っている箱が36箱あります。このりんごを4人で分けると，1人は何このりんごがもらえますか。〈10点〉

（式）

4 あるおもちゃ工場では，1 時間に 600 このおもちゃを作っています。

〈10 点×2〉

(1) 4200 この注文を受けました。何時間で作ることができますか。

（式）

（答えの欄）

(2) 4200 このおもちゃを 50 こずつ箱につめていきます。箱を何箱用意すればよいですか。

（式）

（答えの欄）

5 1 周 1500 m のグラウンドがあります。その周りに 30 m おきに人が立っています。グラウンドの周りには何人の人がいますか。〈10 点〉

（式）

（答えの欄）

6 道にそって木を植えようと思います。1 本目の木から最後に植える木までのきょりは 3600 m です。木と木の間がすべて 15 m のとき，木は何本必要ですか。

〈10 点〉

（式）

（答えの欄）

7 48 でわり切れる数のうち，900 にいちばん近い数を 35 でわったときのあまりを答えなさい。〈15 点〉

（式）

（答えの欄）

★★★ 最高レベル　〈35分　　　／100　答え 10 ページ〉

1 次の計算をしなさい。〈5点×3〉

(1) $888 \div 37 \times 6 - 24 \times 12 \div 4$

(2) $(11 \times 44 + 22 \times 44) \div (11 \times 11)$

(3) $(1193 - 993) \times 1010 \div 2020 - 99$

2 次の□にあてはまる数を書きなさい。〈5点×3〉

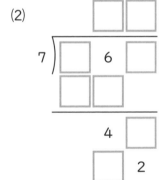

3 次のわり算は，わり切れます。□にあてはまる数を求めなさい。ただし，●と▲はそれぞれ 0 ～ 9 のどれかの数字が入ります。〈5点×2〉

(1) $2\square12 \div 8 = \bullet 8 \blacktriangle$

(2) $8\square1 \div 7 = \bullet \blacktriangle 3$

4 右のように，3けたの整数を37でわったら5あまりました。
⑦，④にあてはまる数を求めなさい。〈10点・完答〉

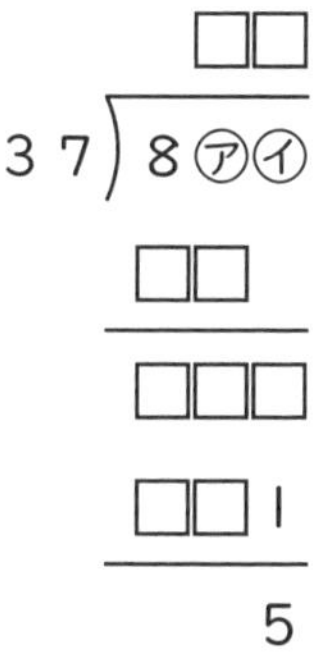

$$37 \overline{\smash{)}\, 8⑦④}$$

⑦	④

5 右の□にあてはまる数を書きなさい。〈10点〉

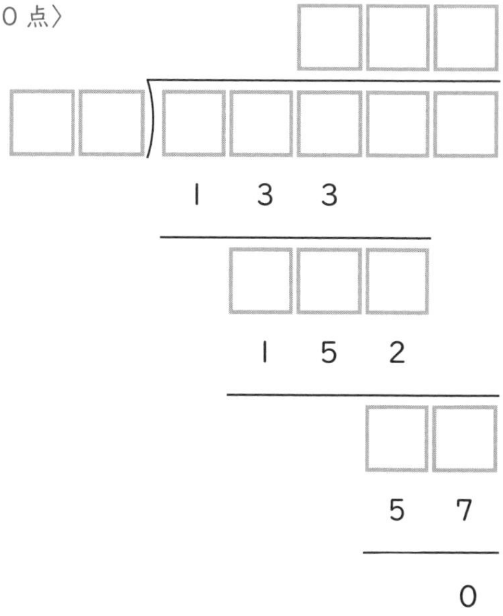

```
        □ □ □
   □ □ ) □ □ □ □ □
        1 3 3
        □ □ □
        1 5 2
          □ □
          5 7
           0
```

6 ある整数を12でわると商とあまりが同じになるものがあります。このような整数について，次の問いに答えなさい。〈10点×2〉

(1) 最も小さい整数を答えなさい。

(2) このような整数が何こあるか答えなさい。

7 1から100までの整数で15でわると3あまる整数が何こあるか答えなさい。

〈20点〉

3 整数の性質

ねらい 奇数・偶数の意味や倍数・約数，素数などの意味をとらえ，整数の性質についての理解を深める。

★ 標準レベル ⏱20分 ／100 答え11ページ

1 2でわり切れる整数を「偶数」，2でわり切れない整数を「奇数」といいます。次の整数から偶数をすべて選びなさい。〈7点〉

24, 39, 608, 1026, 80430, 16274921

2 ある数に整数をかけてできる数のことを「倍数」といいます。例えば，3を1倍，2倍，3倍，…すると3，6，9，…となります。このような数を「3の倍数」といいます。次の問いに答えなさい。〈8点×2〉

(1) 6の倍数を，小さい順に5つ書きなさい。

(2) 次の整数から，8の倍数をすべて選びなさい。

8, 27, 36, 42, 54, 64, 72, 80

3 いくつかの整数に共通な倍数を「公倍数」といいます。例えば，2の倍数は2，4，6，8，10，12，14…で，3の倍数は3，6，9，12，15，…なので，2と3の公倍数は6，12，…です。次の問いに答えなさい。〈8点×2〉

(1) 6と8の公倍数を小さい順に3つ書きなさい。

(2) 公倍数のうちで，いちばん小さい数を「最小公倍数」といいます。4と6の最小公倍数を答えなさい。

4 ある数をわり切ることができる整数を「約数」といいます。例えば，6 は 1，2，3，6 でわり切れます。この 1，2，3，6 を 6 の約数といいます。このように，次の(1)～(3)の数の約数をすべて答えなさい。〈7点×3〉

(1) 16

(2) 125

(3) 29

5 いくつかの数に共通な約数を「公約数」といいます。例えば，8 の約数は 1，2，4，8 で，12 の約数は 1，2，3，4，6，12 なので，1，2，4 が 8 と 12 の公約数です。次の問いに答えなさい。〈8点×2〉

(1) 16 と 24 の公約数をすべて求めなさい。

(2) 公約数のうちで，いちばん大きい数を「最大公約数」といいます。16 と 24 の最大公約数を求めなさい。

6 たてが 4cm，横が 9cm の長方形の紙を同じ向きにすきまなくしきつめて，正方形を作ります。〈8点×2〉

(1) いちばん小さい正方形の 1 辺の長さは何 cm ですか。

(2) いちばん小さい正方形を作るためには，長方形の紙は何まい必要ですか。

7 あめが 24 ことチョコレートが 8 こあります。何人かの子どもに同じ数ずつ分けます。できるだけ多くの子どもに分けるとき，何人に分けることができますか。

〈8点〉

★★　上級レベル

⏱ **30**分　　　／100　　答え **11** ページ

1 1とその数しか約数がない数を「素数」といいます。例えば7は1と7でしかわり切れないので素数といえます。2から100までの整数のうち素数は何こありますか。〈10点〉

2 次の整数を素数だけのかけ算の式で表しなさい。ただし，素数は小さい順に書きなさい。〈5点×2〉

(1) 105

(2) 36

3 ふくろの中に，赤玉が白玉より5こ多く入っています。このふくろの中に入っている玉のこ数の合計は偶数ですか，奇数ですか。〈5点〉

4 あるクラスで2人1組のペアをつくると1人あまりました。このクラスの全員にあめを3こずつ配ろうと思います。必要なあめのこ数は偶数ですか，奇数ですか。〈5点〉

5 次の整数が（　　）内の数の倍数になるとき，□に入る1けたの整数をすべて答えなさい。〈5点×4〉

(1) 2□4　（4）

(2) 378□　（5）

(3) 6□453　（9）

(4) 82□　（6）

6 ある駅では，A駅行きの電車が10分おきに，B駅行きの電車が15分おきに発車します。午前9時ちょうどにA駅行きとB駅行きの電車が同時に発車しました。次に同時に発車するのは，午前何時何分ですか。〈10点〉

7 1から200までの整数について，次の問いに答えなさい。〈5点×3〉
(1) 3の倍数のこ数を求めなさい。

(2) 3と4の公倍数のこ数を求めなさい。

(3) 3でも4でもわり切れない整数のこ数を求めなさい。

8 次の数を小さいほうから順に3つ書きなさい。〈5点×3〉
(1) 6でわると3あまり，10でわると9あまる数

(2) 8でわっても，12でわっても3あまる数

(3) 7でわると6あまり，8でわると7あまる数

9 ある整数と27の最大公約数は9で，最小公倍数は108です。ある整数を求めなさい。〈10点〉

★★★ 最高レベル

⏱ 40分　　　　　／100　　答え 12 ページ

1 次の 4 けたの整数が（　）内の数の倍数になるとき，□に入る数をすべて答えなさい。〈5点×2〉

(1) 21 □ 5 （11）

(2) 69 □ 8 （12）

2 4 けたの整数の中で，21 番目に大きい 23 の倍数は何ですか。〈10点〉

3 ある駅から電車は 6 分 40 秒ごとに，バスは 10 分ごとに発車します。また，電車の始発は午前 6 時 20 分，バスの始発は午前 7 時 10 分です。このとき，次の問いに答えなさい。〈5点×2〉

(1) 電車とバスが最初に同時に出発するのは午前何時何分ですか。

(2) 電車とバスが同時に発車するのが 4 回目になるのは，午前何時何分ですか。

4 次の問いに答えなさい。〈5点×2〉

(1) 6 でわると 5 あまり，8 でわると 7 あまる数のうち，100 に最も近い数を求めなさい。〈桜美林中学校〉

(2) 5 でわると 3 あまり，6 でわると 3 あまり，8 でわると 3 あまる数のうち 3 番目に小さい数を求めなさい。

5 次の問いに答えなさい。〈10点×3〉

(1) 144 の約数は全部で何こありますか。

(2) 72 の約数の和を答えなさい。

(3) 240 の約数のうち 5 番目に大きい数を答えなさい。

6 1 から 100 までの整数のうち約数が 3 つの整数は何こありますか。〈10点〉

7 1, 2, 3, 4, 5 のすべての数でわり切れる最も小さい数は 60 です。1, 2, 3, 4, 5, 6, 7, 8, 9, 10 のすべての数でわり切れる最も小さい数は何ですか。

〈穎明館中学校〉〈10点〉

8 100 から 300 までの整数について，次の問いに答えなさい。〈5点×2〉

(1) 6 と 8 の公倍数のこ数を求めなさい。

(2) 6 でも 8 でもわり切れない整数のこ数を求めなさい。

復習テスト①

⏱ **30**分　　／**100**　　答え**13**ページ

1　次の計算をしなさい。〈5点×2〉

(1) $15 - 52 \div 4 + 72 \div 9 \times 2$

(2) $225 \div (14 \times 9 \div 7 - 3)$

2　次の□にあてはまる数を答えなさい。〈5点×2〉

(1) $200 \div \square = 6$ あまり 2

(2) $(64 - 3 \times \square) \div 2 = 5$

3　ある数を100倍するところを，まちがえて100でわってしまったため，答えが3億7000万になりました。正しい計算の答えはいくつですか。〈10点〉

4　あきひろくんの貯金額を，四捨五入して百の位までのがい数にすると2300円になります。けんくんの貯金額を，切り上げて百の位までのがい数にすると4800円になります。2人の貯金額の差が最も大きいときの貯金額の差を答えなさい。〈10点〉

（式）

5 次の計算の答えを，（　　）の中までのがい数で求めなさい。〈5点×2〉

(1) 24598 ＋ 36587（千の位）

(2) 5896 × 732（上から2けた）

6 たて42cm，横56cmの長方形の紙があります。次の問いに答えなさい。

〈10点×2〉

(1) この紙を同じ向きにすきまなく重ねずにしきつめて正方形を作ります。いちばん小さい正方形を作りたいとき，紙は何まい必要ですか。

(2) この紙1まいを，すべて同じ大きさの正方形になるように切っていきます。いちばん大きい正方形に分けるとき，何この正方形に分けることができますか。

7 1から100までの数字が書かれたカードが1まいずつあり，3でちょうどわり切れる数字のカードは赤色，3でわって1あまる数字のカードは青色，3でわって2あまる数字のカードは黄色となっています。次の問いに答えなさい。〈10点×3〉

(1) 赤色のカードは全部で何まいありますか。

(2) 最もまい数が多いのは何色のカードですか。

(3) 4の倍数が書かれた青色のカードは何まいありますか。

4 小数，小数のたし算・ひき算

ねらい 小数の意味や表し方およびたし算・ひき算について理解を深め，たし算・ひき算ができるようになる。

★ **標準レベル** 　🕐20分　□ /100　答え**14**ページ

1 次の数を書きなさい。〈5点×4〉

(1) 0.1 を 5 こ，0.01 を 1 こ，0.001 を 9 こあわせた数

(2) 1 を 7 こ，0.001 を 5 こ，0.0001 を 2 こあわせた数

(3) 0.1 を 12 こ，0.001 を 78 こあわせた数

(4) 1 を 5 こ，0.01 を 35 こあわせた数

2 次の□にあてはまる数を書きなさい。〈5点×2・(1)は完答〉

(1) 3.456 は，① □ を 3 こと，② □ を 4 こと，③ □ を 5 こと，④ □ を 6 こあわせた数です。

(2) 7.49 は 0.01 を □ こ集めた数です。

3 次の計算をしなさい。〈2点×6〉

(1) 1.5 ＋ 0.4

(2) 2.73 ＋ 4.15

(3) 0.06 ＋ 0.72

(4) 4.6 － 0.3

(5) 3.78 － 0.45

(6) 0.26 － 0.04

4 次の量を（　　　）の中の単位を使って表しなさい。〈2点×6〉

(1) 7kg362g （kg）　　　(2) 5km78m （km）　　　(3) 378dL （L）

(4) 3.56kg （g）　　　(5) 4.02km （m）　　　(6) 34.05m （cm）

5 次の数を，左から小さい順にならべなさい。〈5点×2〉

(1) 6.59　6.05　6.589　6.57　6.95

(2) 0.306　0　3.6　0.36　0.036

6 ねこの体重は2.58kgで，りすの体重は158gです。どちらが何kg重いですか。
〈10点〉

（式）

7 大きなペットボトルに1.75L，小さなペットボトルに480mLの水が入っています。小さなペットボトルから大きなペットボトルに水をうつすと，大きなペットボトルに入っている水は2Lになりました。小さなペットボトルには何mLの水が残っていますか。〈10点〉

（式）

8 はるかさんの家から公園，駅の順に通って，学校まで行く道のりは2400mです。また，家から公園までは1.26km，駅から学校までは640mです。公園から駅までは何kmですか。〈16点〉

（式）

★★ 上級レベル　　⏱30分　　／100　　答え14ページ

1 次の計算をしなさい。〈2点×6〉

(1) 2.64 + 7.27　　　　(2) 6.78 + 1.25　　　　(3) 3.18 + 1.82

(4) 6.42 − 3.18　　　　(5) 5.29 − 2.75　　　　(6) 8 − 3.48

2 次の□にあてはまる数を答えなさい。〈4点×3・(3)は完答〉

(1) 9.453 は 0.001 を ☐ こ集めた数です。

(2) 0.001 を 100 倍した数は ☐ です。

(3) 73.28 = 10 × ①☐ + 1 × ②☐ + 0.1 × ③☐ + 0.01 × ④☐

3 次の量を,（　　）の中の単位を使って表しなさい。〈3点×3〉

(1) 0.6dL（mL）　　　(2) 0.06km（cm）　　　(3) 0.52m²（cm²）

4 次の計算をしなさい。〈2点×5〉

(1) 3.497 + 6.168　　　(2) 5.742 − 4.147　　　(3) 1.654 − 1.234

(4) 7.07 + 0.707 + 0.0707　　　(5) 10.7 − 2.95 + 3.55

5 次の□にあてはまる数を答えなさい。〈3点×4〉

(1) 0.027km ＋ 724 m ＝ [　　　] km　(2) 4.31 m － 398cm ＝ [　　　] m

(3) 519 g ＋ 2.96kg ＝ [　　　] kg　(4) 45.08dL － 3.7L ＝ [　　　] mL

6 [0], [1], [3], [5], [7], [.]のカードが1まいずつ全部で6まいあります。これらから4まい取り出して，この4まいのカードを左から横1列にならべてできる数について次の問いに答えなさい。ただし，[.]は小数点を表します。

〈7点×3 ・(1)(2)は完答〉

(1) いちばん小さい数と2番目に小さい数を答えなさい。

いちばん
小さい数　[　　　]　　2番目に
小さい数　[　　　]

(2) いちばん大きい数と2番目に大きい数を答えなさい。

いちばん
大きい数　[　　　]　　2番目に
大きい数　[　　　]

(3) 50にいちばん近い数を答えなさい。

[　　　]

7 1を7でわると0.14285714285714… となり「142857」という6この数字がくり返しならびます。次の問いに答えなさい。〈8点×3〉

(1) 小数第五十位の数を答えなさい。

[　　　]

(2) 小数第一位から小数第五十位までの数をすべてたすといくつになりますか。

[　　　]

(3) 小数第五十位までに1は何回あらわれますか。

[　　　]

★★★ 最高レベル　　　　　　　　　　　　🕐 40分　　　　　／100　　答え 15ページ

1　次の計算をしなさい。〈5点×4〉

(1)　2 + 3.5 − 1.73　〈岡山中学校〉

(2)　4.37 + 3.72 + 2.33 + 6.28

(3)　7.8 − 0.517 − 2.134 + 3.52

(4)　26.34 + 0.58 − 0.92 + 5.26 + 28.73

2　次の□にあてはまる数を答えなさい。〈5点×3〉

(1)　8.3 + □ = 5 + 6.7

(2)　8.32 + 1.5 = 11 − □

(3)　□ − 6.63 = 12.67 − 7

3 次の問いに答えなさい。〈10点×2〉

(1) ある計算の答えは小数第一位までの数になりました。あやまって小数点をうちわすれたため，正しい答えとの差が 788.4 になりました。正しい答えはいくつですか。

（解答欄）

(2) 計算をして解答用紙に答えを記入するとき，小数点を書きわすれてしまったので，正しい答えとの差が 121.77 となりました。正しい答えはいくつですか。

（解答欄）

4 ある小数から，その小数の小数点を左に 1 けたずらしてできる小数をひくと，39.69 になります。もとの小数を答えなさい。〈15点〉

（解答欄）

5 ある小数の小数点を右に 2 けたうつしてから，小数第二位を四捨五入すると 23.5 となります。また，もとの小数の小数点を右に 4 けたうつした数を 9 でわると，商は整数となり，あまりはありません。ある小数を答えなさい。〈10点〉

（解答欄）

6 1 を 13 でわると 0.076923076923076692… となります。次の問いに答えなさい。〈10点×2〉

(1) 小数第一位から小数第五十位までの数をすべてたすといくつになりますか。

（解答欄）

(2) 2 を 13 でわったときにできる小数の，小数第五十位の数はいくつですか。

（解答欄）

学習日　　月　　日

5　小数のかけ算・わり算

ねらい 小数のかけ算・わり算について理解を深め，かけ算・わり算ができるようになる。

★ **標準レベル**　　　🕐 **25**分　　／100　答え **16**ページ

1 次の計算をしなさい。〈2点×9〉

(1) 0.8 × 3

(2) 5.3 × 8

(3) 40.3 × 4

(4) 3.175 × 5

(5) 1.7 × 17

(6) 93.4 × 40

(7) 45.6 × 15

(8) 0.25 × 32

(9) 0.064 × 75

2 次の計算をしなさい。〈2点×9〉

(1) 9.1 ÷ 7

(2) 7.5 ÷ 5

(3) 8.73 ÷ 3

(4) 58.1 ÷ 7

(5) 31.2 ÷ 3

(6) 75.15 ÷ 5

(7) 64.6 ÷ 38

(8) 21.5 ÷ 43

(9) 93.99 ÷ 39

3 5円玉1まいの重さは3.75gです。5円玉14まい分の重さは何gですか。

〈7点〉

(式)

4 78本で46.8gのくぎがあります。くぎ1本の重さは何gですか。〈7点〉

(式)

5 3.7 × 2.3 について，次の□にあてはまる数を答えなさい。〈10点・完答〉

37 は 3.7 の ①□ 倍で，23 は 2.3 の ②□ 倍なので，37 × 23 の積は，

3.7 × 2.3 の積の ③□ 倍です。

37 × 23 = 851 なので，3.7 × 2.3 の積は 851 の ④□ 分の ⑤□ 倍です。

よって，3.7 × 2.3 = ⑥□ となります。

6 次の計算をしなさい。〈2点×6〉

(1) 2.2 × 3.3　　　　(2) 1.19 × 2.9　　　　(3) 24.2 × 5.7

(4) 6.53 × 7.5　　　　(5) 0.27 × 2.4　　　　(6) 4.75 × 6.8

7 4.2 ÷ 3.5 について，次の□にあてはまる数を答えなさい。〈10点・完答〉

A ÷ B の商と（A × ■）÷（B × ■）の商は等しいので，

(4.2 × ①□) ÷ (3.5 × ②□) = 42 ÷ 35 となります。

よって，4.2 ÷ 3.5 = ③□ となります。

8 次の計算をしなさい。〈2点×5〉

(1) 7.8 ÷ 5.2　　　　(2) 8.45 ÷ 6.5　　　　(3) 7 ÷ 2.8

(4) 4.05 ÷ 7.5　　　　(5) 2.68 ÷ 0.4

9 6.8m の重さが 5.1kg である鉄のぼうがあります。この鉄のぼう 10.2m の重さは何 kg ですか。〈8点〉

（式）

★★　上級レベル　　　　⏱ 30分　　／100　　答え **16**ページ

1　次の計算をしなさい。〈5点×5〉

(1) 0.74 × 25

(2) 5.375 × 374

(3) 9.35 × 0.6

(4) 2.25 × 3.84

(5) 0.12 × 0.25

2　次の計算をしなさい。商は四捨五入して，小数第一位までのがい数で求めなさい。〈5点×4〉

(1) 5.6 ÷ 3.1

(2) 9.2 ÷ 7.2

(3) 9.9 ÷ 2.4

(4) 1.4 ÷ 8.5

3　次の商を小数第一位まで求めて，あまりも答えなさい。〈5点×4〉

(1) 9.5 ÷ 0.7

(2) 7.4 ÷ 1.8

(3) 8.29 ÷ 1.4

(4) 1.53 ÷ 0.35

4 次の□にあてはまる数を答えなさい。〈5点×4〉

(1) □ × 4.5 = 3.6

(2) 3.4 × □ = 8.16

(3) 8.4 ÷ □ = 3.5

(4) □ ÷ 4.5 = 1.6

5 容器いっぱいにジュースが入った水とうがあります。ジュースをもともと入っていた量の 0.3 倍の 0.45L 飲みました。もともと入っていたジュースは何L ですか。〈5点〉

（式）

6 池の周りに 1 周 4.2km の歩道があります。Aさんが 10 分間で 0.8km 進む速さで 1 周したときにかかる時間は何分ですか。〈5点〉

（式）

7 A地点からB地点までの間には 1.2km の道があります。この道ぞいに 2.4m の間かくで木を植えるとA地点の前からB地点の前までちょうど植えることができました。このとき，木を何本植えたか答えなさい。〈5点〉

（式）

1　次の計算をしなさい。〈5点×5〉

(1) $3.5 \times 9.4 - 8.37 \div 2.7$

(2) $10.2 - 4.2 \div (14 - 8) \times 5$　〈2023　岡山中学校〉

(3) $2.4 \times 10 \div (3.2 - 1.7)$

(4) $(55 \times 1.24 - 1.925 \times 12) \times 5 - 65.3 \times 3$

(5) $(20.22 + 2.22) \div 1.02 - (1.6 \times 1.25 - 0.22)$　〈栄東中学校〉

2　次の□にあてはまる数を答えなさい。〈5点×5〉

(1) $19.9 - 1.4 \times (2.7 + \boxed{}) = 10.8$

(2) $\{2.5 + \boxed{} \times (1.95 - 0.6)\} \times 0.25 = 4$

(3) $4.2 \times (0.625 + \boxed{} \div 8) = 6.3$

(4) $2.34 \div \boxed{} = 0.56$ あまり 0.0272　〈成城学園中学校〉

(5) $\{2.8 \div (3.2 - \boxed{}) \times 1.2 - 3.6\} \div 0.1 = 48$

3 ある整数を 8 でわったときの商の小数第一位を四捨五入したところ，6 になりました。ある整数として考えられるもののうち，最も小さい整数は何ですか。〈10点〉

4 次の計算の答えを，（　　）の中のがい数で答えなさい。〈5点×2〉

(1) 0.7428 × 0.543 （上から 2 けた）

(2) 0.538 ÷ 23.1 （上から 1 けた）

5 ある池のまわりに 120 本の木を植えるつもりでしたが，間の長さを予定より 0.8 m 長くしたので 20 本あまりました。最初に植えようとしたときの間の長さは何mか答えなさい。〈10点〉

（式）

6 4 年生 120 人のうち，全体の人数の 0.75 倍の児童がバスで通学し，バス通学以外の 0.8 倍の人が自転車で通学し，残りの児童は徒歩で通学しています。徒歩で通学しているのは何人か答えなさい。〈10点〉

（式）

7 ある小数 A は小数第一位までの数で，1 より大きく 10 より小さいです。また，A × A の十の位の数と A の一の位の数が同じで，A × A の小数第二位の数と A の小数第一位の数も同じになります。A をすべてもとめなさい。〈10点〉

復習テスト②

⏱ 30分　／100　答え 18ページ

1 次の計算をしなさい。〈5点×2〉

(1) 5.42 + 3.75 − 2.32 + 1.15

(2) 4.32 ÷ 0.16 × 0.8

2 次の□にあてはまる数を答えなさい。〈5点×2〉

(1) □ × 4.5 = 35.1

(2) 726g + □kg = 3.1kg

3 周りの長さが 4.2m で，横の長さがたての長さよりも 0.4m 長い長方形の紙があります。この紙のたての長さは何 m ですか。〈10点〉

（式）

4 こうたくんはひもを切り分けようとしています。もとのロープの 0.4 倍を切り分けると切り分けたロープの長さは 1.6m でした。もとのロープの長さは何 m ですか。〈15点〉

（式）

5 A，B，Cの3この容器があり，あわせて5Lの水が入ります。Aに入っている水はBに入っている水より0.8L多く，Cに入っている水はBに入っている水より1.2L少ないそうです。Bの容器に入っている水は何Lですか。〈15点〉

（式）

6 家から公園の前を通って学校に行きます。家から公園までは3分間で0.24km進む速さで20分かかりました。公園の前で時計をみると学校におくれそうだと思ったので5分間で1.5km進む速さで走って学校まで行きました。次の問いに答えなさい。〈10点×2〉

(1) 家から公園までの道のりは何kmですか。

（式）

(2) 公園から学校までの道のりは0.9kmです。家を出発してから学校に到着するまで全部で何分かかりましたか。

（式）

7 347÷1111を小数で表すと0.3123312331 2…となり，同じ数字の列がくり返されます。次の問いに答えなさい。〈10点×2〉

(1) 小数第一位から小数第二十二位までの数をすべてたすといくつになりますか。

(2) 31こ目の3が出るのは小数第何位ですか。

6 分数，分数のたし算・ひき算①

学習日　　月　　日

ねらい 分数の意味や表し方およびたし算・ひき算について理解を深め，たし算・ひき算ができるようになる。

★ **標準レベル** ⏱ 20分 　　　／100 答え 19ページ

1 次の数はいくつですか。(1)(2)は仮分数で，(3)(4)は帯分数で答えなさい。

〈4点×4〉

(1) $\frac{1}{2}$ を5こ集めた数 　　(2) $\frac{1}{7}$ を15こ集めた数

(3) 2と$\frac{7}{8}$をあわせた数 　　(4) 9と$\frac{3}{5}$をあわせた数

2 次の仮分数を帯分数か整数になおしなさい。〈4点×2〉

(1) $\frac{26}{5}$ 　　　　　　(2) $\frac{44}{11}$

3 次の帯分数を仮分数になおしなさい。〈4点×2〉

(1) $2\frac{3}{4}$ 　　　　　　(2) $11\frac{1}{9}$

4 次の分数を大きい順にならべなさい。〈4点×2〉

(1) $\left(\frac{1}{5}, \frac{1}{7}, \frac{1}{3}\right)$ 　　(2) $\left(\frac{13}{8}, 1\frac{11}{8}, 1\frac{7}{8}\right)$

5 次の計算をしなさい。〈3点×6〉

(1) $\dfrac{3}{5} + \dfrac{1}{5}$
(2) $\dfrac{5}{9} + \dfrac{2}{9}$
(3) $\dfrac{3}{11} + \dfrac{9}{11}$

(4) $2\dfrac{1}{5} + 3\dfrac{3}{5}$
(5) $4\dfrac{5}{7} + 3\dfrac{3}{7}$
(6) $3\dfrac{2}{9} + \dfrac{7}{9}$

6 次の計算をしなさい。〈3点×6〉

(1) $\dfrac{5}{7} - \dfrac{2}{7}$
(2) $\dfrac{8}{9} - \dfrac{7}{9}$
(3) $\dfrac{11}{8} - \dfrac{3}{8}$

(4) $3\dfrac{2}{3} - 1\dfrac{1}{3}$
(5) $3\dfrac{1}{7} - \dfrac{3}{7}$
(6) $4\dfrac{1}{2} - 2\dfrac{1}{2}$

7 次の分数を小数で表しなさい。〈3点×4〉

(1) $\dfrac{3}{5}$
(2) $\dfrac{1}{4}$

(3) $\dfrac{5}{8}$
(4) $\dfrac{1}{16}$

8 次の小数を分数で表しなさい。〈3点×4〉

(1) 0.9
(2) 0.21

(3) 0.73
(4) 0.07

★★　上級レベル　　⏱30分　　／100　　答え19ページ

1 次の商を分数で表しなさい。〈4点×3〉

(1) 3 ÷ 5

(2) 3 ÷ 7

(3) 7 ÷ 9

2 小数は分数で表し，分数は小数または整数で表しなさい。〈4点×4〉

(1) 2.7

(2) 8.37

(3) $4\dfrac{3}{4}$

(4) $\dfrac{51}{17}$

3 次の数を小さい順にならべなさい。〈5点×2〉

(1) $\left(\dfrac{3}{4},\ 0.7,\ \dfrac{19}{25}\right)$

(2) $\left(2.6,\ 2\dfrac{15}{22},\ 2\dfrac{2}{3}\right)$

4 次の□にあてはまる数を答えなさい。〈4点×4〉

(1) $\dfrac{15}{17} + \square = \dfrac{29}{17}$

(2) $\square + 2\dfrac{5}{9} = 4\dfrac{1}{9}$

(3) $2\dfrac{4}{7} - \square = \dfrac{6}{7}$

(4) $\square - \dfrac{20}{11} = \dfrac{15}{11}$

5 次の計算をしなさい。〈4点×4〉

(1) $4\dfrac{3}{5} + 2\dfrac{2}{5} - \dfrac{1}{5}$

(2) $6\dfrac{7}{12} - \dfrac{11}{12} + 1\dfrac{5}{12}$

(3) $10\dfrac{3}{7} - 8 + \dfrac{3}{7}$

(4) $9\dfrac{3}{11} - \dfrac{19}{11} - 2\dfrac{1}{11}$

6 次の問いに答えなさい。〈5点×3〉

(1) 20人の$\dfrac{1}{4}$は何人か答えなさい。

(2) 家から学校までの道のりは400mです。図書館は家から学校まで行くときに$\dfrac{3}{8}$だけ進んだところにあります。家から図書館までの道のりは何mか答えなさい。

(3) あるクラスの人数は42人で，その$\dfrac{3}{7}$が男子です。女子は何人いるか答えなさい。

7 はるかさんは10mのひもを持っています。そのうち$3\dfrac{2}{5}$mをかいとくんにあげ，$1\dfrac{3}{5}$mをたかしくんにあげました。はるかさんのひもは何m残っていますか。

〈15点〉

（式）

★★★ 最高レベル　　⏱ 35分　　／100　　答え20ページ

1 次の計算をしなさい。〈5点×5〉

(1) $\dfrac{6}{5} + \dfrac{3}{5} - \dfrac{8}{5} + \dfrac{4}{5}$

(2) $2\dfrac{1}{9} - \dfrac{15}{9} + \dfrac{49}{9} + 3\dfrac{8}{9}$

(3) $4\dfrac{5}{8} - \left(1\dfrac{3}{8} + 1\dfrac{7}{8}\right)$

(4) $3\dfrac{2}{7} - \left(4\dfrac{2}{7} - 3\dfrac{5}{7}\right)$

(5) $3\dfrac{2}{13} - \dfrac{6}{13} - \left(2\dfrac{1}{13} - 1\dfrac{4}{13}\right)$

2 次の□にあてはまる分数を答えなさい。〈5点×6〉

(1) 15 分 = □時間

(2) 20 分 = □時間

(3) 1 分 = □時間

(4) 24 分 = □時間

(5) 35 分 = □時間

(6) 2 時間 45 分 = □時間

3 びんにジュースが9dL入っています。このジュースを大のコップに $2\frac{2}{9}$ dL, 小のコップに $1\frac{5}{9}$ dL入れました。そのあと残ったジュースを何dLかこぼしてしまい,びんの中には1dLしか残りませんでした。こぼしたジュースは何dLですか。〈15点〉

（式）

4 いつきさんは,月曜日から金曜日の平日に $1\frac{2}{5}$ 時間ずつ勉強します。土曜日は平日より $\frac{3}{5}$ 時間多く勉強し,日曜日は土曜日より $2\frac{1}{5}$ 時間多く勉強します。〈10点×2〉

(1) いつきさんは土曜日と日曜日あわせて何時間勉強しますか。

(2) ゆうじさんの勉強時間は土曜日はいつきさんより $\frac{7}{12}$ 時間少ないですが,土曜日と日曜日の勉強時間をあわせると,いつきさんより1時間多く勉強しています。ゆうじさんの日曜日の勉強時間は何時間ですか。

5 1より大きく,3よりも小さい分数で分母が3である分数をすべてたすといくつになりますか。ただし,2はふくめません。〈10点〉

7　分数，分数のたし算・ひき算②

ねらい 分数の通分や約分を理解し，これを利用したたし算・ひき算ができるようになる。

★ 標準レベル　　　⏱20分　　　／100　　答え21ページ

1 次の①，②にあてはまる数を書きなさい。〈4点×4・完答〉

(1) $\dfrac{9}{①} = \dfrac{21}{28} = \dfrac{②}{52}$

①	②

(2) $\dfrac{①}{25} = \dfrac{36}{45} = \dfrac{52}{②}$

①	②

(3) $\dfrac{16}{①} = \dfrac{24}{27} = \dfrac{②}{36}$

①	②

(4) $\dfrac{①}{12} = \dfrac{12}{16} = \dfrac{15}{②}$

①	②

2 分数の分母の数を同じにすることを通分といいます。次の（　）の中の分数を通分しなさい。〈3点×3〉

(1) $\left(\dfrac{5}{7}, \dfrac{4}{5} \right)$

(2) $\left(\dfrac{5}{12}, \dfrac{5}{18} \right)$

(3) $\left(\dfrac{1}{3}, \dfrac{2}{5}, \dfrac{4}{15} \right)$

3 分母と分子を同じ数（公約数）でわって，分母の小さい分数にすることを，約分するといいます。ふつう，分数はできるだけ小さい数の分母で表します。次の分数を約分しなさい。〈3点×4〉

(1) $\dfrac{12}{16}$ 　　(2) $\dfrac{18}{45}$ 　　(3) $\dfrac{15}{45}$ 　　(4) $\dfrac{39}{91}$

4 $\dfrac{3}{4}, \dfrac{5}{8}, \dfrac{11}{12}$ を大きい順にならべなさい。〈5点〉

5 分母がちがう分数のたし算，ひき算は，分母を通分して，分子をたし算，ひき算すれば計算することができます。次の計算をしなさい。〈4点×6〉

(1) $\dfrac{1}{8} + \dfrac{2}{3}$

(2) $\dfrac{5}{6} + \dfrac{7}{12}$

(3) $\dfrac{3}{8} + \dfrac{4}{7}$

(4) $1\dfrac{1}{4} + 3\dfrac{1}{2}$

(5) $2\dfrac{4}{15} + 4\dfrac{7}{10}$

(6) $1\dfrac{9}{14} + 4\dfrac{5}{6}$

6 次の計算をしなさい。〈4点×6〉

(1) $\dfrac{13}{15} - \dfrac{3}{5}$

(2) $\dfrac{5}{6} - \dfrac{3}{10}$

(3) $\dfrac{9}{10} - \dfrac{7}{16}$

(4) $2\dfrac{8}{9} - \dfrac{2}{3}$

(5) $5\dfrac{3}{14} - 3\dfrac{8}{21}$

(6) $3\dfrac{5}{14} - 1\dfrac{9}{10}$

7 こうたさんは毎朝ジョギングをしています。昨日は$\dfrac{3}{4}$km，今日は$1\dfrac{1}{3}$km走りました。次の問いに答えなさい。〈5点×2〉

(1) こうたさんは昨日と今日の2日間で何km走りましたか。

（式）

(2) 昨日と今日とではどちらが何km多く走りましたか。

（式）

1 次の計算をしなさい。〈5点×5〉

(1) $\dfrac{1}{3} + \dfrac{5}{7} + \dfrac{3}{5}$

(2) $\dfrac{4}{9} + \dfrac{5}{6} - \dfrac{7}{18}$

(3) $\dfrac{14}{15} - \dfrac{3}{10} + \dfrac{5}{9}$

(4) $2\dfrac{9}{10} + 1\dfrac{4}{15} + 3\dfrac{11}{12}$

(5) $3\dfrac{7}{10} - 1\dfrac{5}{14} - 1\dfrac{2}{21}$

2 分母が 18 で，1 より小さい分数について，次の問いに答えなさい。〈5点×3〉

(1) 約分したときに分母が 3 になる分数を全部書きなさい。

(2) 約分したときに分子が 1 になる分数を，$\dfrac{1}{18}$ をのぞいて全部書きなさい。

(3) これ以上約分できない分数は何こありますか。

3 １より小さい３つの分数Ａ，Ｂ，Ｃがあります。ＡとＢを最も小さい数で通分すると分母は 21 になり，ＢとＣを最も小さい数で通分すると分母は 35 になります。Ｂの分母を答えなさい。〈10点〉

4 次の問いに答えなさい。〈10点×2〉

(1) $\dfrac{20}{27}$ の分母からある数をひいて約分すると，$\dfrac{5}{6}$ になりました。ひいた数を求めなさい。

(2) $\dfrac{33}{16}$ の分母にある数をたして約分すると，$\dfrac{3}{4}$ になりました。たした数を求めなさい。

5 $\dfrac{2}{3}$，$\dfrac{20}{31}$，0.66，$\dfrac{3}{5}$，0.67 の中で，いちばん小さい数といちばん大きい数の差はいくつですか。〈10点〉

6 分母と分子の差が 72 で，約分すると $\dfrac{5}{13}$ になる分数を答えなさい。〈10点〉

7 $\dfrac{7}{13}$ よりも大きく，$\dfrac{6}{11}$ よりも小さい，分子が 84 の分数を答えなさい。〈10点〉

★★★ 最高レベル　　　⏱ 40分　　　／100　　答え22ページ

1 次の計算をしなさい。〈5点×5〉

(1) $2\dfrac{1}{8} - 1\dfrac{2}{3} + \dfrac{5}{12}$

(2) $\dfrac{3}{4} + 2\dfrac{5}{8} + \dfrac{1}{2} - 3\dfrac{3}{4}$

(3) $11\dfrac{5}{12} - 3\dfrac{1}{6} + 18\dfrac{3}{8} - 15\dfrac{7}{24}$

(4) $\dfrac{1}{16} + \dfrac{1}{64} + \dfrac{1}{512}$

(5) $1\dfrac{5}{6} - \dfrac{1}{15} + 2\dfrac{7}{8} + \dfrac{7}{12} - 3\dfrac{1}{10} + 5\dfrac{9}{16} - 2\dfrac{17}{24}$

2 次の問いに答えなさい。〈5点×3〉

(1) $\dfrac{1}{3}$ より大きく $\dfrac{3}{4}$ より小さい分数のうち，分母が12でこれ以上約分できない分数は何こありますか。

(2) $\dfrac{1}{6}$ より大きく $\dfrac{2}{5}$ より小さい分数で，分母が7であるものを答えなさい。

(3) $\dfrac{1}{3}$ より大きく $\dfrac{3}{8}$ より小さい分数のうち，分子が9である分数を全部答えなさい。

3 次のように，ある規則<ruby>規則<rt>きそく</rt></ruby>にしたがって，左から<ruby>順番<rt>じゅんばん</rt></ruby>に分数がならんでいます。

$$\frac{1}{2}, \frac{1}{3}, \frac{2}{3}, \frac{1}{4}, \frac{2}{4}, \frac{3}{4}, \frac{1}{5}, \frac{2}{5}, \frac{3}{5}, \frac{4}{5}, \frac{1}{6}, \frac{2}{6}, \cdots\cdots$$

このとき，次の問いに答えなさい。〈日本大学豊山中学校〉〈10点×3〉

(1) 1番目から15番目までの分数で，<ruby>約分<rt>やくぶん</rt></ruby>できるものは何こありますか。

(2) 1番目から15番目までのすべての分数の和を<ruby>求<rt>もと</rt></ruby>めなさい。

(3) 1番目から<ruby>順番<rt>じゅんばん</rt></ruby>に分数を<ruby>加<rt>くわ</rt></ruby>えていったとき，和がはじめて20以上になるのは，何番目までの分数を加えたときですか。

4 1から9までのすべての数字を1回ずつ使って式を作ります。〈15点×2〉

(1) 次の式の□に<ruby>残<rt>のこ</rt></ruby>りの数字を入れて式を<ruby>完成<rt>かんせい</rt></ruby>させなさい。

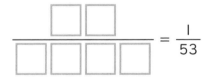

(2) 次の計算した答えが100になるように□に数字を入れなさい。

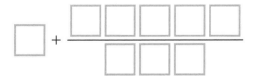

8 分数のかけ算・わり算

ねらい 分数のかけ算・わり算について理解を深め，かけ算・わり算ができるようになる。

★ **標準レベル** ⏱ **20**分 ／100 答え **23**ページ

1 $\dfrac{4}{5} \times 2$ について考えます。次の□にあてはまる数を書きなさい。〈10点・完答〉

$\dfrac{4}{5}$ は $\dfrac{1}{5}$ が ① 　つ分なので，$\dfrac{1}{5} \times$ ② 　となります。$\dfrac{1}{5} \times$ ③ 　$\times 2 = \dfrac{1}{5} \times$ ④

$\dfrac{1}{5}$ が ⑤ 　つで $\dfrac{8}{5}$ となります。よって，$\dfrac{4}{5} \times 2 = \dfrac{4 \times 2}{5} = \dfrac{8}{5}$ と求めることができ

ます。

2 次の計算をしなさい。〈3点×8〉

(1) $\dfrac{3}{8} \times 5$

(2) $7 \times \dfrac{5}{6}$

(3) $\dfrac{13}{29} \times 2$

(4) $\dfrac{7}{30} \times 17$

(5) $2\dfrac{1}{4} \times 9$

(6) $5 \times 3\dfrac{1}{6}$

(7) $4\dfrac{5}{8} \times 9$

(8) $27 \times 2\dfrac{1}{2}$

3 はるかさんのクラスの人数は 36 人です。クラスの人数の $\dfrac{5}{6}$ が算数が好きです。算数が好きな人数は何人ですか。〈10点〉

（式）

4 $\frac{3}{4} \div 4$ について考えます。次の□にあてはまる数を書きなさい。〈10点・完答〉

$\frac{3}{4}$ は $\frac{1}{4}$ が ① つ分です。$\frac{1}{4}$ を 4 等分すると $\frac{1}{4 \times 4} = \frac{1}{②}$ となり，それが

③ つ分なので，④ となります。よって，$\frac{3}{4} \div 4 = \frac{3}{4 \times 4} = ⑤$ と求めるこ

とができます。このことから，わる数4を分母にかければ計算できることになります。

5 次の計算をしなさい。〈3点×6〉

(1) $\frac{4}{7} \div 3$ 　　　　　(2) $\frac{5}{13} \div 5$ 　　　　　(3) $\frac{5}{12} \div 12$

(4) $\frac{5}{8} \div 5$ 　　　　　(5) $\frac{7}{12} \div 14$ 　　　　　(6) $3\frac{5}{6} \div 6$

6 $\frac{1}{4} \times \frac{1}{5}$ について考えます。次の□にあてはまる数を書きなさい。〈9点〉

$\frac{1}{5} \times 5 \div 5 = \frac{1}{5}$ なので，$\frac{1}{4} \times \frac{1}{5} \times 5 \div 5 = \frac{1}{4} \times 1 \div 5 = \frac{1}{4} \div 5 = \frac{1}{\square}$ と

なります。このことから，分母どうしをかければよいことがわかります。

7 次の計算をしなさい。〈3点×3〉

(1) $\frac{1}{5} \times \frac{1}{7}$ 　　　　　(2) $\frac{1}{5} \times \frac{1}{10}$ 　　　　　(3) $\frac{1}{2} \times \frac{1}{3} \times \frac{1}{5}$

8 $\frac{5}{6}$ m のひもを同じ長さずつ3人で分けました。1人あたりのひもの長さを答えなさい。〈10点〉

★★　**上級**レベル　　　　🕐**30**分　　　　／100　　答え**23**ページ

1 次の□にあてはまる数を入れて，計算を完成させなさい。〈5点×4・完答〉

(1) $\dfrac{1}{5} \times \dfrac{2}{3} = \dfrac{\boxed{①} \times \boxed{②}}{5 \times 3} = \dfrac{\boxed{③}}{15}$

(2) $\dfrac{3}{4} \div \dfrac{5}{7} = \dfrac{\boxed{①}}{4} \times \dfrac{\boxed{②}}{5} = \dfrac{\boxed{③} \times \boxed{④}}{4 \times 5} = \dfrac{\boxed{⑤}}{20}$

(3) $6\dfrac{1}{4} \times 4\dfrac{2}{5} = \dfrac{\boxed{①}}{4} \times \dfrac{\boxed{②}}{5} = \dfrac{\boxed{③} \times \boxed{④}}{4 \times 5} = \dfrac{\boxed{⑤}}{20} = \dfrac{\boxed{⑥}}{2}$

(4) $1\dfrac{3}{4} \div 2\dfrac{1}{10} = \dfrac{\boxed{①}}{4} \div \dfrac{\boxed{②}}{10} = \dfrac{\boxed{③}}{4} \times \dfrac{10}{\boxed{④}} = \dfrac{\boxed{⑤} \times 10}{4 \times \boxed{⑥}} = \dfrac{\boxed{⑦}}{6}$

↑
約分した答えを
書きなさい。

2 次の計算をしなさい。〈5点×6〉

(1) $\dfrac{7}{8} \times \dfrac{5}{9}$ 　　　(2) $\dfrac{9}{25} \times \dfrac{5}{15}$ 　　　(3) $\dfrac{1}{4} \times \dfrac{2}{3} \times \dfrac{6}{11}$

(4) $2\dfrac{3}{4} \times \dfrac{2}{3}$ 　　　(5) $3\dfrac{4}{5} \times 1\dfrac{1}{9}$ 　　　(6) $4\dfrac{1}{5} \times 3\dfrac{1}{14} \times 2\dfrac{2}{9}$

3 次の計算をしなさい。〈5点×6〉

(1) $\dfrac{4}{7} \div \dfrac{3}{5}$

(2) $\dfrac{5}{18} \div \dfrac{9}{25}$

(3) $\dfrac{1}{6} \div \dfrac{5}{9} \div \dfrac{7}{15}$

(4) $3\dfrac{1}{5} \div \dfrac{4}{5}$

(5) $7\dfrac{1}{8} \div 3\dfrac{1}{6}$

(6) $3\dfrac{2}{21} \div 2\dfrac{4}{5} \div 3\dfrac{4}{7}$

4 ある数に $\dfrac{4}{9}$ をかけるところを，まちがえて $\dfrac{4}{9}$ でわったため，答えが $1\dfrac{7}{8}$ になりました。〈5点×2〉

(1) ある数を答えなさい。

(2) 正しく計算したときの答えを答えなさい。

5 2つの分数A，Bがあり，A $= 1\dfrac{3}{5}$，B $= 1\dfrac{5}{7}$ です。〈5点×2〉

(1) AとBのどちらにかけても，その積が整数となるような最小の分数を答えなさい。

(2) AとBのどちらでわっても，その商が0以外の整数となるような最小の整数を答えなさい。

★★★ 最高レベル　　⏱ 40分　　／100　　答え 24 ページ

1 次の計算をしなさい。(7)は，□に入る数を答えなさい。〈5点×8〉

(1) $\left(\dfrac{1}{3} - \dfrac{1}{5} \right) \div 4\dfrac{2}{3} \times 3\dfrac{1}{2} + \dfrac{1}{5}$ 〈公文国際学園中等部〉

(2) $\left(\dfrac{3}{5} - \dfrac{1}{8} \right) \div 2\dfrac{3}{8} + \left(1\dfrac{3}{4} - \dfrac{7}{6} \right) \times 2\dfrac{4}{7}$ 〈國學院大學久我山中学校〉

(3) $\dfrac{1}{12} - \dfrac{2}{7} \div \left\{ \dfrac{1}{3} \div 1\dfrac{2}{3} \div \left(\dfrac{1}{4} - \dfrac{1}{5} \right) \right\}$ 〈渋谷教育学園渋谷中学校〉

(4) $6\dfrac{1}{3} \div 4 \div \left\{ 4\dfrac{1}{2} - \left(\dfrac{5}{8} + \dfrac{1}{5} \right) \right\} \times 2\dfrac{7}{19}$ 〈明治大学付属中野八王子中学校〉

(5) $\left(3\dfrac{1}{8} - 2\dfrac{5}{6} \right) \div \dfrac{7}{12} \times 2\dfrac{2}{5}$ 〈麗澤中学校〉

(6) $4\dfrac{7}{8} - 3\dfrac{1}{4} \div 2\dfrac{3}{5} + 2\dfrac{1}{10} \times 3\dfrac{4}{7} - 5\dfrac{3}{4}$ 〈学習院中等科〉

(7) $\dfrac{2}{3} \div \left\{ \left(\dfrac{3}{4} - \boxed{} \right) \times \dfrac{6}{7} + \dfrac{1}{2} \right\} = \dfrac{7}{6}$ 〈青山学院中等部〉

(8) $\left\{ \dfrac{1}{2} \times \left(\dfrac{3}{4} + \dfrac{5}{6} \right) \right\} \div \dfrac{7}{8} - \dfrac{9}{10}$ 〈帝京大学中学校〉

2 しょうさんの学校の人数の $\frac{1}{4}$ の人たちが学校を休みました。休んだ人のうち $\frac{3}{5}$ は頭がいたいという理由で休み，残りの 32 人はおなかがいたいという理由で休みました。しょうさんの学校の人数を答えなさい。〈12 点〉

3 ゆずさんはみなみさんよりも 18cm 身長が高く，2 人でプールの中に立ったところ，ゆずさんは身長の $\frac{1}{3}$，みなみさんは身長の $\frac{1}{4}$ が水面より上に出ていました。このプールの深さを答えなさい。〈12 点〉

4 あるくじびきで，全体の $\frac{1}{5}$ より 6 本多い当たりくじを用意し，全体の $\frac{1}{2}$ より 30 本多いはずれくじを用意しました。くじは全部で何本か答えなさい。〈12 点〉

5 $8\frac{5}{8}$ をかけても，$20\frac{1}{2}$ でわっても整数になる 3 けたの整数の中で最も大きい数を答えなさい。〈12 点〉

6 1 から 10 までの 10 この整数を 1 つずつ下の式の□に入れて，分数のかけ算の式をつくります。計算結果が最も小さい整数となるときの計算結果を答えなさい。〈12 点〉

$$\frac{\Box}{\Box} \times \frac{\Box}{\Box} \times \frac{\Box}{\Box} \times \frac{\Box}{\Box} \times \frac{\Box}{\Box}$$

学習日　　月　　日

9　計算の工夫

ねらい　計算の順序に関わるきまりについて理解し，その性質を用いて計算を工夫することができるようになる。

★　標準レベル　　20分　　／100　　答え 25 ページ

1 85 ＋ 23 ＋ 77 は計算のきまりを使うと 85 ＋（23 ＋ 77）＝ 85 ＋ 100 ＝ 185 と工夫(くふう)して計算ができます。次の式を工夫して計算しなさい。〈3点×7〉

(1) 57 ＋ 38 ＋ 12

(2) 314 ＋ 68 − 54

(3) 236 ＋ 578 ＋ 764 ＋ 422

(4) 2976 ＋ 584 ＋ 7024

(5) 19 ＋ 54 ＋ 72 ＋ 63 ＋ 81 ＋ 37 ＋ 46 ＋ 28

(6) 98 − 67 ＋ 62 ＋ 87 − 78 − 52

(7) 2 × 5 ＋ 3 × 3 ＋ 2 × 2 × 2 ＋ 7 ＋ 2 × 3 ＋ 5 ＋ 2 × 2 ＋ 3 ＋ 2 ＋ 1

2 7 × 25 × 4 は計算のきまりを使うと 7 ×（25 × 4）＝ 7 × 100 ＝ 700 と工夫して計算ができます。次の式を工夫して計算しなさい。〈3点×4〉

(1) 2 × 36 × 5

(2) 25 × 57 × 4

(3) 125 × 237 × 8

(4) 25 × 25 × 25 × 8 × 8

3 7 × 4 ＋ 7 × 6 は計算のきまりを使うと 7 ×（4 ＋ 6）＝ 7 × 10 ＝ 70 と工夫して計算ができます。次の式を工夫して計算しなさい。〈4点×7〉

(1) 8 × 30 ＋ 8 × 70

(2) 37 × 7 ＋ 7 × 63

(3) 4 × 45 － 4 × 15

(4) 17 × 123 － 17 × 23

(5) 67 × 45 ＋ 67 × 55

(6) 93 × 67 － 17 × 93

(7) 2 × 5 × 27 ＋ 3 × 7 × 27 － 2 × 3 × 27

4 99 × 15 は計算のきまりを使うと（100 － 1）× 15 ＝ 15 × 100 － 15 ＝ 1485 と工夫して計算ができます。次の式を工夫して計算しなさい。〈4点×6〉

(1) 99 × 223

(2) 101 × 21

(3) 999 × 83

(4) 102 × 45

(5) 97 × 7

(6) 47 × 101 ＋ 27 × 99

5 次の計算をしなさい。〈5点×3〉

(1) 25 × 12 × 17

(2) 125 × 16 × 23

(3) 12 × 37 × 25

★★　**上級**レベル　　　🕐 30分　　　／100　　答え **25**ページ

1　次の計算をしなさい。〈5点×6〉

(1) $12 \times 45 \times \dfrac{1}{6}$

(2) $63 \times 17 + 37 \times 17$〈西武学園文理中学校〉

(3) $35 \times 67 + 65 \times 67$〈桐蔭学園中等教育学校〉

(4) $25 \times 125 + 25 \times 55 + 25 \times 120$〈城西川越中学校〉

(5) $62 \times 387 - 62 \times 299 - 62 \times 38$

(6) $2023 \times 74 + 2023 \times 38 - 2023 \times 12$

2　次の計算をしなさい。〈5点×4〉

(1) $12 \times 3.14 - 2 \times 3.14$〈桐蔭学園中等教育学校〉

(2) $2.65 \times 3.28 + 2.65 \times 2.72$〈自修館中等教育学校〉

(3) $(2 \times 3.35 - 1.5 \times 3.35) \div 0.67$

(4) $22 \times 2.2 - 23 \times 2.02 - 25 \times 2.02 + 26 \times 2.2$

3 次の計算をしなさい。〈5点×7〉

(1) $48 \times 47 + 23 \times 47 - 71 \times 37$

(2) $13 \times 17 + 39 \times 24 + 19 \times 13 - 13 \times 108$

(3) $6 \times 3.14 + 7 \times 6.28 - 8 \times 1.57$〈頴明館中学校〉

(4) $3.14 \times 71 - 1.57 \times 52 + 3.14 \times 55$

(5) $12.1 \times 30 + 1.21 \times 300 + 0.121 \times 3000$

(6) $13.5 \times 2 - 1.35 \times 5 + 0.135 \times 50$

(7) $6.78 \times 79 + 678 \times 0.57 - 860 \times 0.678$〈鎌倉学園中学校〉

4 次の計算をしなさい。〈5点×3〉

(1) $3 + 5 + 7 + 9 + 11 + 13 + 15 + 17 + 19 + 21$

(2) $19 + 20 + 21 + 22 + 23 + 24 + 25 + 26 + 27 + 28 + 29 + 30 + 31$

〈日本大学豊山中学校〉

(3) $2008 + 2009 + 2010 + 2011 + 2012 + 2013 + 2014 + 2015 + 2016 + 2017 + 2018 + 2019 + 2020$

〈お茶の水女子大学附属中学校〉

★★★ 最高レベル　　⏱ **40**分　　　／100　　答え **26**ページ

1　次の計算をしなさい。〈5点×11〉

(1) 9 + 99 + 999 + 9999 + 5 〈茗溪学園中学校〉

(2) 10 − 8.12 + 11 − 9.12 + 12 − 10.12 + 13 − 11.12 + 14 − 12.12

〈お茶の水女子大学附属中学校〉

(3) 30 × 20 + 30 × 19 − 30 × 18 − 30 × 17 + 30 × 15

(4) 11 × 11 + 22 × 22 + 33 × 33 + 44 × 44 − 55 × 55 〈栄東中学校〉

(5) 5 × 5 × 3.14 + 3 × 9.42 − 4 × 4 × 6.28

(6) (56 × 19 + 44 × 19) ÷ (2 × 19 + 4 × 38)

(7) 400 × 505 + 100 × 2020 − 200 × 1010

(8) 12.5 × 0.2 × 0.3 + 1.25 × 0.4 × 0.5 + 0.125 × 0.6 × 20

(9) 2021 × 2 − 202.1 × 5 + 20.21 × 17 − 2.021 × 670

(10) 1.2 × 0.75 + 2.4 × 0.25 + 12 × 0.125

(11) 632 × 0.2 + 6.32 × 4 − 12.64 × 2 〈横浜中学校〉

2 次の計算をしなさい。〈5点×2〉

(1) $4 + 7 + 10 + \cdots + 94 + 97 + 100$

(2) $(22 + 33 + 44 + 55 + 66) \div (4 + 6 + 8 + 10 + 12)$

3 次の□にあてはまる数を答えなさい。〈5点〉

$1 + 2 + 3 + 4 + 5 + \cdots + \boxed{} = 5050$

4 次の□にあてはまる数を答えなさい。〈5点〉

$\dfrac{1}{2 \times 3} = \dfrac{1}{2} - \dfrac{1}{3}$ と考えることができるので、

$\dfrac{1}{2 \times 3} + \dfrac{1}{3 \times 4} + \dfrac{1}{4 \times 5} + \dfrac{1}{5 \times 6} = \boxed{}$ となります。

5 $1 - \dfrac{1}{2} = \dfrac{1}{2},\ \dfrac{1}{2} - \dfrac{1}{3} = \dfrac{1}{6},\ \dfrac{1}{3} - \dfrac{1}{4} = \dfrac{1}{12}$ となります。次の計算をしなさい。〈巣鴨中学校〉〈10点〉

$\dfrac{1}{2} + \dfrac{1}{6} + \dfrac{1}{12} + \dfrac{1}{20} + \dfrac{1}{30} + \dfrac{1}{42} + \dfrac{1}{56} + \dfrac{1}{72}$

6 次の計算をしなさい。〈5点×3〉

(1) $\dfrac{1}{12} + \dfrac{1}{20} + \dfrac{1}{30} + \dfrac{1}{42} + \dfrac{1}{56} + \dfrac{1}{72}$

(2) $\dfrac{2}{1 \times 3} + \dfrac{2}{2 \times 4} + \dfrac{2}{3 \times 5} + \dfrac{2}{4 \times 6} + \dfrac{2}{5 \times 7} + \dfrac{2}{6 \times 8}$

(3) $\dfrac{2}{15} + \dfrac{2}{35} + \dfrac{2}{63} + \dfrac{2}{99} + \dfrac{2}{143}$ 〈慶應義塾普通部〉

復習テスト③

⏱ 30分　　／100　答え27ページ

1 次の計算をしなさい。〈5点×2〉

(1) $2\dfrac{1}{9} + 3\dfrac{1}{6} - 4\dfrac{1}{3}$

(2) $\dfrac{5}{27} \div \dfrac{7}{16} \times \dfrac{21}{10}$

2 次の分数は小数で表し，小数は分数で表しなさい。〈5点×2〉

(1) $5\dfrac{3}{8}$

(2) 4.68

3 次の計算をしなさい。〈5点×2〉

(1) $12.5 \div 0.9 + 25.3 \div 0.9$

(2) $1 + 3 + 5 + 7 + 9 + 11 + 13 + 15 + 17 + 19$

4 $\dfrac{3}{7} < \dfrac{15}{\square} < \dfrac{5}{9}$ の□にあてはまる整数をすべて答えなさい。ただし，$\dfrac{15}{\square}$ はそれ以上約分できない分数であるとします。〈10点〉

5 分母と分子の和が 48 で約分すると $\dfrac{3}{5}$ になる分数を答えなさい。〈10点〉

6 $\dfrac{1}{4}+\dfrac{1}{8}$, $\dfrac{1}{5}+\dfrac{1}{7}$, $\dfrac{1}{33}+\dfrac{1}{3}$, $\dfrac{1}{2}-\dfrac{1}{7}$ のうち，計算した答えが最も大きい数になるのはどれですか。そのときの答えを求めなさい。〈10点〉

7 0 より大きく 1 より小さい分数について，次の問いに答えなさい。〈10点×2〉

(1) 分母が 24 で，約分できない分数は何こありますか。

(2) (1)の分数をすべてたした数を求めなさい。

8 あるクラスの人数は 24 人です。〈10点×2〉

(1) このクラスの $\dfrac{3}{8}$ が男子です。女子は何人いますか。

（式）

(2) (1)で求めた女子の $\dfrac{2}{5}$ がめがねをかけています。めがねをかけている女子は何人いますか。

（式）

過去問題にチャレンジ①

⏱ **40分** ／**100** 答え **28**ページ

1 昭子さんと和子さん2人の会話文を読み，次の問いに答えなさい。

〈昭和女子大学附属中学校〉〈20点 × 3〉

昭子さん「今日の算数は倍数と約数の授業ね。」

和子さん「教科書を読んでみよう。」

昭子さん「『倍数』と『公倍数』という言葉が書いてあるわね。」

和子さん「『公倍数』の中には『最小公倍数』というものもあるのね。

　　　　けれども，ア『最大公倍数』はどこにも書いてないわね。」

昭子さん「なぜだろう。」

和子さん「次のページには『約数』と『公約数』という言葉が書いてあるわ。」

昭子さん「そうね。『公約数』の中には『最大公約数』というものがあるみたい。

　　　　でも，イ『最小公約数』はどこにも書いてないわね。」

(1) 下線部アについて，『最大公倍数』はなぜ教科書に書いてなかったと考えられますか。あなたの考えを書きなさい。

（記入欄）

(2) 下線部イについて，『最小公約数』はなぜ教科書に書いてなかったと考えられますか。あなたの考えを書きなさい。

（記入欄）

(3) 授業終わりに先生が次の問題を宿題にしました。

【宿題】
最小公倍数が120で，最大公約数が4である2つの整数の組は何通りありますか。

この【宿題】の答えを求めなさい。

（記入欄）

2 好子さん，聖子さん，学くんは3人きょうだいです。3人きょうだいのおやつとして，お母さんがクッキーをたくさん焼きましたが，用事ができたため，クッキーを1枚の大きな皿の上に置いて外出しました。

学校から帰ってきた好子さんは，皿の上のクッキーの$\frac{1}{3}$を持って，友達の家へ遊びに行ってしまいました。

そのあとに帰ってきた聖子さんは，友達のひろ子さんを連れてきましたが，まだだれも帰ってきていないと思い，皿の上のクッキーを2人で$\frac{1}{4}$ずつ食べてから，ひろ子さんの家でいっしょに勉強しようと出かけました。

さらにそのあと，帰ってきた学くんは，まだだれも帰ってきていないと思い，皿の上のクッキーの$\frac{1}{3}$を食べて勉強部屋に入りました。

お母さんが帰宅したとき，皿の上にはクッキーが8枚残っていました。

次の問いに答えなさい。〈女子聖学院中学校〉

(1) 学くんが食べたクッキーは何枚ですか。〈10点〉

(2) お母さんが帰宅したときに残っていたクッキーの枚数は，初めに焼いた枚数の何分のいくつになりますか。分数で答えなさい。〈15点〉

(3) お母さんが焼いたクッキーは，全部で何枚でしたか。〈15点〉

過去問題にチャレンジ②

🕐 **40**分　　／**100**　　答え**29**ページ

1 4桁の整数Mと4桁の整数Nがあります。この2つの整数について次の性質の一部，もしくは全部が成り立っています。

性質① Mを4倍するとNになる。

性質② Mの千の位とNの百の位は等しく，また，Mの百の位とNの千の位は等しい。

性質③ Mの十の位とNの一の位は等しく，また，Mの一の位とNの十の位は等しい。

このとき，次の問いに答えなさい。〈聖光学院中学校〉〈12点 × 3〉

(1) 性質①が成り立つとき，Mとして考えられる整数は何個ですか。

(2) 性質①と性質②が成り立つとき，Mの十の位以下を切り捨てた値として考えられる整数をすべて答えなさい。

(3) 性質①と性質②と性質③が成り立つとき，Mとして考えられる整数をすべて答えなさい。

2 整数を入力したとき，その整数を分母とする分数（分子は1からその整数の1つ前の数まで）の合計を計算してくれる装置があります。例えば5を入力すると，$\frac{1}{5}+\frac{2}{5}+\frac{3}{5}+\frac{4}{5}=2$ が出てきます。ただし，6を入力すると，$\frac{1}{6}+\frac{5}{6}=1$ が出てきます。この装置は約分できるものは分母が変わるため，合計しない仕組みになっています。このとき，次の二人の会話を読んで空欄に適するものを入れなさい。

〈普連土学園中学校〉〈8点 × 8〉

町子：それでは早速実験してみましょう。7を入れたらどうなるかしら。

三太：$\dfrac{1}{7}+\dfrac{2}{7}+\dfrac{3}{7}+\dfrac{\square}{7}+\dfrac{\square}{7}+\dfrac{\square}{7}$ を計算すればよいから，$\boxed{①}$ だね。

町子：その通り。では19と31を入れてみて。

三太：$\dfrac{1}{19}+\dfrac{2}{19}+\dfrac{3}{19}+\cdots+\dfrac{18}{19}$ か。何だ，結局どれも約分できないから，1から18までの和を求めて19で割ればいいよね。だから $\boxed{②}$ だね。31も同じように考えると $\boxed{③}$ になるね。

町子：さすが三太。どうやら素数（1とその数自身しか約数を持たない）を入力したときの法則を見つけたようね。ではどんどん行くわよ。14と21を入れてみて。

三太：ふたつとも素数ではないけれど，それぞれ7の倍数だね。とりあえず素直に計算してみると，$\dfrac{1}{14}+\dfrac{3}{14}+\dfrac{5}{14}+\cdots+\dfrac{13}{14}$ だから，$\boxed{④}$ だね。あれ？①と同じ結果になったよ。21も計算してみよっと。あれ？今度は $\boxed{⑤}$ か。

町子：では，次は42を入れてみて。

三太：42 = 2×3×7 だから，今回も何かつながりはありそうだ。約分できないものを全部足し合わせると・・・。ほほう，$\boxed{⑥}$ になったよ。

町子：よくできました。では，最後に2022を入力してみて。

三太：最後はやっぱりそれかぁ。$\dfrac{1}{2022}+\dfrac{5}{2022}+\dfrac{7}{2022}+\cdots$ かな。でもこんなことをしていたら日が暮れちゃうよ。

町子：すぐにあきらめないで。2022 = 2×3× $\boxed{⑦}$ よね？この⑦は素数です。

三太：ということは，42と同じ法則が使えるのか。解決の糸口が見えてきたぞ。こたえは $\boxed{⑧}$ だ。

町子：正解です。よくできました。

①	②	③	④
⑤	⑥	⑦	⑧

過去問題にチャレンジ③

🕐 **40**分　　╱**100**　答え**30**ページ

1　3個の整数 A，B，C は，次の 3 つの条件あ〜うをすべて満たしているものとします。

> 条件あ　B は A より大きい
>
> 条件い　B は A の倍数である
>
> 条件う　$\dfrac{1}{A}+\dfrac{1}{B}=\dfrac{1}{C}$ が成り立つ。

次の問いに答えなさい。〈吉祥女子中学校〉〈10 点 × 6〉

(1) 次のア〜エのうち，正しいものを 1 つ選び，記号で答えなさい。

> ア　$\dfrac{1}{C}$ は $\dfrac{1}{A}$ より小さいので，C は A より小さい
>
> イ　$\dfrac{1}{C}$ は $\dfrac{1}{A}$ より小さいので，C は A より大きい
>
> ウ　$\dfrac{1}{C}$ は $\dfrac{1}{A}$ より大きいので，C は A より小さい
>
> エ　$\dfrac{1}{C}$ は $\dfrac{1}{A}$ より大きいので，C は A より大きい

(2) 整数 A が 3 のとき，条件あ〜うを満たす整数 B，C は，1 組だけあります。このときの B は，A の何倍ですか。

(3) 整数 A が 4 のとき，条件あ〜うを満たす整数 B，C は，1 組だけあります。このときの B は，A の何倍ですか。

(4) 整数 A が 6 のとき，条件㋐〜㋒を満たす整数 B，C は，全部で 2 組あります。このときの B は，それぞれ A の何倍ですか。

(5) 整数 A が 12 のとき，条件㋐〜㋒を満たす整数 B，C は，全部で 4 組あります。このときの B は，それぞれ A の何倍ですか。

(6) 整数 A が 72 のとき，条件㋐〜㋒を満たす整数 B，C は，全部で何組ありますか。

2 $\underbrace{2\times2\times2\times\cdots\cdots\times2}_{25\text{個}}$は 2 を 25 個かけたことを，$\underbrace{5\times5\times5\times\cdots\cdots\times5}_{12\text{個}}$は 5 を 12 個

かけたことを表します。このとき，次の各問いに答えなさい。〈巣鴨中学校〉

(1) $\dfrac{1}{2\times2\times2\times2\times5\times5\times10}$を小数で表したとき，小数第何位までの数になりますか。

〈10 点〉

(2) $\dfrac{1}{\underbrace{2\times2\times2\times\cdots\cdots\times2}_{25\text{個}}\times\underbrace{5\times5\times5\times\cdots\cdots\times5}_{12\text{個}}}$を小数で表したとき，小数第何位までの数になりますか。〈15 点〉

(3) $\dfrac{1}{\underbrace{2\times2\times2\times\cdots\cdots\times2}_{25\text{個}}\times\underbrace{5\times5\times5\times\cdots\cdots\times5}_{12\text{個}}}$を小数で表したとき，小数第何位ではじめて 0 でない数字が現れますか。〈15 点〉

学習日　　月　　日

10 変わり方，倍の見方

ねらい　2つの数量の変わり方のきまりを調べ，その関係を式や表・グラフで表せるようにする。

★ 標準レベル　　🕐 20分　　／100　　答え 31ページ

1 次の表は，2つの数量□と△の変化のようすを表しています。□にあてはまることばを書き入れて，□と△の関係をしめしなさい。〈5点×4〉

(1)

□	1	2	3	4	5	6
△	10	9	8	7	6	5

関係　□と△の ⬚ が一定になっている

(2)

□	1	2	3	4	5	6
△	12	6	4	3	2.4	2

関係　□と△の ⬚ が一定になっている

(3)

□	1	2	3	4	5	6
△	6	7	8	9	10	11

関係　□と△の ⬚ が一定になっている

(4)

□	1	2	3	4	5	6
△	4	8	12	16	20	24

関係　□と△の ⬚ が一定になっている

2 ある2つの量□と△の関係を表にすると次のようになりました。

〈10点×2・(1)は完答〉

□	0	1	2	3	…	15	ウ	エ
△	20	19	18	ア	…	イ	3	1

(1) 表のあいているところ（ア〜エ）にあてはまる数を答えなさい。

ア	イ	ウ	エ

(2) □と△の関係を式で表しなさい。

3 4000人の0.5倍は2000人です。このとき，4000人を「もとにする量」，2000人を「比べられる量」といい，比べられる量がもとにする量の何倍かを表す0.5を「割合」といいます。割合の表し方は，整数，小数，分数のほか，割合1を100%（つまり，0.01は1%）として表すこともあります。これを「百分率」といいます。次の表のあいているところ（ア～カ）にあてはまる数を答えなさい。

〈10点・完答〉

小　数	0.03	ウ	オ
分　数	ア	$\dfrac{3}{5}$	カ
百分率	イ	エ	75%

ア	イ	ウ	エ	オ	カ

4 次の□にあてはまる数を答えなさい。〈10点×3〉

(1) 3kg は 4kg の 　　　　 %です。

(2) 45L の 4%は 　　　　 L です。

(3) 　　　　 円の 20%ましは 840 円です。

5 右の表は，正三角形の1辺の長さを□cm，周りの長さを△cmとして，□と△の関係を表したものです。〈10点×2・(1)は完答〉

□ (cm)	2	イ	8.5	エ
△ (cm)	ア	12	ウ	48

(1) 表のあいているところ（ア～エ）にあてはまる数を答えなさい。

ア	イ	ウ	エ

(2) □と△の関係を式で表しなさい。

★★ 上級レベル　　　⏱30分　　　／100　　答え 31 ページ

1　右の図のように，マッチぼうをならべて正方形をつくっていきます。このとき，できる正方形の数と，使ったマッチぼうの本数について，次の問いに答えなさい。

(1) 下の表のあいているところ（ア〜エ）にあてはまる数を答えなさい。

〈9点・完答〉

正方形の数（こ）	1	2	3	…	5	…	10
マッチぼうの本数（本）	4	ア	イ	…	ウ	…	エ

ア	イ	ウ	エ

(2) 正方形を 1 こふやすと，マッチぼうは何本ふえますか。〈7点〉

(3) 正方形の数を□こ，使ったマッチぼうの本数を△本として，□と△の関係を式に表しなさい。〈7点〉

2　x の値が 2 倍，3 倍，…になると，y の値も 2 倍，3 倍，…になるとき，x と y が「比例する」といいます。次のことがらで，2 つの量 x と y が比例するものには「〇」，比例しないものには「×」を（　）の中に書きなさい。〈7点×4〉

(1) 正六角形の，1 辺の長さ $x$cm と周りの長さ $y$cm。　　　　　　　（　　　　　）

(2) ある人の年れい x オとその人のお母さんの年れい y オ。　　　　　（　　　　　）

(3) 1 本 50 円のえん筆を買うときの，本数 x 本とその代金 y 円。　　　（　　　　　）

(4) 60L 入る水そうに，1 分間に水を xL ずつ入れたときに，いっぱいになるまでにかかる時間 y 分。　　　　　　　　　　　　　　　　　　（　　　　　）

3 右のグラフは，ある自動車が使うガソリンの量と，その量で走ることのできる道のりの関係を表しています。〈7点×3〉

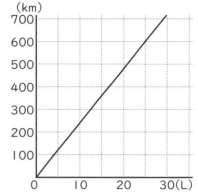

(1) ガソリン1Lで走ることのできる道のりは何kmですか。

(2) ガソリン45Lで走ることのできる道のりは何kmですか。

(3) 1800kmを走るためには何Lのガソリンが必要ですか。

4 右の表は，あるろうそくに火をつけてからの時間とろうそくの長さをまとめたものです。〈7点×3〉

時間（分）	2	4	…	12	…
長さ（cm）	19	18	…	14	…

(1) 火をつけてからの時間とろうそくの長さの関係を表すグラフを右にかきなさい。

(2) 火をつける前のろうそくは何cmですか。

(3) ろうそくがもえつきるのは，火をつけてから何分後と考えられますか。

5 ある学校の男子児童の人数は，全校児童の48％で，女子児童の人数よりも14人少ないそうです。この学校の全校児童は何人ですか。〈7点〉

★★★ 最高レベル　　⏱35分　　／100　　答え32ページ

1 ばねにおもりをつるすとき,ばねののびる長さはおもりの重さに比例(ひれい)します。右の表は,あるばねにおもりをつるしたときの,おもりの重さとばねの長さの関係(かんけい)を表したものです。〈8点×2〉

重さ（g）	20	30	40	…
長さ（cm）	22	27	32	…

(1) おもりをつるさないときのばねの長さは何 cm ですか。

(2) おもりの重さを xg, そのときのばねの長さを $y$cm として, x と y の関係を式で表しなさい。

2 右のような, ＡＢ= 20cm, ＡＣ= $x$cm で, Ｂのところに 15g, Ｃのところに yg のおもりがつられているてんびんがつりあっているとき, x と y の関係を表にすると, 右のようになりました。

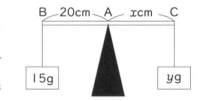

(1) 表のあいているところ（ア, イ）にあてはまる数を答えなさい。〈8点×2〉

x (cm)	10	15	ア	40
y (g)	30	20	10	イ

ア　　　　　　イ

(2) x と y の関係を式で表しなさい。〈8点〉

3 40L の水が入っている水そうに，はじめA管で水
を注いで，水そうがいっぱいになったときにA管を止め
て，B管から水をぬいたところ，入れはじめてからの時
間と水そうの水の量の関係は右のグラフのようになりま
した。

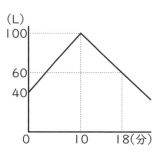

(1) A管，B管からはそれぞれ1分間に何Lの割合で水が出入りしますか。〈8点×2〉

A管	B管

(2) このまま続けると，はじめから何分後に水そうが空になりますか。〈8点〉

(3) もし，はじめからA管，B管両方を使っていれば，はじめから何分後に水そう
はいっぱいになりますか。〈8点〉

4 歯数60の歯車Aと，歯数40の歯車Bがかみ合って回っています。歯車A
が90回転する間に，歯車Bは何回転しますか。〈12点〉

5 右のグラフはある運送会社の，荷物の重さと運送
料金の関係を表したものです。ただし，荷物が5kgを
こえても，同じように料金は上がっていきます。〈8点×2〉

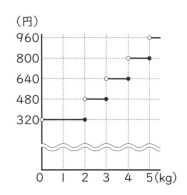

(1) 7kg の荷物を運ぶときの料金は何円ですか。

(2) 1600円で運べる荷物の重さは何kgまでですか。

11 単位量あたりの大きさ，比とその利用

> ねらい　さまざまな問題において，土台になる「単位量」の考えや，利用できる「比」の基本を身につける。

★ 標準レベル　　⏱20分　　／100　　答え34ページ

1 25こで400円のみかんAと，30こで450円のみかんBがあります。それぞれのみかんの1こあたりのねだんを求めて，どちらのみかんが安いか答えなさい。

〈8点〉

2 右の表は，2つの公園AとBの面積と，そこで遊んでいた子どもの人数を表したものです。

〈6点×2・完答〉

	公園A	公園B
面積（m²）	400	500
子ども（人）	32	50

(1) 2つの公園の，面積1m²あたりの子どもの人数はそれぞれ何人ですか。

A　　　　B

(2) 2つの公園の，子ども1人あたりの面積はそれぞれ何m²ですか。

A　　　　B

3 右の表はある店で売っている赤色と青色のリボンの長さとねだんです。どちらのリボンの方がねだんが高いですか。〈8点〉

	長さ	ねだん
赤色のリボン	2.4 m	300 円
青色のリボン	3.2 m	500 円

4 1km² あたりの人口を「人口みつ度」といいます。ある県の面積は 10600km² で，人口は 194 万人でした。この県の人口みつ度は何人ですか。答えは小数点以下を四捨五入して整数で答えなさい。〈8点〉

5 2つの数量AとBについて，AとBの割合を「A：B」(A対Bと読みます)という形で表したものを「比」といいます。次の数量の割合を比で表しなさい。

〈6点×4〉

(1) 16 人と 25 人

(2) 0.3L と 8dL

(3) 4000 m と 7km

(4) 0.05kg と 93g

6 2つの数量AとBの比「A：B」で，Bに対するAの比（A÷B）を「比の値」といいます。次の比の値を求めなさい。〈6点×4〉

(1) 27：10

(2) 6：10

(3) 3：5

(4) 12：20

7 **6** の(2)(3)(4)からわかるように，比の両方の数に同じ数をかけたり，同じ数でわったりしても比の値は等しいです。このとき「比は等しい」といいます。このことを利用して，次の比を最も簡単な整数の比にしなさい。〈8点×2〉

(1) 18：54

(2) 0.8：0.5

★★ 上級レベル　　⏱30分　　／100　　答え34ページ

1　ある農家では，80m² の畑から 100kg のじゃがいもがとれました。〈6点×3〉

(1) 畑 1m² あたり何 kg のじゃがいもがとれたことになりますか。

(2) 140m² の畑から何 kg のじゃがいもがとれると考えられますか。

(3) 250kg のじゃがいもをとるためには，何 m² の畑が必要だと考えられますか。

2　次の問いに答えなさい。〈6点×2〉

(1) アルミニウム 10kg のねだんが 3125 円とすると，1 円で買えるアルミニウムは何 g ですか。

(2) 1 ドルが 130 円，1 ユーロが 142 円のとき，65 ユーロは何ドルですか。

3　次の問いに答えなさい。〈6点×2〉

(1) ある市の人口みつ度は 380 人で，面積は 450km² です。人口は何人ですか。

(2) ある年のある県の人口みつ度は 150 人でした。この県の人口が 210 万人とすると，この県の面積は何 km² と考えられますか。

4 次の比を最も簡単な整数の比で表しなさい。〈5点×4〉

(1) 2.4：1.12

(2) $\dfrac{1}{2}：\dfrac{3}{5}$

(3) $1\dfrac{3}{4}：2\dfrac{1}{6}$

(4) $1\dfrac{1}{5}：0.8$

5 次の□にあてはまる数を答えなさい。〈4点×5〉

(1) $1：3＝5：\boxed{}$

(2) $2：7＝8：\boxed{}$

(3) $125：95＝\boxed{}：38$

(4) $64：\boxed{}＝\dfrac{4}{9}：\dfrac{7}{8}$

(5) 田と畑の面積の比は 7：9 で，田が 63a のとき畑は $\boxed{}$ a です。

6 A：B の比は，数量全体のうち，一方が A＋B のうちの A の割合，もう一方が A＋B のうちの B の割合を表しています。そのことを利用して，次の問いに答えなさい。〈6点×3・(1)(3)は完答〉

(1) 1000 円を姉と妹に，姉：妹＝2：3 の割合で分けます。姉，妹はそれぞれ何円ずつもらえますか。

姉	妹

(2) 周りの長さが 70cm で，たてと横の長さの比が 4：3 の長方形のたての長さは何 cm ですか。

(3) 6000 円を，A，B，C の 3 人に 7：3：2 に分けるとき，それぞれがもらう金額は何円ですか。

A	B	C

★★★ 最高レベル　　⏱40分　　／100　　答え35ページ

1 次の問いに答えなさい。〈8点×5〉

(1) 金属Aは1cm³ あたりの重さが12.6gで，金属A 65cm³ の重さと金属B 42cm³ の重さが同じでした。このとき，金属Bは1cm³ あたり何gですか。

(2) 人口みつ度175人，面積468km² のA市が，B市と合ぺいすると，面積720km²，人口みつ度210人の市ができます。B市の人口は何人ですか。

(3) バレルとガロンは，体積を表す単位です。ここでは，1バレルは42ガロン，1ガロンは3.8Lとします。1ドルが133円で，原油1バレルあたりのねだんが90ドルのとき，原油1Lあたりのねだんは何円ですか。

(4) 1時間に3600まい印刷できる印刷機Aと1時間に4500まい印刷できる印刷機Bがあります。

① 印刷機AとBを同時に使うと，2700まい印刷するのに何分かかりますか。

② AとBを同時に使って印刷しましたが，途中でBがこしょうしたために5100まい印刷するのに50分かかりました。Bがこしょうしたのは何分間ですか。

2 A：B＝C：Dのとき，A×D＝B×Cの関係が成り立ちます。このことを利用して次の問いに答えなさい。

(1) 次の□にあてはまる数を答えなさい。〈6点×4〉

① 6：5 = □ ：8

② $1\dfrac{2}{3}$：□ ＝ 10：9

(2) 次の関係が成り立つとき，A：Bを最も簡単な整数の比で答えなさい。

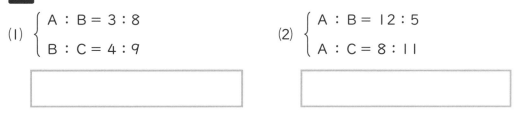

① A×5＝B×8

② $A×\dfrac{7}{8}＝B×\dfrac{3}{4}$

3 次の比から，A：B：Cを求めなさい。〈6点×2〉

(1) $\begin{cases} A：B＝3：8 \\ B：C＝4：9 \end{cases}$

(2) $\begin{cases} A：B＝12：5 \\ A：C＝8：11 \end{cases}$

4 次の問いに答えなさい。〈8点×3〉

(1) 兄と弟の所持金の比は3：1でしたが，兄が弟に600円あげたので，2人の所持金の比は5：3になりました。はじめの兄の所持金は何円でしたか。

(2) 商品AとBの定価の差は450円で，Aの定価の20％引きの金額とBの定価の10％ましの金額が等しいとき，Aの定価は何円ですか。

(3) りんご1ことみかん1このねだんの比は16：7で，りんご3ことみかん4こを買うと380円になります。りんご1このねだんは何円ですか。

学習日　月　日

12 速さ

ねらい ▶ 速さの意味を理解し，速さを考えるさまざまな問題を，比やグラフを利用して解けるようになる。

★ **標準レベル**　　🕐 **20**分　　/100　　答え **37**ページ

1 「単位時間あたりに進む道のり」を<u>速さ</u>といいます。速さには「秒速」「分速」「時速」などがあります。

　　秒速（毎秒）・・・１秒間あたりにどれだけ進めるか

　　分速（毎分）・・・１分間あたりにどれだけ進めるか

　　時速（毎時）・・・１時間あたりにどれだけ進めるか

次の□にあてはまる数を答えなさい。〈6点×3〉

(1) 100m を 10秒で走るときの速さは，秒速 □ m です。

(2) 分速 □ m で走ると，800m を進むのに 5分かかります。

(3) 新幹線が 600km を時速 □ km で走ると，3時間かかります。

2 「速さ＝道のり÷時間」で求めますので，「道のり＝速さ×時間」「時間＝道のり÷速さ」という関係になります。次の□にあてはまる数を答えなさい。〈6点×4〉

(1) 時速 50km の自動車で 4時間走ると， □ km 進むことができます。

(2) 分速 75m の速さで □ m 進むのに 8分かかります。

(3) 秒速 5m の速さで走ると，100m を走るのに □ 秒かかります。

(4) 秒速 20m で走ると，4分間で □ km 進みます。

3 次の□にあてはまる数を答えなさい。〈5点×4〉

(1) 分速 600m ＝秒速 □ m

(2) 分速 600m ＝時速 □ km

(3) 秒速 15m ＝分速 □ m

(4) 秒速 340m ＝時速 □ km

4 次の□にあてはまる数を答えなさい。〈6点×4・(2)は完答〉

(1) 高速道路を時速 80km で走る自動車は，48 分間に □ km 進みます。

(2) 時速 50km で走ると 120km の道のりを ① □ 時間 ② □ 分で走ります。

(3) 84km を分速 □ m で走ると，2 時間かかります。

(4) 時速 □ km で走る新幹線は 511km を 2 時間 20 分で走ります。

5 次の問いに答えなさい。〈7点×2〉

(1) 分速 80m で 45 分歩いて進む道のりを，自転車で走ると 18 分かかりました。
このとき，自転車の速さは時速何 km ですか。

（□）

(2) 片道 12km の道を，はるなさんは，行きは時速 12km の自転車で，帰りは時速
60km の自動車でおうふくし，あきとさんは，ロードバイクで同じ道をずっと
同じ速さでおうふくしたところ，おうふくにかかった時間ははるなさんと同じ
でした。このとき，あきとさんのロードバイクの速さは時速何 km でしたか。

（□）

★★　上級レベル　　⏱30分　　／100　　答え37ページ

1　まりさんは分速75m，りくとさんは分速85mで歩きます。このとき，次の□にあてはまる数を答えなさい。〈8点×4・(2)は完答〉

(1) 2人が同じところを同時に出発して反対方向に進むと，20分後には □ m はなれています。

(2) 2人が400mはなれたところから同時に出発して，向かい合って進むと，① □ 分 ② □ 秒後に出会います。

(3) 2人が同じところを同時に出発して同じ方向に進むと，20分後には □ m はなれています。

(4) りくとさんが，400m前を同じ方向に歩くまりさんを追いかけると，□ 分で追いつきます。

2　けんたさんは家から5kmはなれた郵便局へ行くのに自転車に乗って分速250mで行き，郵便局に10分いたあと，分速200mで帰ってきました。けんたさんの，出発してからの時間と，そのときの家からの道のりとの関係を表すグラフをかきなさい。〈10点〉

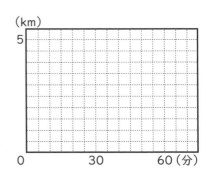

3　れんさんとたいちさんが同じ地点を出発し，900mはなれた地点へ行きました。れんさんは分速90m，たいちさんは分速150mで進みましたが，出発したのはたいちさんの方が2分あとからでした。れんさんとたいちさんが動いたようすを表すグラフをかきなさい。〈10点〉

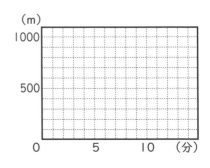

4 池の周りに 1 周 1200m の道があり，その道の同じところから，まきさんは分速 80m，けいさんは分速 100m で同時に出発します。このとき，次の◯◯にあてはまる数を答えなさい。〈9 点 × 2・(1)は完答〉

(1) 2 人が反対方向に進むと，① [　　　　] 分 ② [　　　　] 秒後にはじめて出会います。

(2) 2 人が同じ方向に進むと，[　　　　] 分後に，けいさんがまきさんをはじめて追いこします。

5 次の問いに答えなさい。〈10 点 × 3〉

(1) 自転車でサイクリングに出かけました。出発してから 1 時間 10 分かかって 14km 進みました。このまま進むと，あと 2 時間 30 分で進むことができる道のりは何 km ですか。

[　　　　　　　　　　　　　]

(2) そうたさんとれんさんが競走をしました。そうたさんがゴールまであと 18m のとき，れんさんはゴールまであと 90m のところにいました。そして，そうたさんがゴールしたとき，れんさんはゴールまであと 78m のところにいました。そうたさんとれんさんの走る速さの比を求めなさい。

[　　　　　　　　　　　　　]

(3) A 地点から B 地点まで 800m あり，兄は分速 100m，弟は分速 60m で同時に A 地点を出発して B 地点との間をおうふくします。このとき，2 人は B 地点から何 m のところで出会いますか。速さの比を利用して求めなさい。

[　　　　　　　　　　　　　]

★★★ 最高レベル　　　　⏱40分　　　／100　　答え38ページ

1　A町からB町行きのバスは，9時から10分おきにA町を出発し，B町まで15分かかります。Cさんが，9時5分にA町を出発して，歩いてB町に向かったところ，10時にB町に着きました。Cさんは途中で何回バスに追いこされましたか。右の図を利用して求めなさい。〈10点〉

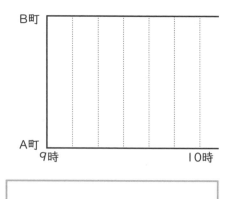

2　静水時には時速20kmで進む船が，流れの速さが時速4kmの川を進むとき，次の□にあてはまる数を答えなさい。〈8点×2・(2)は完答〉

(1) 45分間で，□km上流に進むことができます。

(2) 30km下流に進むのに，①□時間②□分かかります。

3　静水で時速6kmの船が，川にそって3kmはなれたA町とB町の間をおうふくしています。A町からB町までは40分かかるとき，B町からA町までは何分かかりますか。〈聖セシリア女子中学校〉〈10点〉

4　右のグラフは，静水では同じ速度で移動する船が川をおうふくしたときのようすを表しています。この船の静水時の速さと川の流れの速さはそれぞれ分速何mですか。〈6点×2〉

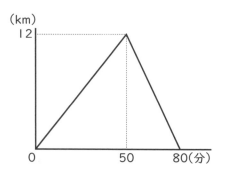

静水時の速さ　　　　　流れの速さ

5 秒速 20m で走る電車があります。長さ 1260m の鉄橋をわたりはじめてから わたり終わるまでに 69 秒かかりました。この電車の長さは何 m ですか。

〈学習院中等科〉〈10 点〉

6 右のグラフは，つねに同じ速さの列車 がトンネルを通過するときの，列車がトンネ ルの中にかくれている部分の長さを表してい ます。この列車の秒速とトンネルの長さを求 めなさい。〈8 点×2〉

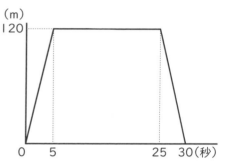

列車の秒速	トンネルの長さ

7 長さ 100m，秒速 12m の A 列車と，長さ 80m，秒速 18m の B 列車があります。

〈8 点×2〉

(1) この 2 つの列車が向かい合って進んでいるとき，先頭が出会ってから，最後尾 がはなれるまでに何秒かかりますか。

(2) この 2 つの列車が同じ方向に進んでいるとき，B 列車の先頭が A 列車の最後尾 に追いついてから，A 列車を完全に追いこすまでに何秒かかりますか。

8 妹は家から 1.6km はなれた公園に向かい，兄は妹より 4 分おくれて家を出 発しました。兄は毎分 60m の速さ，妹は毎分 20m の速さで歩き，公園に着いた らそのまま休まずにひき返しました。二人がはじめてすれちがうのは妹が出発して から何分後ですか。〈香蘭女学校中等科〉〈10 点〉

復習テスト④

⏱ 30分　／100　答え40ページ

1 右の図のように，マッチぼうをならべて
正三角形をつくっていきます。このとき，で
きる正三角形の数と，使ったぼうの本数につ
いて，次の問いに答えなさい。〈8点×3・(1)は完答〉

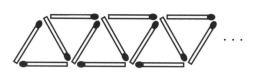

(1) 下の表のア～エにあてはまる数を答えなさい。

正三角形の数（こ）	1	2	3	…	5	…	10
マッチぼうの本数（本）	3	ア	イ	…	ウ	…	エ

ア	イ	ウ	エ

(2) 正三角形を1こふやすと，マッチぼうは何本ふえますか。

(3) 正三角形の数を□こ，使ったマッチぼうの数を△本として，□と△の関係を式
で表しなさい。

2 次の比を最も簡単な整数の比で表しなさい。〈7点×2〉

(1) 0.08 : 0.24

(2) $2\dfrac{1}{4} : 1\dfrac{5}{6}$

3 次の□□にあてはまる数を答えなさい。〈7点×2〉

(1) 2 : □□ = 10 : 35

(2) 4.5 : 1.5 = □□ : 270

4　I ドルが 135 円，I ポンドが 165 円のとき，99 ドルは何ポンドですか。〈8点〉

5　A さんは分速 90m，B さんは分速 60m で歩きます。このとき，次の□に
あてはまる数を答えなさい。〈8点×2〉

(1) 2 人が同じ地点から同時に同じ方向に進むと，20 分後には□ m はなれます。

(2) 2 人が 600m はなれたところから同時に向かい合う方向に進むと，2 人は出発
　　してから□分後にすれちがいます。

6　A さんは分速 60m で歩き出し，それから I 分
30 秒後に B さんが同じ地点を分速 80m で同じ方
向に歩き出しました。〈8点×3〉

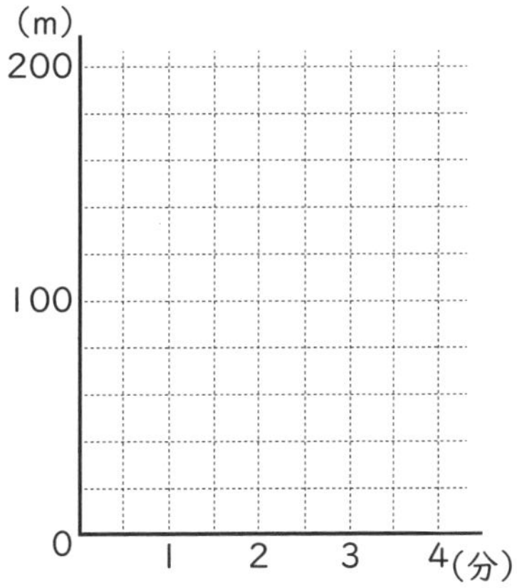

(1) A さんが出発してからの時間と，2 人の出発地
　　点からの道のりについて，右の図にグラフで表
　　しなさい。

(2) 右のグラフに，B さんが出発したときの，A さ
　　んと B さんの間の道のりを表すところを太線を
　　ひいて表しなさい。また，その道のりは何 m で
　　すか。

(3) B さんが A さんに追いつくのは，出発地点から何 m のところですか。速さの比
　　を利用して求めなさい。

過去問題にチャレンジ④

🕐 40分　　／100　答え41ページ

1 ある学校の部活動で，2チームに分かれて駅伝を行っています。第1区間，第2区間では3km，最後の第3区間は4kmとします。次のグラフは，スタートしてから先頭のチームが第3区間の走者にたすきをわたすまでの2チームの差を表したグラフです。このとき，あとの問いに答えなさい。ただし，各走者はそれぞれつねに一定のペースで走るものとし，たすきの受けわたしにかかる時間は考えないものとします。〈栄東中学校〉〈(1), (2) 15点　(3) 20点〉

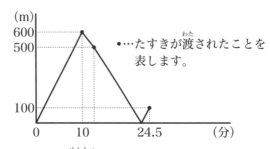

● …たすきが渡されたことを表します。

(1) 第1区間を先にゴールした選手は毎分何mの速さで走ったか答えなさい。

(2) 第2区間の途中で前を走るチームの選手を追い抜いた選手は毎分何mの速さで走ったか答えなさい。

(3) 第3区間で後からたすきを受け取った選手が1kmを3分で走るペースで前を走るチームの選手を追っています。前を走るチームの第3区間の選手が抜かされずにゴールするためには最低でも毎分何m以上の速さで走ればよいですか。右のグラフを用いて考えてもよい。

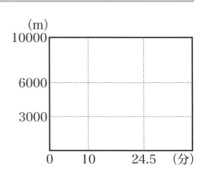

2 姉が「5歩」歩く間に弟は「4歩」歩きます。姉の歩幅は60cm，弟の歩幅は48cmです。いま，姉と弟がP地点とQ地点を結ぶ「動く歩道」を，P地点から同時に一定の速さで歩き始めました。すると，姉はちょうど90歩でQ地点に着き，弟は姉より9秒遅れてQ地点に着きました。また，「動く歩道」が止まっているとき，姉はP地点を出発してちょうど126歩でQ地点に着きました。「動く歩道」の速さは一定であるとして，以下の問いに答えなさい。〈立教女学院中学校〉〈10点×5〉

(1)「動く歩道」の長さ（P地点からQ地点までの距離）は何mですか。

(2) 姉の歩く速さと弟の歩く速さの比を，最も簡単な整数の比で表しなさい。

(3) 姉の歩く速さと「動く歩道」の速さの比を，最も簡単な整数の比で表しなさい。

(4) 姉が「動く歩道」を歩いてP地点からQ地点へ向かったとき，到着するまでに何秒かかりましたか。

(5)「動く歩道」の速さは毎秒何cmですか。

13 表とグラフ

ねらい▶ データを正しく表すためのグラフの特徴を理解し、グラフから正しいデータを取り出せるようになる。

★ **標準レベル** 　　　⏱ **20分** 　　　/100 　答え **42**ページ

1 下のグラフは、ある町のある日の2時間ごとの気温を表したものです。

〈10点×5〉

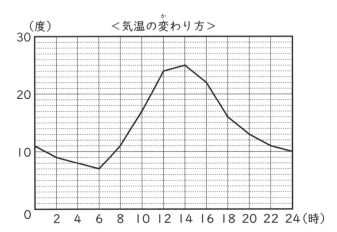

(1) たての1目もりは、何度ですか。

(2) この日の20時の気温は何度ですか。

(3) グラフから、この日の最高気温と最低気温の差は何度と考えられますか。

(4) グラフから、気温の上がり方がいちばん大きいのは、何時から何時の間と考えられますか。

(5) グラフから、気温の下がり方がいちばん大きいのは、何時から何時の間と考えられますか。

2 次のことがらを表すのに，折れ線グラフにするのがよいものには「折れ線」，ぼうグラフにすればよいものには「ぼう」を（　）に書き入れなさい。〈5点×4〉

(1) あきとさんのグループのそれぞれの体重のグラフ　　（　　　　　）

(2) あきとさんの毎月の身長の変化のグラフ　　（　　　　　）

(3) 全国各地の１年間の降水量のグラフ　　（　　　　　）

(4) ある学年の昨年１年間の各月の平均身長のグラフ　　（　　　　　）

3 次の表は，ともみさんが４月から10月まで，毎月の身長と体重をはかってかいたものです。これをグラフに表すことにします。〈15点×2・(1)は完答〉

月	4	5	6	7	8	9	10
身長（cm）	132.2	132.8	133.3	134.5	134.5	135.1	135.6
体重（kg）	28.4	28.6	29.0	29.5	29.2	29.8	30.2

(1) 下の図のたての１目もりは何cmと何kgですか。

cm	kg

(2) ともみさんの４月から10月までの身長と体重の変わり方を下の図にグラフで表しなさい。

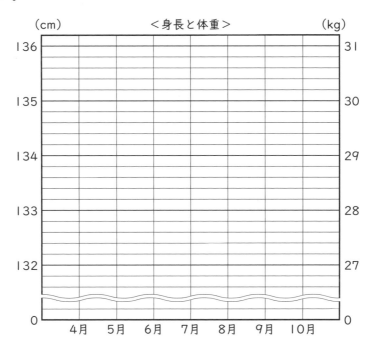

1 次の表は，あるクラスの女子18人のハンドボール投げの記録です。〈14点×3〉

女子18人のハンドボール投げの記録（m）

18	16	13	16	17	11
19	14	18	17	15	12
15	17	12	13	16	20

(1) 上の表の結果では，記録が12mだった人が2人います。これを次のような数直線上に●印の数で表したものを「ドットプロット」といいます。上の表の結果すべてを，次の数直線上にドットプロットで表しなさい。

(2) いくつかの数や量を同じ大きさになるようにならしたものを「平均」といいます。このクラスの女子18人のハンドボール投げの記録の平均は，（全員の記録の合計）÷（人数）で求めることができます。(1)のドットプロットを利用して，この女子18人のハンドボール投げの記録の平均を求めなさい。

(3) (1)(2)の結果から考えられることを，4人の児童が次のように言っています。この中で正しいことを言っている人をすべて選んで答えなさい。

Aさん「平均よりも高い記録の人と，平均よりも低い記録の人は9人ずついます。」

Bさん「18人のそれぞれの記録を合計すると，279mです。」

Cさん「平均に近い記録だった人ほど人数が多いです。」

Dさん「最も高い記録と最も低い記録の2人の平均と，18人の全員の記録の平均はいつでも同じになります。」

2 右のグラフは，あるクラス 40 人でゲームをしたときの結果について，かくとくしたポイントの点数と人数の関係^{かんけい}を表したものです。このようなグラフを「ヒストグラム」といいます。〈14 点×2〉

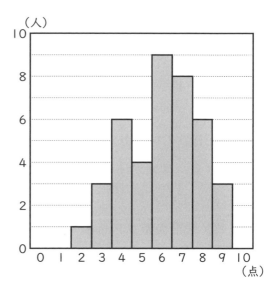

(1) 5 点以上^{いじょう}の人は，全体の何％^{パーセント}ですか。

（2）かくとくしたポイントの平均は何点ですか。

3 右の表は，はるとさんのクラスの児童の体重測定^{そくてい}の結果をまとめたものです。このように，一定のはんいで区切って，それぞれにあてはまる人数をまとめたものを「度数分布表^{どすうぶんぷひょう}」といいます。

〈15 点×2〉

体重（kg）		人数（人）
以上^{いじょう}	未満^{みまん}	
30 ～	35	3
35 ～	40	8
40 ～	45	14
45 ～	50	9
50 ～	55	6
計		40

(1) この表の結果を右下の図にヒストグラムで表しなさい。たて，横の目もりのあたいも記入しなさい。

(2) はるとさんはクラスの中では，体重の軽い方から数えて 28 番目です。はるとさんの体重は何 kg 以上何 kg 未満のはんいに入っていますか。

<table>
<tr><td>kg 以上</td><td>kg 未満</td></tr>
</table>

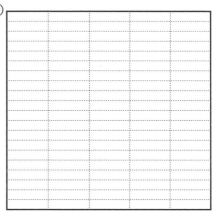

（kg）

★★★ 最高レベル　　　🕐 **40**分　　／100　　答え **43**ページ

1 右の表は，あるクラスで算数と国語の問題を1問2点で5問ずつテストした結果を表したものです。例えば，○印のところは，算数が8点，国語が6点の人が6人いたことをしめしています。〈10点×3〉

算＼国	0	2	4	6	8	10
0		1				
2		1	2			
4		2	2	2	1	
6			4	5	3	1
8			1	⑥	2	2
10		4		2	1	2

(1) 算数と国語の得点の等しかった人は，全部で何人いますか。

(2) 算数も国語も4点以下の人は，全部で何人ですか。

(3) 算数の平均点は何点ですか。答えは四捨五入して，小数第一位まで求めなさい。

2 右のグラフは，あるクラスで10点満点のテストをした結果を表したものですが，一部がやぶれています。ただし，7点以上をとった人が全体の35%でした。〈10点×2〉

(1) クラスには全部で何人いますか。

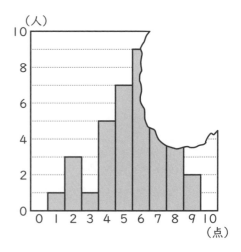

(2) 8点をとった人が7点をとった人より2人多いとき，8点をとった人は何人ですか。

3 A，B，C，D，E，Fの6つの駅がこの順番にならんでいます。右の表は，それぞれの駅の間の道のりの一部を表したものです。例えば，C駅とE駅の間は23km あることをしめしています。

〈10点×3〉

					F駅
				E駅	ⓘ
			D駅		
		C駅		23	
	B駅	ⓐ			55
A駅	19		49		

(km)

(1) A駅とF駅の間は何kmですか。

(2) D駅とF駅の間は何kmですか。

(3) 表の中のⓐとⓘに入るあたいが等しいことがわかっているとき，C駅とD駅の間は何kmですか。

4 20人に1問1点で20点満点のテストをしたところ，Aさん，Bさん，Cさん，Dさん以外の16人の得点は右上の表のようになりました。右下のグラフは，20人の成績を3点ごとのヒストグラムにしたものです。例えば，得点が2点以上5点未満の人は1人です。その他にも次のことがわかっています。

16人の得点（点）

16	8	11	18	12	8	14	15
5	17	6	16	15	12	9	11

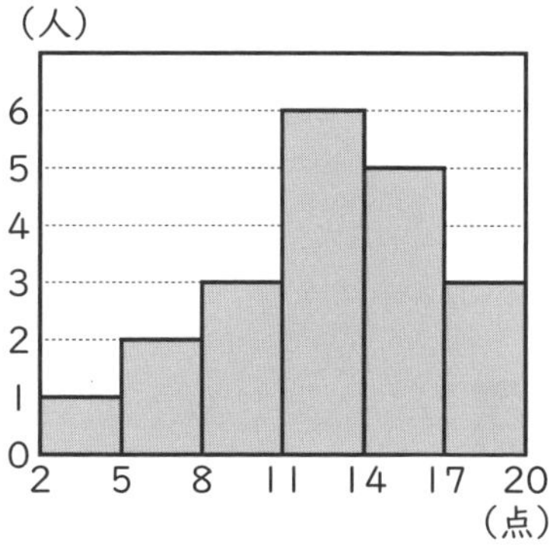

（人）

① 最高点は18点で2人います。

② 20人の平均点は12点です。

③ Aさんは成績の上位から9番目で，Aさんと同点の人はいません。

④ Bさんは人数のいちばん多い区切りに入っています。

⑤ CさんはDさんよりも得点が上です。

このとき，Aさん，Bさん，Cさん，Dさんの得点はそれぞれ何点ですか。

〈20点・完答〉

Aさん	Bさん	Cさん	Dさん

14 割合とグラフ

ねらい▶ データをグラフで表してわかりやすくしたり，グラフから正しいデータを読み取れるようにする。

★ 標準レベル　　　⏱20分　　／100　答え45ページ

1 次の帯グラフはある年の日本の農産物の生産額の割合を表したものです。

農産物の生産額の割合（総生産額8兆6000億円）

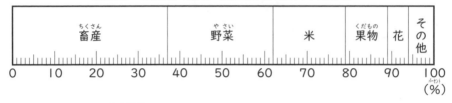

| 畜産 | 野菜 | 米 | 果物 | 花 | その他 |

(1) 次の農産物の割合を百分率で表しなさい。〈3点×6〉

畜　産	％	野　菜	％
米	％	果　物	％
花	％	その他	％

(2) 畜産の生産額は，果物の生産額の何倍ですか。〈6点〉

(3) 野菜の生産額を求めなさい。〈6点〉

2 右の表は，ある小学校の前を1時間に通った自動車などの台数を種類別に調べたものです。これを帯グラフに表しなさい。〈18点〉

自動車などの台数調べ

車の種類	数（台）
乗用車	216
トラック	104
バイク	48
その他	32

＜自動車などの台数調べ＞

0　10　20　30　40　50　60　70　80　90　100
（％）

3 右の図は，ある年の日本の工業生産額の割合を円グラフにしたものです。

工業生産額の割合（％）（総生産額290兆円）

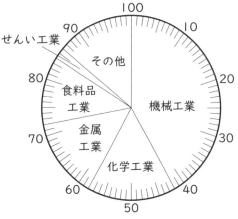

(1) 次の工業生産額の割合を百分率で表しなさい。〈3点×6〉

機械_{き かい}工業	％
化学工業	％
金属_{きんぞく}工業	％
食料品_{しょくりょうひん}工業	％
せんい工業	％
その他	％

(2) 機械工業の生産額は，食料品工業の生産額の何倍ですか。〈6点〉

(3) 次の工業生産額を求めなさい。〈6点×2〉

① 金属工業

② せんい工業

4 次の □ にあてはまる数を答えなさい。〈8点×2・完答〉

(1) 割合を表す帯グラフの全体のはばが15cmのとき，48％を表す部分の帯の長さは ① □ cm ② □ mm です。

(2) 割合を表す円グラフでは，1％を表す部分の<u>中心角</u>は ① □ 度なので，15％
を表す部分の中心角は ② □ 度です。

↑
問題132ページに説明がのっています。

I 次のグラフは，ある年の日本の主な輸出品の輸出額を表したものです。

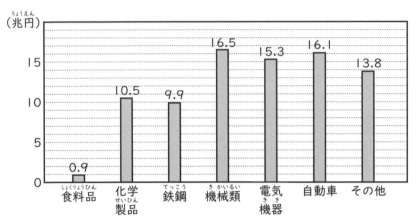

（1）上のグラフをもとにして左下の表を完成させなさい。ただし，割合（％）は，計算の結果を四捨五入して整数で答えなさい。〈20 点・完答〉

（2）（1）の結果を，右下の円グラフで表しなさい。〈10 点〉

主な輸出品

品　目	輸出額（兆円）	割合（％）
機械類		
自動車		
電気機器		
化学製品		
鉄　鋼		
その他		
合　計		100

主な輸出品の割合（％）

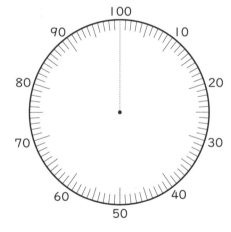

（3）できた円グラフで，機械類の割合を表すおうぎ形の中心角の大きさは何度ですか。〈10 点〉

↑
問題 132 ページに
説明がのっています。

（4）輸出額の割合を長さ 10cm の帯グラフで表したとき，鉄鋼の割合を表す帯の長さは何 cm になりますか。〈10 点〉

2 右の帯グラフは，ある学校の5年生と6年生に好きなスポーツを1つずつ答えてもらった結果を表しています。次の⑦～⑦の中で，右のグラフがしめすこととして正しいといえるものをすべて選びなさい。〈20点〉

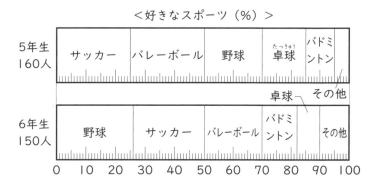

<好きなスポーツ（%）>

⑦ 5年生のサッカー好きの人よりも，6年生の野球好きの人の方が人数が多い。

⑦ 5年生のバレーボール好きの人よりも，6年生のサッカー好きの人の方が人数が少ない。

⑦ 5年生の野球好きの人と，6年生のバレーボール好きの人は同じ人数である。

⑦ 5年生の卓球好きの人は，6年生の卓球好きの人の2倍の人数である。

⑦ 5年生と6年生を合わせると，卓球好きの人とバドミントン好きの人は同じ人数である。

3 右のグラフは，ある学校の図書館にある本の種類と，そのさっ数の割合を表したものです。

〈10点×3〉

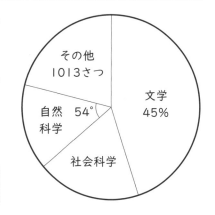

(1) 自然科学の本は，全体の何%にあたりますか。

(2) 自然科学の本は，文学の本の何倍ありますか。

(3) 図書館の本は全部で4800さつあります。社会科学の本は何さつありますか。

1 次の表と帯グラフは，日本の土地利用のようすを表したものです。帯グラフには森林の割合だけが記入されています。〈9点×2・(1)は完答〉

項　目	面積(万ha)	割合(％)
森　林		
農用地	526	
宅　地		5
河川・水路		4
道　路	117	
その他		
合　計	3780	100

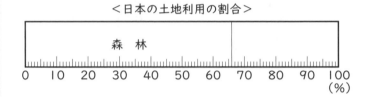

＜日本の土地利用の割合＞

森　林

0　10　20　30　40　50　60　70　80　90　100
(％)

(1) 表の空らんにあてはまる数を，四捨五入して整数で求めて書き入れなさい。

(2) 上の帯グラフを完成させなさい。

2 右の円グラフはある学校の男子と女子の児童の人数の割合を表したもので，帯グラフはその学校の児童の通学方法を表したものです。ただし，2つ以上の方法を使っている児童はいません。また，徒歩で通学する女子は35人，徒歩で通学する男子は男子全体の60％います。〈8点×4〉

女子 144° 男子

徒歩	バス	その他

0　　　　　　　　　　　　　　　　100%

(1) 男子，女子はそれぞれ，全体の何％ですか。

男子　　　　　女子

(2) 徒歩で通学する男子は，全体の何％ですか。

(3) 徒歩で通学する女子は，全体の何％ですか。

(4) この学校の児童は全部で何人ですか。

3 ある学校の4年生160人に，Aの本とBの本を読んだかどうかを調べた結果を円グラフに表すと右のようになりました。また，AとBのどちらの本も読んだ人は24人いました。〈10点×2〉

Aの本

読んでいない 216° 読んだ

(1) AとBのどちらの本も読んだ人は全体の何%ですか。

Bの本

読んでいない 198° 読んだ

(2) AとBの本をどちらも読んでいない人は何人いますか。

4 右の円グラフは，180人の生徒が3問のテストをした結果を表したものです。正解が0問の人は7人でした。〈日本女子大学附属中学校〉〈15点×2〉

(1) ⓐの角の大きさは何度ですか。

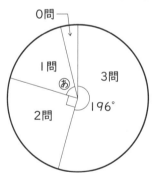

[正解した問題の数の割合]

0問
1問
2問
3問
ⓐ 196°

(2) 正解した問題の数の平均は何問ですか。

復習テスト⑤

🕐 30分　／100　答え48ページ

1 下の表は，ある年のさつまいものとれ高を上位5県とその他についてしめしたものです。〈12点×4・(1)は完答〉

(1) 各県のとれ高の割合（百分率）を，四捨五入して整数で求め，右の表の空らんに書きなさい。ただし，合計が100%にならないときは，いちばん大きい割合になるところで調整するものとします。

県　名	とれ高	割合（%）
鹿児島	38	
茨　城	15	
千　葉	15	
宮　崎	7	
静　岡	3	
その他	48	
合　計	126	100

(2) (1)の結果を，右の円グラフで表しなさい。

(3) できた円グラフで，鹿児島県の割合を表すおうぎ形の中心角の大きさは何度ですか。小数第二位を四捨五入して答えなさい。

さつまいものとれ高の割合（%）

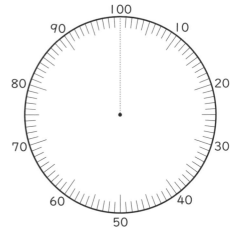

(4) さつまいものとれ高の割合を，長さ15cmの帯グラフで表したとき，千葉県の割合を表す帯の長さは何cmになりますか。小数第二位を四捨五入して答えなさい。

2 次の文章の□にあてはまることばを，下の⑦～⑤から１つずつ選びなさい。

〈8点×2〉

(1) ぼうグラフは，① □ のように，数量の ② □ を比べる場合に用います。

(2) 折れ線グラフは，① □ のように，② □ を調べる場合に用います。

⑦	赤ちゃんの毎月の体重のグラフ	⑦	都道府県別の人口のグラフ
⑦	大小やちがいを比べる	⑤	時間による変化のようす

3 右のヒストグラムは，あるクラス 40 人でペットボトルのキャップ集めの ボランティアをしたときの結果を表した ものです。例えば，集めたキャップが 30 こ以上 40 こ未満だった人が 4 人い たということを表しています。はるなさ んとあきとさんもこのクラスにいます。

〈12点×3〉

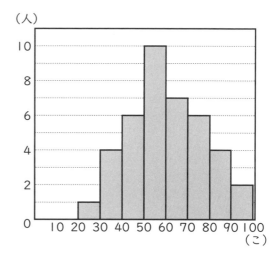

(1) はるなさんが集めたキャップのこ数 は，集めたこ数の少ない方の人から数えて 18 番目です。はるなさんの集めた キャップのこ数は何こ以上何こ未満ですか。

(2) あきとさんはキャップを 83 こ集めました。あきとさんが集めたこ数は，集め たこ数の多い方の人から数えて何番目以上何番目以下と考えられますか。

(3) 集めたキャップのこ数が 70 こ以上の人は，全体の何％ですか。

過去問題にチャレンジ⑤

⏱ **25分**　　／**100**　答え**49**ページ

1 次の図は，しゅん君の昨年のおこづかいの使い道を調べて円グラフにしたものです。

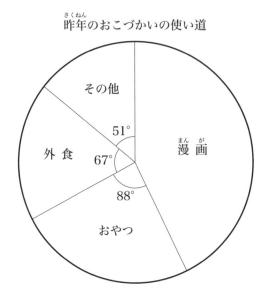

昨年のおこづかいの使い道

次の問いに答えなさい。〈立教池袋中学校〉〈20点×2〉

(1) 昨年の漫画とおやつに使った金額の比を，最も簡単な整数の比で表しなさい。

(2) 今年は昨年よりも使った金額全体が40％増えました。また，漫画に使った金額は昨年よりも50％増えました。今年のおこづかいの使い道を円グラフで表すとき，漫画に使った金額の割合を表すおうぎ形の中心角は何度になりますか。

2 夏男さんは，あるヒマワリの成長を観察しました。次の表は，6月10日から7月30日までの，観察した日にちとヒマワリの高さの変化を表したものです。観察は，朝7時に行い，6月30日は外出していて測れませんでした。

観察した日にち	6月10日	6月20日	7月10日	7月20日	7月30日
ヒマワリの高さ(m)	0.3	0.7	1.2	1.6	1.8

表

次の問いに答えなさい。〈お茶の水女子大学附属中学校〉〈20点×3〉

(1) 6月10日から7月30日までで，ヒマワリの高さは1日あたり平均何cmのびたと考えられますか。のびた平均の長さを求めなさい。

(2) 表から，観察した日にちとヒマワリの高さの変化を表す折れ線グラフをかきなさい。ただし，たて軸の目もりは「0.2」のように，横軸の目もりは「6月10日」のように，すべて書きなさい。

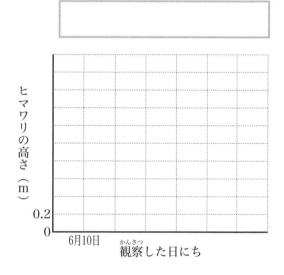

(3) 折れ線グラフで表すとよいものを，次のアからエの中からすべて答えなさい。

ア ある学校で，4月に学校で起こるけがにはどのようなものがどのくらい多いのか。

イ ある赤ちゃんの体重が，1か月ごとにどのように増えていったか。

ウ ある学校の図書室で，昨年度に借りた本の貸出総数が多いのはどの学級か。

エ 日本の総人口に対する60歳以上の人口の割合が，毎年どのように変化しているのか。

思考力問題にチャレンジ①

⏱ **40**分　／**100**　答え**50**ページ

1 ある電車の路線には，A，B，C，D，E，Fの6つの駅がこの順番にならんでいます。はじめにA駅で乗車し，途中にある駅のいくつかで下車しながらF駅まで移動します。ただし，途中で下車したときは下車した駅から次のF駅方面の電車に乗車します。表1は，それぞれの駅の間の道のりの一部を表したもので，表2は，乗車駅から下車駅までの道のりによる運賃を示したものです。たとえば，A駅で乗車してC駅で下車した場合，その間の道のりは6.7kmなので，C駅までの運賃は270円になります。次の問いに答えなさい。〈15点 × 3・(3)は完答〉

表1

A駅		6.7			
	B駅		8.4		
		C駅			10.6
			D駅		7.0
				E駅	3.3
					F駅

(km)

表2

道のり	運賃
4km 未満	㋐
4km 以上 7km 未満	270 円
7km 以上 10km 未満	㋑
10km 以上 15km 未満	360 円
15km 以上 20km 未満	400 円

(1) 途中で下車しないでF駅まで移動した場合，運賃は何円ですか。

(2) 表1の空いているところをすべてうめて，表を完成させなさい。

(3) A駅で乗車したあと，D駅で下車してF駅まで移動したときの運賃の合計は680円で，B駅とE駅で下車してF駅まで移動したときの運賃の合計は780円です。表2の㋐と㋑にあてはまる運賃は何円ですか。

㋐　　　　　　　　　　㋑

2 りょうさんのクラスで算数と国語のテストをしました。テストは算数，国語それぞれ1つ10点の問題が10問ずつです。得点が40点以下だった人は算数，国語ともいませんでした。表1は，テストの結果をまとめたもので，空らんのところはあてはまる人が0人で，りょうさんは表の㋐の人数のひとりです。また，国語の平均点と算数の平均点は等しくなりました。次の問いに答えなさい。

〈11点 × 5 ・(1)(5)は完答〉

表1

算＼国	50	60	70	80	90	100
50		1				
60		3	4			
70	2	1	5	4	2	
80		1	㋐	3	3	
90			2	1		2
100					2	

表2

算＼国	50	60	70	80	90	100
50						
60						
70	2		6	4	2	
80		1	㋐	3	3	
90			2	1		2
100					2	

(1) りょうさんの算数，国語の得点は何点ですか。

算数 [   ]　　　国語 [   ]

(2) ㋐の人数は何人ですか。

[   ]

(3) このクラスの人数は何人ですか。

[   ]

(4) 算数の得点よりも国語の得点の方がよかった人は，このクラスの何％ですか。

[   ]

(5) テストのあと，算数が60点以下だった人にテストを解きなおしてもらったところ，3人が70点になり，算数の平均点が1点高くなりました。表2はその3人の結果を書きなおしたものですが，まだ記入されていないところがあります。表2を完成させなさい。ただし，㋐の人数は表1と同じです。また，0は記入しなくてよいです。

15 角度

ねらい▶ 平行線と角の性質，三角じょうぎの性質を使って，角度を計算で求められるようにする。

★ 標準レベル

🕐 20分　　　／100　　答え 51 ページ

1 右の図は，2つの直線が交わったものです。また，角ⓔの大きさは60°です。次の ① ～ ⑤ にあてはまる角の大きさを答えなさい。

〈6点×5〉

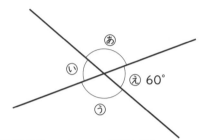

角ⓐと角ⓘ，角ⓐと角ⓔを合わせると，直線になるので，それぞれ ① °だから，角ⓐの大きさは， ② °－60°＝ ③ °です。角ⓤの大きさはⓐと等しく ④ °です。角ⓘの大きさは ⑤ °です。

①	②	③	④	⑤

2 下の図で，角ⓐ，ⓘの大きさをそれぞれ求めなさい。〈7点×2〉

(1)

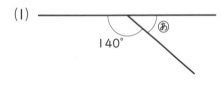

(2)

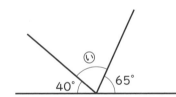

3 「三角形の3つの角の大きさの和は180°」です。

これを利用して，次の図の角ⓐ，ⓘの大きさを求めなさい。〈7点×2〉

(1)

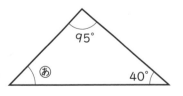

(2)

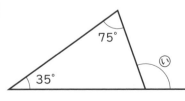

4 　1組の三角じょうぎの角の大きさは決まっています。次の図のように，三角じょうぎを重ねて置いたとき，角あ，いの大きさを求めなさい。〈7点×2〉

(1)
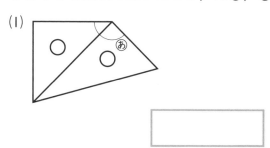

(2)
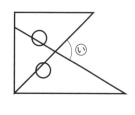

5 　右の図のように，平行な2本の直線㋐，㋑に1つの直線㋒が交わっています。このとき，図のあといの角の大きさは等しくなります（平行線の同位角は等しいといいます）。また，角あとうの大きさも等しくなります（平行線の錯角は等しいといいます）。これを利用して，次の①，②の角の大きさを求めなさい。ただし，直線㋐，㋑は平行になっています。〈7点×2〉

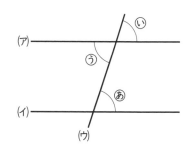

(1)
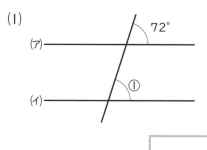

(2)
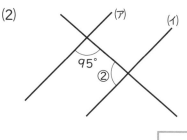

6 　右の図のように，どんな四角形も1本の対角線で2つの三角形に分けられます。ですから四角形の4つの角の和は180°の2倍の360°になります。このとき，次の①，②の角の大きさを求めなさい。〈7点×2〉

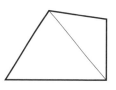

(1)
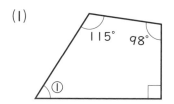

(2)
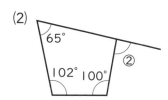

★★　**上級レベル①**　　⏱ 35分　　／100　　答え **51** ページ

1　右の図のように，2つの辺が等しい長さの三角形を二等辺三角形といいます。2つの等しい長さの辺のはしにある角⑥と角⑤を「底角」といい，角⑥と角⑤の大きさは等しいです。（二等辺三角形のうち，3つの辺の長さがすべて等しい三角形は正三角形といい，3つの角の大きさはすべて 60°になります。）このとき，次の二等辺三角形の角①，②の大きさを求めなさい。〈6点×2〉

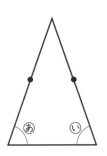

(1)

(2)

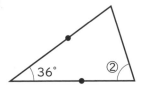

2　次の角⑥の大きさを求めなさい。ただし，直線(ア)と(イ)は平行です。〈6点×4〉

(1)

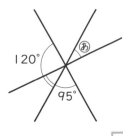

(2)

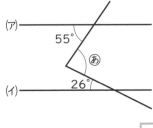

(3)

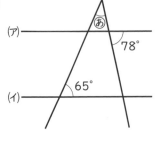

(4) 三角形 ABC は正三角形

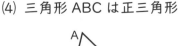
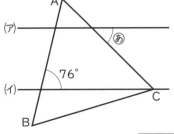

3 次の図は，1組の三角じょうぎを組み合わせたものです。角あの大きさを求めなさい。〈6点×6〉

(1)

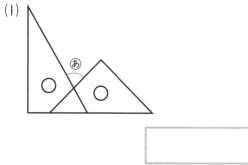

(2)

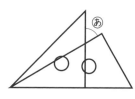

(3)

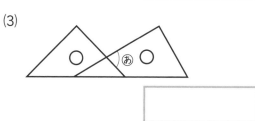

(4)

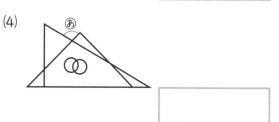

(5)

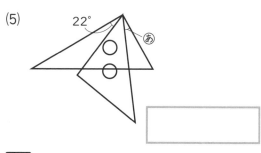

(6)

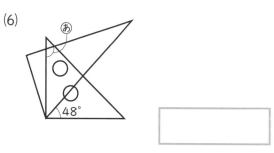

4 次の図で，角あの大きさを求めなさい。〈7点×4〉

(1)

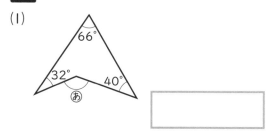

(2)

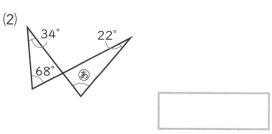

(3) AB，BD，CD は同じ長さ

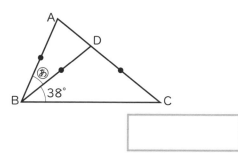

(4) AD，AE は同じ長さ

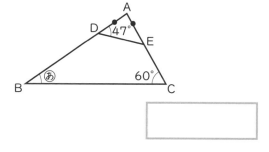

★★　上級レベル②　　🕐 35分　　／100　答え52ページ

1　次の図の四角形 ABCD は正方形です。角⑩の大きさを求めなさい。〈7点×2〉

(1) 三角形 BCE は正三角形

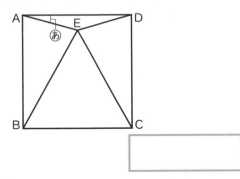

(2) 三角形 BCF は正三角形

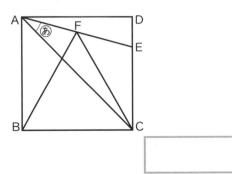

2　右の図1のように，向かい合う2組の辺がそれぞれ平行な四角形を平行四辺形といいます。また，図2のように，4つの辺がすべて等しい四角形をひし形といいます。このとき，次の図で角⑩の大きさを求めなさい。〈7点×4〉

図1

図2

(1) 四角形 ABCD は平行四辺形

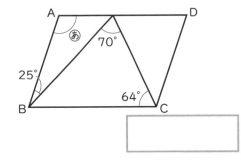

(2) 四角形 ABCD はひし形

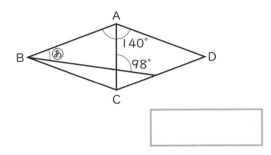

(3) 四角形 ABCD は平行四辺形
　　直線 EF と直線 GH は垂直に交わる

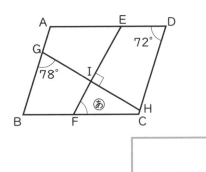

(4) 四角形 ABCD はひし形

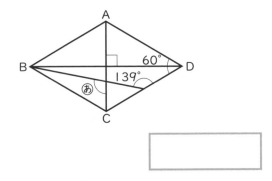

3 次の(1)～(4)の図は，細長い長方形の紙を折ったものです。角あ～おの大きさを求めなさい。〈6点×5〉

(1)

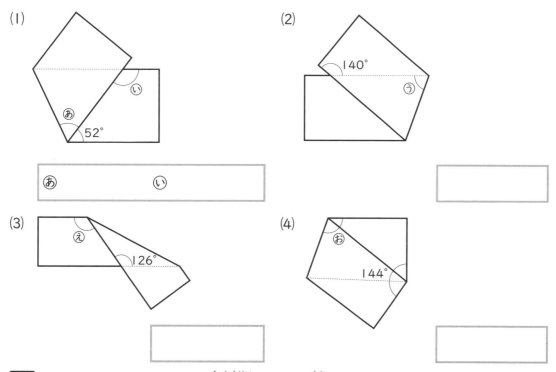

(2)

あ	い

(3)

(4)

4 直線でかこまれた図形を多角形といい，例えば5本の直線でかこまれた図形を五角形といいます。多角形の角の和は，1つの頂点から対角線をひき，「180°×できた三角形のこ数」で求めることができます。次の図で，角あの大きさを求めなさい。

〈7点×4〉

(1)

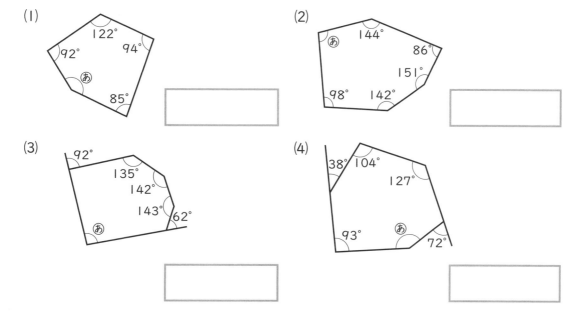

122°
92°
94°
あ
85°

(2)

あ
144°
86°
151°
98° 142°

(3)

92°
135°
142°
143° 62°
あ

(4)

38° 104°
127°
93° あ
72°

★★★ 最高レベル

⏱ **40**分 　／100　答え **53**ページ

1 右の図で，三角形 ABC は正三角形で，直線 ℓ（エル）と直線 m（エム）は平行です。角(あ)と角(い)の大きさを求めなさい。〈桐蔭学園中等教育学校〉〈8点×2〉

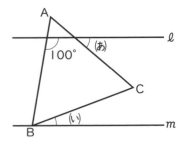

(あ)　　　　　　　(い)

2 右の図の正方形で，角 x の大きさを求めなさい。

〈慶應義塾中等部〉〈9点〉

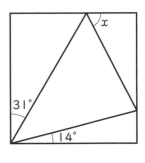

3 右の図で，角 x の大きさを求めなさい。〈9点〉

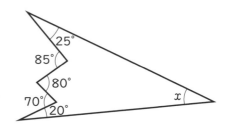

4 右の図で，辺（へん） OA と OB の長さが等しいとき，角 x の大きさを求めなさい。ただし，OC，CD，DE，EA，AB の長さは等しいものとします。〈9点〉

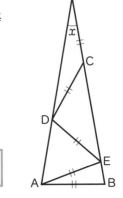

5 右の図において，印のついた 8 か所の角の大きさの和を求めなさい。〈芝浦工業大学附属中学校〉〈9点〉

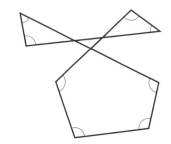

6 右の図は，正方形 ABCD の辺 CD 上に点 P をとり，直線 AP を折り目として折り返した図です。このとき，角⑯と角⑰の大きさを求めなさい。〈8点×2〉

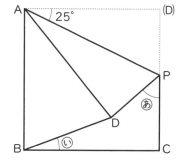

⑯ ⑰

7 右の図の x，y の角の大きさを求めなさい。ただし，○，×の角の大きさはそれぞれ等しいものとします。〈8点×2〉

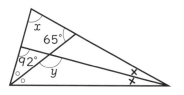

x y

8 右の図の三角形 ABC は角 A が 65°で，辺 AC と辺 BC の長さが等しい二等辺三角形です。辺 AB，AC をそれぞれ 1 辺として，正三角形 ADB，正三角形 ACE をつくります。このとき，x と y の角の大きさを求めなさい。〈8点×2〉

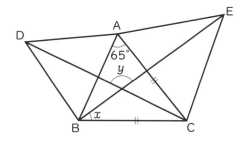

x y

16　正方形・長方形の面積

> **ねらい**　正方形と長方形の面積の求め方，面積の単位を理解し，正確に求められるようにする。

★　標準レベル　🕐20分　　／100　答え54ページ

1　1辺が1cmの正方形の面積を1cm²と表し，「1平方センチメートル」と読みます。また，1辺が1mの正方形は1m²（1平方メートル），1kmの正方形は1km²（1平方キロメートル）と表します。cm²やm²を面積の「単位」といいます。

  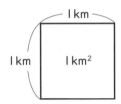

次の文で，□にあてはまる数を答えなさい。〈2点×6〉

正方形の面積は，「1辺×1辺」で求められます。1辺が2cmの正方形なら，2cm × 2cm = 4cm² となります。また，1m²の大きさは，1m × 1m = ① cm × ② cm = ③ cm²，1km²の大きさは，1km × 1km = ④ m × ⑤ m = ⑥ m² と同じです。

①	②	③	④	⑤	⑥

2　次の図の(1)～(3)の正方形の面積を求めなさい。〈3点×3〉

(1)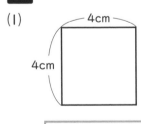

(2)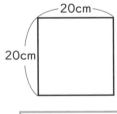

(3)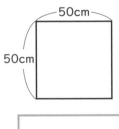

3　次の①～④の面積を（　）内の単位になおしなさい。〈3点×4〉

① 5m²（cm²）　② 20000cm²（m²）　③ 8m²（cm²）　④ 45000cm²（m²）

4 次の文の， ☐ にあてはまる数を答えなさい。〈3点×5〉

長方形の面積は，「たての長さ×横の長さ」で求められ
ます。右の図の長方形の面積は，たてが ① cm，横が
② cm だから， ③ cm × ④ cm = ⑤ cm²
になります。

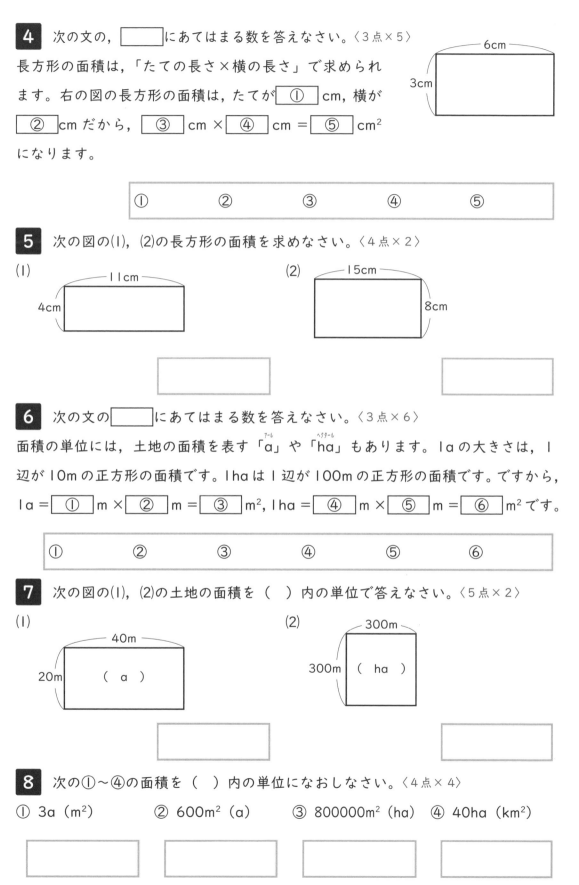

①	②	③	④	⑤

5 次の図の(1)，(2)の長方形の面積を求めなさい。〈4点×2〉

(1)

11cm

4cm

(2)

15cm

8cm

6 次の文の ☐ にあてはまる数を答えなさい。〈3点×6〉

面積の単位には，土地の面積を表す「a」や「ha」もあります。1aの大きさは，1
辺が10mの正方形の面積です。1ha は1辺が100mの正方形の面積です。ですから，
1a = ① m × ② m = ③ m², 1ha = ④ m × ⑤ m = ⑥ m² です。

①	②	③	④	⑤	⑥

7 次の図の(1)，(2)の土地の面積を（　）内の単位で答えなさい。〈5点×2〉

(1)

40m

20m

（ a ）

(2)

300m

300m

（ ha ）

8 次の①～④の面積を（　）内の単位になおしなさい。〈4点×4〉

① 3a （m²）　　② 600m² （a）　　③ 800000m² （ha）　　④ 40ha （km²）

★★　**上級**レベル　　　⏱30分　　／100　答え**54**ページ

1 次の図形の面積を求めなさい。ただし，角はすべて直角です。〈7点×4〉

(1)

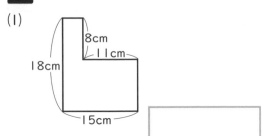

(2)

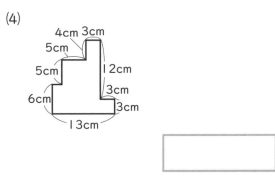

(3)

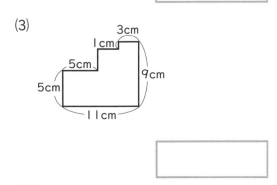

(4)

2 たて4cm，横5cmの長方形があります。この長方形のたて，横をそれぞれ5倍して，新しい長方形をつくります。このとき，次の問いに答えなさい。〈7点×2〉

(1) 新しくできる長方形の周りの長さは，もとの長方形の周りの長さの何倍か求めなさい。

(2) 新しくできる長方形の面積は，もとの長方形の面積の何倍か求めなさい。

3 次の◻︎にあてはまる数を答えなさい。〈7点×2〉

(1) たて24cm，横15cmの長方形Aと，たて18cm，横◻︎cmの長方形Bの面積は等しい。

(2) たて32cm，横8cmの長方形Aと，1辺◻︎cmの正方形Bの面積は等しい。

4 右の図のように、たての長さが 4m，横の長さが 5m の長方形の土地に，はば 1m の道をつくります。このとき，しゃ線部分の面積は何 m² ですか。

〈城西川越中学校〉〈10 点〉

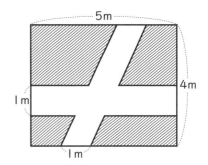

5 右の図で，長方形 ABCD と六角形 EBCHGF の面積は等しくなっています。このとき，次の問いに答えなさい。ただし，図の角はすべて直角です。〈7 点 × 2〉

(1) 六角形 EBCHGF の面積を求めなさい。

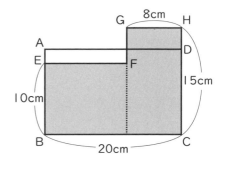

(2) 辺 AB の長さを求めなさい。

6 面積が等しい正方形と長方形があり，長方形のたてと横の長さの比は 9：4 です。このとき，この正方形と長方形の周りの長さの比を求めなさい。〈10 点〉

7 右の図のように，長方形の土地を 2 つに分けたところ，アとイの面積が等しくなりました。このとき，図の ☐ にあてはまる数を求めなさい。ただし，図のすべての角は直角です。〈10 点〉

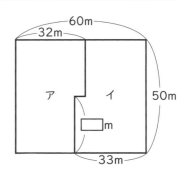

★★★ 最高レベル

1 1辺が 8cm の正方形が 3 まいあります。その 3 まいを右の図のようにはり合わせました。この図形の面積を求めなさい。〈神奈川学園中学校〉〈10点〉

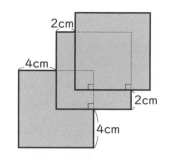

2 1辺が 10cm の正方形 ABCD の 4 つの辺に対して，それぞれ真ん中に 4 点 E，F，G，H をとります。しゃ線部分の面積を求めなさい。〈昭和学院秀英中学校〉〈10点〉

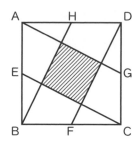

3 右の図のように，大きさのことなる 2 つの正方形を重ねて図形をつくります。この図形全体の面積が 520cm² ，重なっている部分の面積はそれぞれの正方形の面積の $\frac{3}{50}$ と $\frac{1}{6}$ でした。小さい方の正方形の 1 辺の長さを求めなさい。〈10点〉

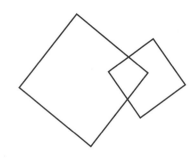

4 右の図は，長方形 ABCD から正方形アを切り取ったもので，周りの長さは 82cm です。このとき，次の問いに答えなさい。〈10点×2〉

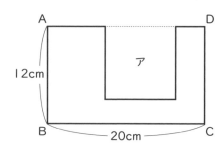

(1) 正方形アの 1 辺の長さを求めなさい。

(2) 右の図形の面積を求めなさい。

5 右の図は，正方形と長方形を重ねたもので，アとウの面積は等しくなっています。このとき，図の□にあてはまる数を答えなさい。

〈10点〉

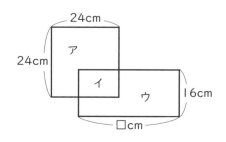

6 右の図のように，長方形 ABCD のたてと横を 8cm ずつ長くして長方形をつくったところ，長方形 AEFG の面積は長方形 ABCD の面積より 192cm² 大きくなりました。長方形 ABCD の周りの長さを求めなさい。〈10点〉

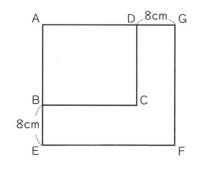

7 次の図のように，長方形の土地がアとイに分けられています。アとイの面積を変えないように点線で区切り，2 つの長方形の土地に分けます。このとき，図の□にあてはまる数を求めなさい。ただし，図の角はすべて直角です。〈15点〉

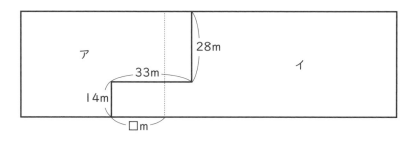

8 右の図のように，正方形の色紙に正方形のあなをあけたら，色紙の面積は 153cm² になりました。イの長さがアの長さより 9cm 短いとき，アの長さを求めなさい。〈15点〉

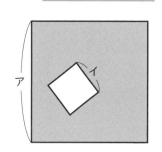

17 三角形, 四角形の面積

ねらい▶ 三角形, 四角形の面積を求められるようにする。

★ 標準レベル　　　　⏱20分　　／100　　答え57ページ

1 図1のような, たて6cm, 横10cmの長方形に三角形ABCをつくりました。この三角形の面積の求め方を考えます。図2のように, 底辺BCに垂直な線をひき, 2つの長方形に分け, ㋐, ㋑, ㋒, ㋓の4つの三角形の面積を考えます。〈10点×2〉

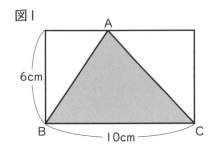
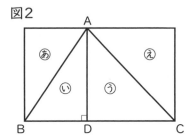

㋐+㋑+㋒+㋓の面積の和は, ①□ cm² です。

㋐と㋑, ㋒と㋓の面積はそれぞれ等しいから, 三角形ABCの面積は②□ cm² です。

2 図1のような, 平行四辺形の面積の求め方を考えます。〈10点×2〉
図2のように, 頂点A, Dから直線BCに垂直な線をひいて三角形㋐, ㋑をつくると, 2つの三角形は同じになります。よって, 平行四辺形の面積は長方形の面積と同じになります。

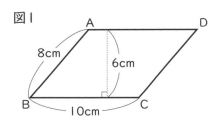
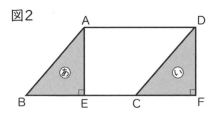

長方形の面積は①□ cm² なので, 平行四辺形の面積は②□ cm² です。

3 図1のような，ひし形の面積の求め方を考えます。〈12点×2〉

図2のように，下半分の三角形を右上にずらしてみると，平行四辺形になります。
よって，ひし形の面積は平行四辺形の面積と同じになります。

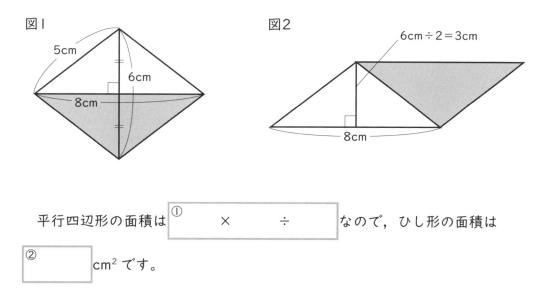

平行四辺形の面積は $①\boxed{\times\div}$ なので，ひし形の面積は

$②\boxed{}$ cm^2 です。

4 次の三角形，四角形の面積について，□にあてはまる式を答えなさい。

〈12点×3〉

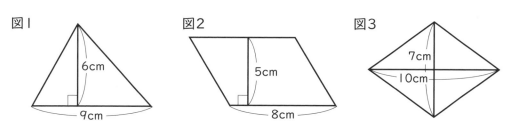

(1) 図1は三角形なので，面積を求める公式は，底辺×高さ÷2です。

　（式）$\boxed{\times\div=}$ （cm^2）

(2) 図2は平行四辺形なので，面積を求める公式は，底辺×高さです。

　（式）$\boxed{\times=}$ （cm^2）

(3) 図3はひし形なので，面積を求める公式は，対角線×対角線÷2です。

　（式）$\boxed{\times\div=}$ （cm^2）

★★ **上級**レベル① 　　⏱30分 　　／100 　　答え**57**ページ

1 次の三角形の面積を求めなさい。〈5点×3〉

(1)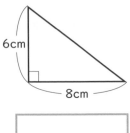

(2)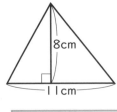

(3)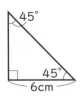

2 次の平行四辺形の面積を求めなさい。〈5点×3〉

(1)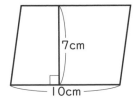

(2)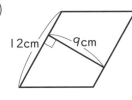

(3)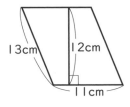

3 次のひし形，正方形の面積を求めなさい。〈5点×3〉

(1)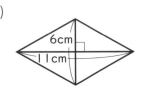

(2)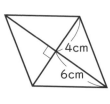

(3)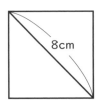
正方形

4 右の図は1辺の長さが1cmの正方形9こと直角三角形を組み合わせた図形です。このとき，しゃ線部分の面積の合計を求めなさい。〈東京都市大学付属中学校〉〈5点〉

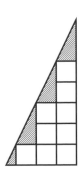

5 次のかげをつけた部分の面積を求めなさい。〈5点×3〉

(1)

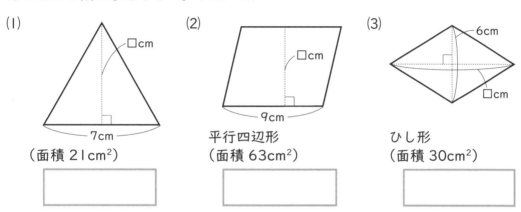

(2) 平行四辺形

(3) 平行四辺形

6 次の(1)～(3)の図形の面積が図の下の（　）にしめした通りであるとき，□にあてはまる数を求めなさい。〈5点×3〉

(1)

（面積 21cm²）

(2) 平行四辺形
（面積 63cm²）

(3) ひし形
（面積 30cm²）

7 右の図は1辺が8cmの正方形で，点 E，F，G，H はそれぞれ辺 AB，BC，CD，DA のまん中の点です。

〈10点×2〉

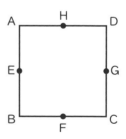

(1) 図の A，C，G，H を結んでできる四角形の面積は何 cm² ですか。

(2) 図の D，E，F を結んでできる三角形の面積は何 cm² ですか。

★★ **上級レベル②**　　⏱30分　　／100　　答え **58**ページ

1 台形の面積を求めるには，右の図１のように台形を２つ組み合わせると平行四辺形になることを用います。このことから，台形の面積は，（上底＋下底）×高さ÷２で求めることができます。図２の台形の面積を求めなさい。〈10点〉

図1
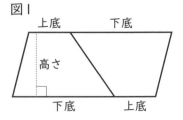
上底　　下底
高さ
下底　　上底

図2
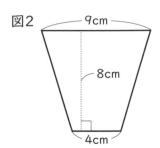
9cm
8cm
4cm

2 次の□にあてはまる数を求めなさい。〈10点×2〉

(1)
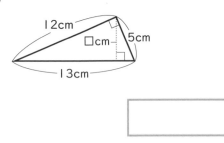
12cm
□cm
5cm
13cm

(2)
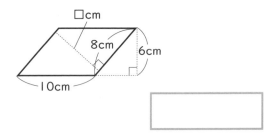
□cm
8cm
6cm
10cm

3 次の図で，かげをつけた部分の面積を求めなさい。〈10点×2〉

(1)
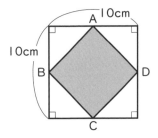
10cm
A
10cm
B　　D
C

A，B，C，D は辺の真ん中の点

(2)
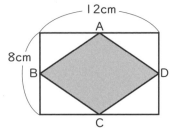
12cm
A
8cm
B　　　D
C

A，B，C，D は辺の真ん中の点

4 右の図は，2つの直角三角形を組み合わせた図形です。かげをつけた部分の面積を求めなさい。〈10点〉

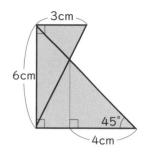

5 右の図は，1辺が2cm，3cm，5cmの3つの正方形を組み合わせてつくった図形です。この図形の面積を直線PQで2等分するとき，QRの長さを求めなさい。

〈香蘭女学校中等科〉〈10点〉

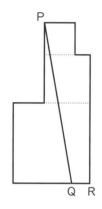

6 右の図のAとBの面積が等しいとき，□にあてはまる数を答えなさい。　〈横浜雙葉中学校〉〈15点〉

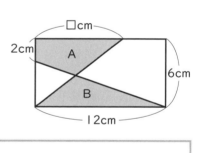

7 右の図のかげをつけた部分の面積を求めなさい。〈15点〉

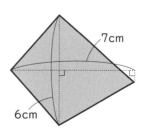

★★★ 最高レベル　　　⏱ **40**分　　　／100　　答え **59**ページ

1　右の図形（２つの長方形を重ねた図形）の面積
は 296cm² です。アの長さは何 cm ですか。

〈東洋英和女学院中等部〉〈10 点〉

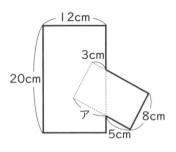

2　次の図は，対角線が 6cm の正方形を組み合わせ
た図形です。かげをつけた部分の面積を求めなさい。

〈10 点〉

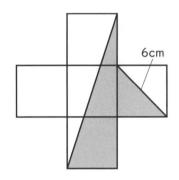

3　右の図のように，4 点 A，B，C，D は，たてが
10cm，横が 12cm の長方形の辺の上にあります。四
角形 ABCD の面積を求めなさい。ただし，図の中の
点線は，長方形の辺と平行です。

〈東京女学館中学校〉〈15 点〉

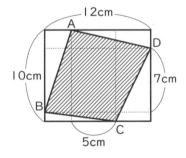

4　右の図のように，大小 2 つの直角二等辺三角形を
重ねました。重なったしゃ線部分の面積を求めなさい。

〈明治大学付属明治中野八王子中学校〉〈15 点〉

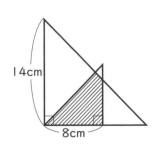

5　１辺が 12cm の正方形 ABCD において，右の図のように辺を３等分する点を点ア，イ，ウ，エ，オ，カ，キ，クとします。また，正方形の２本の対角線が交わる点をケとします。このとき，３点イ，エ，ケを結んでできる三角形の面積は何 cm² ですか。

〈芝中学校〉〈10 点〉

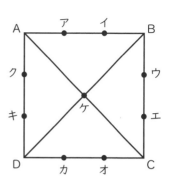

6　右の図の三角形の面積は何 cm² ですか。

〈渋谷教育学園渋谷中学校〉〈10 点〉

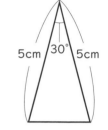

7　次の図１は，図２の直角三角形を４つと，図３の１辺が 7cm の正方形を組み合わせた図形です。あと⑩の長さの和が 23cm のとき，あとの問いに答えなさい。

〈和洋九段女子中学校〉〈10 点×3〉

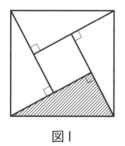
図１

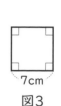
図２

図３

(1) 図２のあの長さは何 cm ですか。

(2) 図１のしゃ線部分の面積は何 cm² ですか。

(3) 図２の⑤の長さは何 cm ですか。

18 円

学習日　月　日

ねらい▶ 円周や円の面積を求められるようになる。

★ 標準レベル　⏱20分　／100　答え60ページ

1 円の周りを円周といいます。円周の長さを直径の長さでわった数を円周率といいます。円周率はどのような円でもおよそ3.14になります。円周の長さや円の面積は、円周率を使って求めることができます。〈5点×8〉

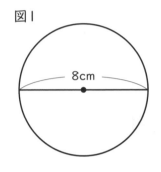

図1

8cm

円の円周は直径×3.14で求めることができます。また、円の面積は半径×半径×3.14で求めることができます。

半径は直径÷2で求めることができるので、図1のような直径8cmの円の円周と面積は、次のようになります。

円周 = ① ◯ × 3.14 = ② ◯ cm

面積 = ③ ◯ × ◯ × 3.14 = ④ ◯ cm²

半径がわかっている円の円周は、半径×2×3.14で求めることができ、円の面積は、半径×半径×3.14で求めることができます。図2のような半径3cmの円の円周と面積は、次のようになります。

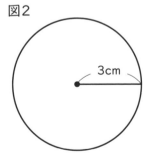

図2

3cm

円周 = ⑤ ◯ × 2 × 3.14 = ⑥ ◯ cm

面積 = ⑦ ◯ × ◯ × 3.14 = ⑧ ◯ cm²

2 次の円の円周と面積を求めなさい。ただし，円周率は3.14とします。〈5点×8〉

(1) 直径が12cmの円

円周	面積

(2) 直径が6cmの円

円周	面積

(3) 半径が5cmの円

円周	面積

(4) 半径が7cmの円

円周	面積

3 右の図の点A～Lは，半径が6cmの円を12等分した点です。このとき，次の問いに答えなさい。ただし，円周率は3.14とします。〈4点×5〉

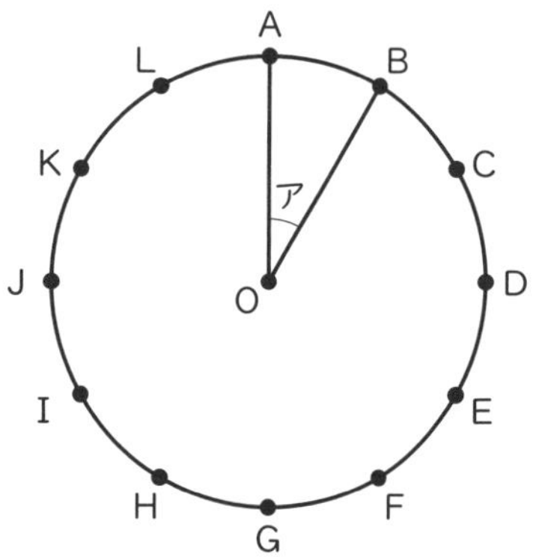

(1) この円の円周の長さを求めなさい。

(2) 円の面積を求めなさい。

(3) 3つの点A，I，Eを結んでできる三角形はどんな三角形ですか。

(4) 角アの大きさを求めなさい。

(5) 円の直径を1辺とする，3つの頂点がすべて円の円周上にある三角形は直角三角形となります。AGを1辺とする直角三角形は何こできますか。

★★　**上級**レベル①　　　⏱30分　　　／100　　答え**60**ページ

円周率は，問題文に書いていなければ 3.14 とします。

1　右のような円の一部の形をおうぎ形と
いい，曲線部分を弧，2 つの半径でつくられ
る角を中心角といいます。おうぎ形の弧の長
さやおうぎ形の面積は，円の中心角を用いて
求めることができます。

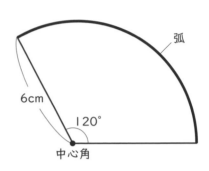

〈5 点×2・①〜③，④〜⑦でそれぞれ完答〉

図 1 のように中心角がわかっているおうぎ形の弧の長さは，

円周×$\dfrac{中心角}{360}$ で求めることができ，おうぎ形の面積は，

円の面積×$\dfrac{中心角}{360}$ で求めることができます。ですから，図のおうぎ形の弧の

長さと面積は，次のようになります。

図のおうぎ形の弧の長さ ＝ ①□ × 3.14 × $\dfrac{②□}{360}$ ＝ ③□ cm

図のおうぎ形の面積 ＝ ④□ × ⑤□ × 3.14 × $\dfrac{⑥□}{360}$ ＝ ⑦□ cm²

2　次のおうぎ形の弧の長さと面積を求めなさい。〈10 点×3〉

(1)
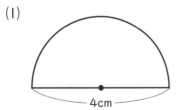

| 弧の長さ |
| 面積 |

(2)
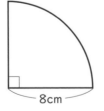

| 弧の長さ |
| 面積 |

(3)
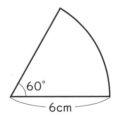

| 弧の長さ |
| 面積 |

3 次の問いに答えなさい。〈10点×3〉

(1) 円周が 6.28cm の円の半径を求めなさい。

（答え欄）

(2) 円周が 50.24cm の円の直径を求めなさい。

（答え欄）

(3) 半径が 10cm の半円の面積を求めなさい。

（答え欄）

4 1辺が 10cm の正方形と半円でできて
いる図形があります。〈10点×2〉

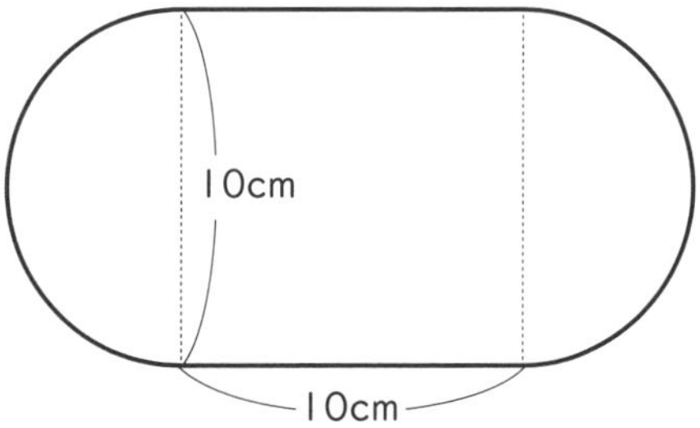

(1) 図形の周りの長さを求めなさい。

（式）

10cm

10cm

（答え欄）

(2) 図形の面積を求めなさい。

（式）

（答え欄）

5 次の図で，しゃ線部分の面積を求めなさい。

〈聖セシリア女子中学校〉〈10点〉

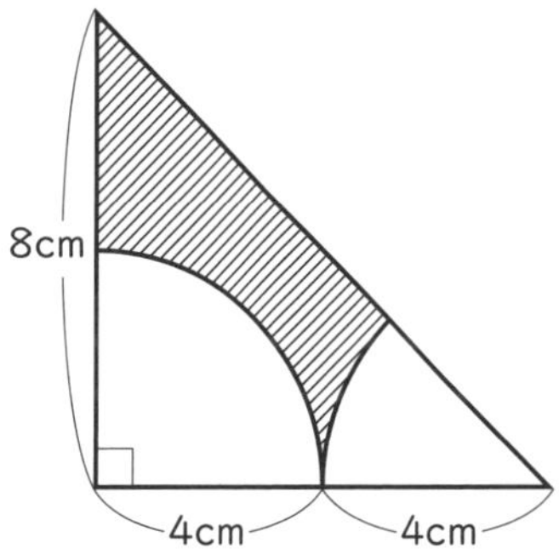

（式）

（答え欄）

8cm

4cm　4cm

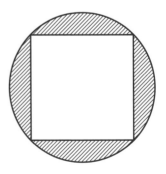

★★　上級レベル②　　　　　　　　⏱30分　　　　／100　　答え61ページ

円周率は，問題文に書いていなければ 3.14 とします。

1 次の問いに答えなさい。〈10点×2〉

(1) 直径 48cm の円があります。この円の円周は，半径 6cm の円の円周の何倍になりますか。

(2) 直径 72cm の円があります。この円の面積は，半径 12cm の円の面積の何倍になりますか。

2 図の角 x の大きさは何度か，求めなさい。ただし，点 O は円の中心です。

〈10点×3〉

(1)

x　O
18°

(2)

x
O　70°

(3)

x
30°　O　20°

3 円の中に，1辺が 4cm の正方形がぴったり入っています。このとき，しゃ線部分の面積を求めなさい。

〈成城学園中学校〉〈10点〉

（式）

4 右の図は，中心が点 O で半径が 1cm，2cm，3cm，4cm の円の 4 分の 1 をかいたものです。その図形の面積を二等分する直線をひき，4 か所にしゃ線をひきました。このとき，次の問いに答えなさい。

〈昭和女子大学附属昭和中学校〉〈10 点×2〉

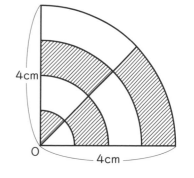

(1) しゃ線部分の面積は何 cm² ですか。

（式）

(2) しゃ線部分のすべての周りの長さは何 cm ですか。

（式）

5 右の図のように，半径 4cm の空きかん 6 つをすき間なくならべてロープでたるまないようにしばります。しばるのに必要なロープの長さは最も短くて何 cm ですか。ただし，結び目はロープの長さにふくみません。〈10 点〉

（式）

6 次の図の平行四辺形の内部にあるしゃ線部分の面積は何 cm² ですか。ただし，円周率は 3 とします。〈麗澤中学校〉〈10 点〉

（式）

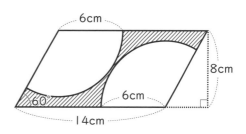

円周率は，問題文に書いていなければ 3.14 とします。

1 右の図の曲線はすべて円か半円か円の $\frac{1}{4}$ です。か
げをつけた部分の面積を求めなさい。

〈東洋英和女学院中学部〉〈15 点〉

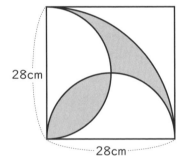

（式）

---

2 右の図は 1 辺の長さが 28cm の正方形と，半円
2 こと円を 4 等分したものを組み合わせた図形です。
かげをつけた部分の面積は何 cm² ですか。

〈慶應義塾湘南藤沢中等部〉〈15 点〉

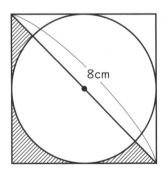

（式）

---

3 右の図のような正方形の中にぴったりと入った図
形があります。この図形のしゃ線部分の面積は何 cm²
ですか。〈日本大学豊山中学校〉〈15 点〉

（式）

4 右の図の四角形 ABCD は 1 辺の長さが 8cm の正方形で，曲線はすべて半円か円の $\frac{1}{4}$ です。辺 BC の真ん中の点を M とします。かげをつけた部分の面積を求めなさい。〈20 点〉

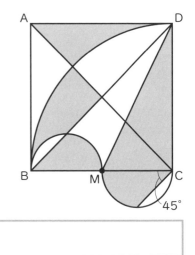

5 右の図のように，1 辺の長さが 8cm の正六角形と直径 8cm の円を組み合わせてできた図形があります。しゃ線部分の面積の和を求めなさい。

〈明治大学付属明治中野八王子中学校〉〈20 点〉

（式）

6 右の図のように，1 辺の長さが 10cm の正方形におうぎ形が 2 つ重なっています。⑤と◯の部分の面積の差が 28.26cm² のとき，□ にあてはまる数はいくつですか。〈桜美林中学校〉〈15 点〉

（式）

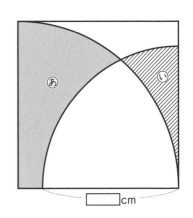

19 合同，対称な図形，図形の拡大縮小

ねらい 合同，対称な図形，図形の拡大縮小を理解し，線分比，面積比まで求められるようにする。

★ 標準レベル

⏱ 20分　　／100　　答え63ページ

1 ２つの図形をぴったり重ね合わせることができるとき，この２つの図形は「合同である」といいます。合同な図形で，重なり合う頂点，辺，角をそれぞれ「対応する頂点」，「対応する辺」，「対応する角」といいます。右の２つの四角形は合同です。このとき，次の問いに答えなさい。〈5点×5〉

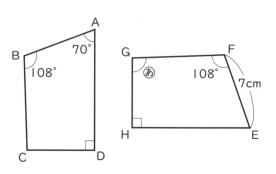

(1) 頂点Aと対応する点は頂点 □ です。(2) 辺CDと対応する辺は辺 □ です。

(3) 角Bと対応する角は角 □ です。　(4) 辺ABの長さは □ cmです。

(5) ⓐの角の大きさは □ 度です。

2 １つの直線を折り目にして２つに折ったとき，折り目の両側の部分がぴったりと重なる図形を線対称な図形といい，折り目にした直線を対称の軸といいます。また，１つの点を中心にして180°回転したとき，もとの図形にぴったり重なる図形を点対称な図形といい，回転したときの中心を対称の中心といいます。図１は線対称な図形，図２は点対称な図形です。次の文の□にあてはまる記号やことばを答えなさい。〈10点×3〉

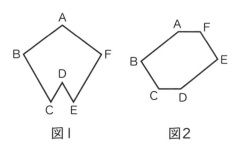

図１　　　　　図2

図１は点 ① □ と点 ② □ を結んだ直線が対称の軸になり，図２は点Aと点Dを結んだ直線と点Bと点Eを結んだ直線の交点が ③ □ になります。

3 対応する角の大きさがそれぞれ等しく，対応する辺の長さの比がすべて等しくなるようにのばした図を拡大図，縮めた図を縮図といいます。右の図の四角形 EFGH は四角形 ABCD の縮図です。次の問いに答えなさい。〈5点×4〉

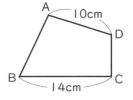

(1) 辺 AB に対応する辺は，辺 □ です。

(2) 角 C に対応する角は，角 □ です。

(3) 四角形 EFGH は四角形 ABCD の □ 倍の縮図です。

(4) 辺 FG の長さは □ cm です。

4 右の図の三角形 DEF は三角形 ABC を拡大したものです。次の問いに答えなさい。

〈5点×5〉

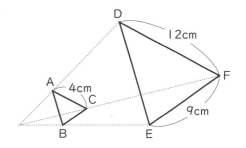

(1) 頂点 C と対応する頂点は点 □ です。

(2) 辺 BC に対応する辺は，辺 □ です。

(3) 角 A に対応する角は，角 □ です。

(4) 三角形 DEF は三角形 ABC の □ 倍の拡大図です。

(5) 辺 BC の長さは □ cm です。

★★　上級レベル①　　⏱30分　　／100　答え63ページ

1 右の図において，直線アと直線イは平行です。あの三角形とⓘの三角形の面積の比は，高さが同じなので，底辺の長さの比になります。次の文の□にあてはまる比をできるだけ小さい整数で答えなさい。〈10点〉

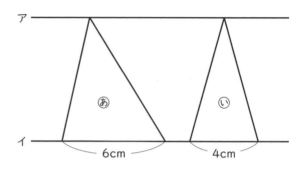

あの三角形の面積：ⓘの三角形の面積＝□：□です。

2 次の図において，直線アと直線イは平行です。あの三角形の面積とⓘの平行四辺形の面積とⓤの台形の面積の比は，高さが同じなので，底辺の長さの和の比になります。次の文の□にあてはまる比をできるだけ小さい整数で答えなさい。〈10点〉

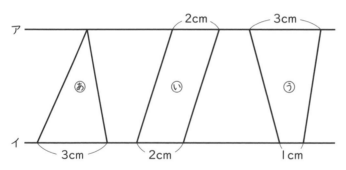

あの三角形の面積：ⓘの平行四辺形の面積：ⓤの台形の面積

＝□：□：□です。

3 右の図において，直線アと直線イは平行です。BC の長さと DE の長さの比は，高さが同じなので，三角形の面積の比になります。次の文の□にあてはまる比をできるだけ小さい整数で答えなさい。〈10点〉

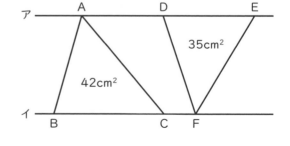

辺 BC：辺 DE ＝□：□です。

4 右の三角形において，BD：DC ＝ 6：5，AE：ED ＝ 2：3 です。次の文の□にあてはまる比をできるだけ小さい整数で答えなさい。〈10点×3〉

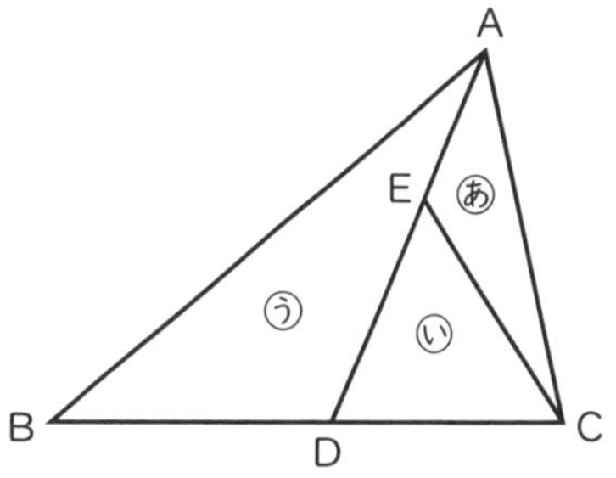

3つに分けられた三角形の面積の比を求めます。

三角形あの面積と三角形いの面積の比は辺 AE と辺 ED の比と同じになるので，

三角形あの面積：三角形いの面積＝ ① ☐ ： ☐ です。

三角形うの面積と，三角形あの面積と三角形いの面積の和の比は辺 BD と辺 DC の比と同じになるので，

三角形うの面積：三角形あの面積と三角形いの面積の和＝ ② ☐ ： ☐ です。

よって，三角形あの面積：三角形いの面積：三角形うの面積

＝ ③ ☐ ： ☐ ： ☐ です。

5 右の三角形において，AD：DB ＝ 2：7，BE：EC ＝ 3：4 です。次の文の□にあてはまる比をできるだけ小さい整数で答えなさい。〈10点×4〉

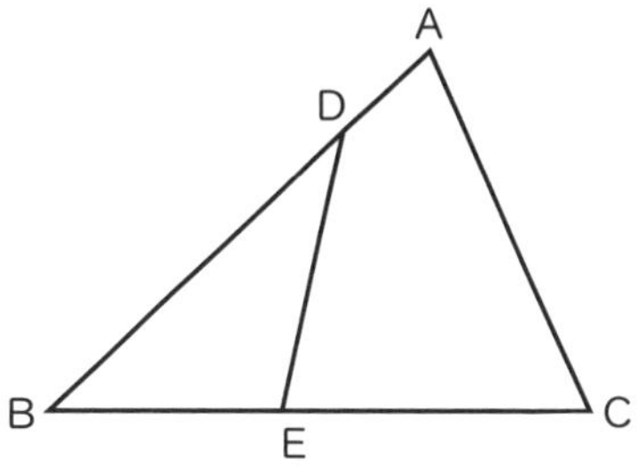

2つに分けられた三角形と四角形の面積の比を求めます。

まず，D と C を結んで，三角形 DEC をつくります。

三角形 DBE の面積：三角形 DEC の面積＝ ① ☐ ： ☐ です。

三角形 DBC の面積：三角形 ADC の面積＝ ② ☐ ： ☐ です。

以上から，三角形 DBE の面積：三角形 ABC の面積＝ ③ ☐ ： ☐ です。

よって，三角形 DBE の面積：四角形 ADEC の面積＝ ④ ☐ ： ☐ です。

★★ **上級レベル②**　　　🕐 30分　　　／100　答え **64**ページ

1　右の図の三角形 ABC の面積は 100cm²
で，D は辺 BC のまん中の点，AE：ED ＝ 3：2
です。〈10点×2〉

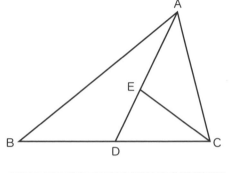

(1) 三角形 ABD の面積を求めなさい。

(2) 三角形 EDC の面積を求めなさい。

2　下の①～④の図はすべて上底 4cm，下底 7cm の台形を分割したものです。

〈5点×4〉

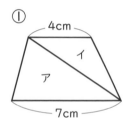 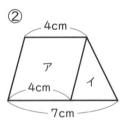 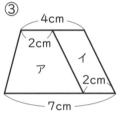 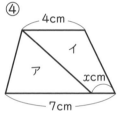

(1) ①～③のアとイの面積の比を最も簡単な整数の比で表しなさい。

①　　　　　②　　　　　③

(2) ④でアとイの面積が等しくなりました。x にあてはまる数を答えなさい。

3　右の図の三角形 ABC の面積は三角形 DBC の面積の
3 倍です。AD ＝ 5cm のとき，DC の長さを求めなさい。

〈女子聖学院中学校〉〈10点〉

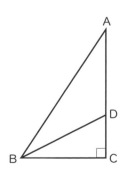

4 右の図の長方形 ABCD の面積は 160cm²
で，AE：ED ＝ 5：3，BF：FE ＝ 3：2 です。

〈10点×2〉

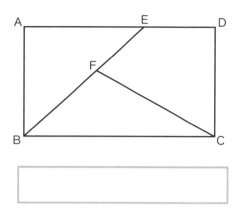

(1) 台形 EBCD の面積を求めなさい。

(2) 四角形 EFCD の面積を求めなさい。

5 右の図のように，三角形 ABC を AR，PR，
PS，QS によって面積の等しい 5 この三角形に分
けます。AC ＝ 8cm のとき，AP ＝ ① であり，
BS：SC ＝ ② です。〈城北中学校〉〈10点×2〉

① 　　　　　②

6 右の図の三角形において，AD:DB ＝ 1:3，
BE：EC ＝ 5:3 になっています。このとき，
三角形 DBE の面積は，三角形 ABC の面積の
何倍か，求めなさい。〈10点〉

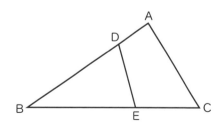

1　右の図の四角形 ABCD は，AD と BC が平行な台形です。AD：BC ＝ 5：8 で，EB によって 2 つに分けられています。〈15 点×2〉

(1) DE：EC ＝ 1：3 のとき，四角形 ABED と三角形 EBC の面積の比を求めなさい。

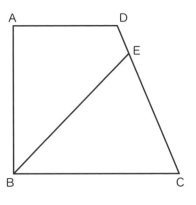

(2) EB によって，台形 ABCD の面積が 2 等分されているとき，DE：EC を求めなさい。

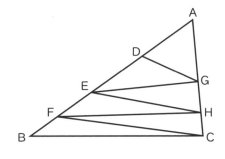

2　三角形 ABC があります。右の図のように，直線 DG，GE，EH，HF，FC をひいて，三角形 ABC を面積が等しい 6 つの三角形に分けました。〈慶應義塾普通部〉〈15 点×2〉

(1) AE：EB を求めなさい。

(2) 点 F と点 G を直線で結び，三角形 EFG をつくります。三角形 EFG の面積は三角形 ABC の面積の何倍ですか。

3 図1のように，角Cが直角である直角三角形 ABC を，面積が等しい5つの三角形に分けました。このとき，次の問いに答えなさい。〈森村学園中等部〉〈10点×3〉

(1) BD と DE の長さの比を，最も簡単な整数の比で表しなさい。

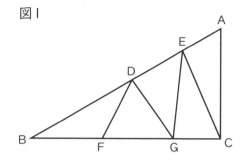

図1

(2) BF と FG と CG の長さの比を，最も簡単な整数の比で表しなさい。

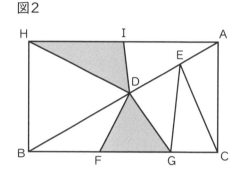

図2

(3) 図1で，AC = HB，BC = HA となる点 H をとり，図2のように長方形 HBCA を作りました。HI = IA となる点 I をとるとき，三角形 DFG と三角形 HDI の面積の比を，最も簡単な整数の比で表しなさい。

4 次の図の三角形 ABC において，D，E，F は AD：DB = 2：5，BE：EC = 2：1，CF：FA = 1：3 に分ける点です。このとき，三角形 DEF の面積は，三角形 ABC の面積の何倍ですか。〈10点〉

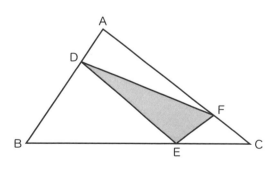

復習テスト⑥　⏱30分　／100　答え66ページ

円周率は，問題文に書いていなければ3.14とします。

1 右の図は，1組の三角じょうぎを組み合わせたものです。角あ〜うの大きさを求めなさい。〈6点×3〉

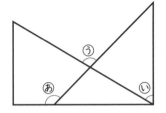

あ	い	う

2 次の角あの大きさを求めなさい。ただし，直線(ア)と(イ)は平行です。〈6点×2〉

(1)
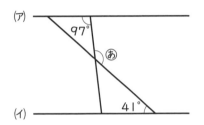

97°
あ
41°

(2)
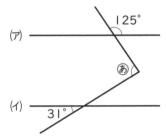

125°
(ア)
あ
(イ)
31°

3 右の図で四角形⑦は1辺が5cmの正方形です。このとき，かげをつけた部分の面積を求めなさい。

〈10点〉

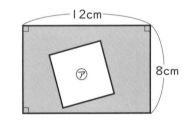

12cm
⑦
8cm

4 次の□にあてはまる数を求めなさい。ただし，(2)は平行四辺形です。〈6点×2〉

(1)
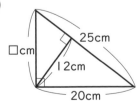

□cm
25cm
12cm
20cm

(2)
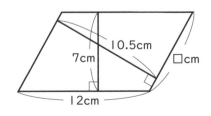

10.5cm
7cm
□cm
12cm

5 円周が 25.12cm の円の半径を求めなさい。〈10点〉

（式）

6 次の図でしゃ線部分の面積を求めなさい。(2)の白い部分は正方形です。

〈7点×2〉

(1)

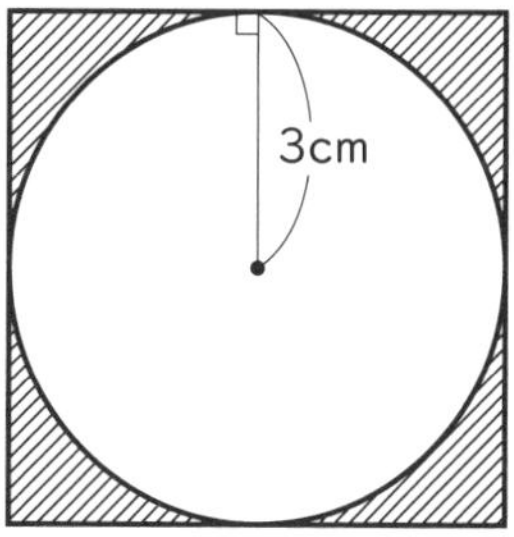

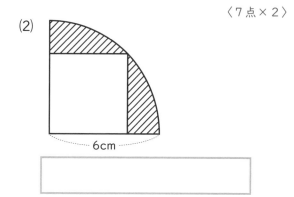

3cm

(2)

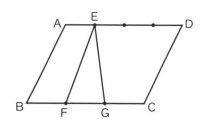

6cm

7 図のように，平行四辺形 ABCD があります。点 E は辺 AD を4等分した点の1つであり，点 F と点 G は辺 BC を3等分した点です。このとき，次の問いに答えなさい。〈7点×2〉

(1) 四角形 ABCD の面積は三角形 EFG の面積の何倍ですか。

(2) 四角形 ABFE の面積は四角形 EGCD の面積の何倍ですか。

8 右の図のように，三角形 ABC を DE で分けたところ，四角形 BCED の面積は三角形 ADE の面積の2倍となりました。AD:DB = 5:1 のとき，AE:EC を求めなさい。〈10点〉

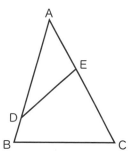

20 立体

ねらい▶ 立体の性質，見取図，展開図を理解し，表面積を求められるようにする。

★ 標準レベル

⏱ 15分　　／100　　答え67ページ

1 長方形や長方形と正方形だけでかこまれている形を直方体といいます。また，立体の全体がわかるようにかいた図を見取図といいます。右の直方体の見取図について，次の問いに答えなさい。〈8点×4〉

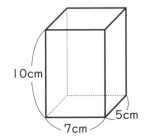

(1) この直方体は，面がいくつありますか。

(2) この直方体の頂点はいくつありますか。

(3) この直方体の辺はいくつありますか。

(4) すべての辺の長さの和は何cmですか。

（式）

2 立体を切り開いて平面の上に広げた図を展開図といいます。右の展開図を組み立てて正方形だけでかこまれた形である立方体をつくるとき，次の問いに答えなさい。〈8点×3〉

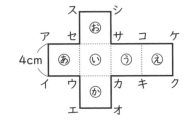

(1) 面えと垂直になる面はいくつありますか。

(2) 点キと重なる点を答えなさい。

(3) 面おと平行になる面を答えなさい。

3 立体で上下に向かい合った面を底面といい，周りの面は側面といいます。底面が２つの同じ大きさの円で，側面が１つの曲面である立体を円柱といいます。右の図は，円柱の展開図と見取図です。⑧と⑥の長さはそれぞれ何 cm ですか。ただし，円周率は 3.14 とします。

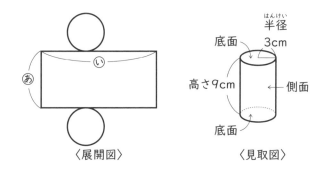

〈9点×2〉

⑧	⑥

4 底面が多角形で側面が三角形の立体を角すいといい，底面が正方形，側面が二等辺三角形である立体を正四角すいといいます。右の図は正四角すいの見取図と展開図です。これについて，次の問いに答えなさい。

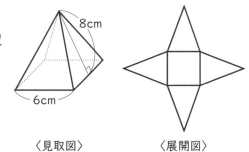

〈9点×2・(1)は完答〉

(1) 正四角すいの辺の数と頂点の数を求めなさい。

辺	頂点

(2) この正四角すいの展開図の面積の和を求めなさい。

（式）

5 底面が円で頂点が１つの立体を円すいといいます。円すいの展開図として正しいものを，次のア〜エのうちから１つ選び，記号で答えなさい。〈8点〉

ア　　　　イ　　　　ウ　　　　エ

★★ 上級レベル　　⏱30分　　／100　　答え**67**ページ

1　右の図のような立体を角柱といい，底面が六角形の角柱

は六角柱といいます。右の六角柱について，

（辺の数）＋（面の数）－（頂点の数）を計算しなさい。〈10点〉

底面

側面

2　右の図は円すいの展開図と見取図です。これについて，次の問いに答えなさい。ただし，円周率は3.14とします。

〈10点×3〉

(1)　あの長さは，底面である円の円周と同じです。あの長さを求めなさい。

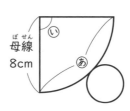

母線
8cm

〈展開図〉

母線
8cm

半径2cm

〈見取図〉

(2)　円すいの側面は展開図にするとおうぎ形になります。そのおうぎ形の半径を母線といいます。母線の長さ8cmを使って角いの大きさを求めなさい。

(3)　立体の底面の面積を底面積，側面全体の面積を側面積といい，底面積と側面積の和を表面積といいます。この円すいの表面積を求めなさい。

3 右の図のように，長さが同じぼうと玉を使って，立方体をつなげたものをつくります。立方体を 5 こつくると，玉は何こ使いますか。

〈鎌倉学園中学校〉〈15 点〉

4 右の図は，１辺が 9cm の立方体の 8 この頂点から，１辺が 3cm の小さな立方体を 8 こ取りのぞいてできた立体です。この立体の表面積は何 cm² ですか。

〈跡見学園中学校〉〈15 点〉

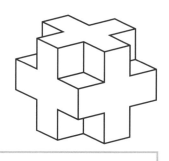

5 右の図のような１辺の長さが 6cm の立方体から，半径 2cm，高さ 6cm の円柱をくりぬいた立体があります。この立体の表面積を求めなさい。ただし，円周率は 3.14 とします。〈日本大学豊山中学校〉〈15 点〉

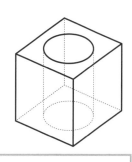

6 右の図はさいころの展開図です。さいころは向かい合った面の目の数の和が 7 になるようにできています。このとき，ア，イ，ウの面の目の数をそれぞれ答えなさい。〈城西川越中学校〉〈15 点〉

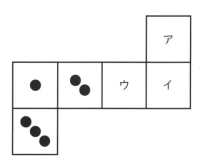

ア	イ	ウ

★★★ 最高レベル　　⏱ **50分**　　／100　　答え **68**ページ

1　右の図のように点Ａより円すいの側面を1周するように糸をまきつけました。糸の長さが最も短くなるようにまきつけたとき，円すいの側面で，糸より底面に近い部分の面積を求めなさい。ただし，円周率は3.14とします。〈世田谷学園中学校〉〈10点〉

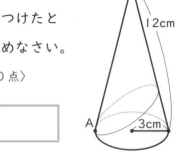

2　同じ大きさの立方体を積み重ねていきました。積み重ねてできた立体を正面，真横，真上から見ると右の図のようになりました。このとき，次の問いに答えなさい。　〈東洋英和女学院中学部〉〈10点×2〉

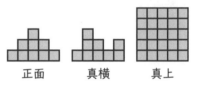

正面　　真横　　真上

(1) 立方体のこ数が最も少ないとき，そのこ数は何こですか。

(2) 立方体のこ数が最も多いとき，そのこ数は何こですか。

3　右の図のように立方体に線をひきました。次の展開図には，ひいた線の一部を作図しました。残りの線を作図しなさい。ただし，図の○，▲はそれぞれ同じ長さを表します。

〈芝浦工大附属中学校〉〈15点〉

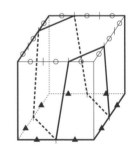

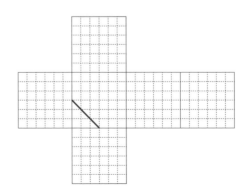

4 右の図は立方体の展開図です。この展開図を組み立てて
できる立方体について，次の問いに答えなさい。

〈渋谷教育学園渋谷中学校〉〈10点×2〉

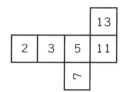

(1) 立方体の見取図に向きを考えて数字をかき入れなさい。

(2) 同じ立方体になるように向きを考えて展開図に数字をかき
入れなさい。

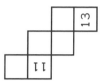

5 図1のようなサイコロがあり，向かい
合う2つの面の目の数の和は7です。このサ
イコロを8こ使い，同じ目の面どうしをはり
合わせて，図2のような立方体をつくりました。
このとき，ア，イの目の数を答えなさい。〈浦和明の星女子中学校〉〈10点×2〉

図1

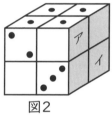
図2

ア	イ

6 1辺が1cmのすべての面が白い立
方体を積み上げて，図1のように1辺が
7cmの立方体にしました。図1の立方体
のすべての表面（底の面をふくむ）を図2
のように赤でぬりました。1辺が1cmの
立方体の中で，すべての面が白色のものは，全部で何こありますか。

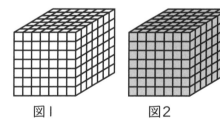
図1　　図2

〈香蘭女学校中等科〉〈15点〉

21 立体の体積①

ねらい 直方体，立方体の体積，容積を求めることができるようにする。

★ 標準レベル　　⏱ 20分　　／100　　答え 70ページ

1 体積とはかさのことであり，（直方体の体積）＝（たて）×（横）×（高さ），（立方体の体積）＝（1辺）×（1辺）×（1辺）で求めることができます。表面積とは，展開図で考えて，立体の各面の面積をあわせたものです。上の図の直方体や立方体の体積と表面積を求めなさい。〈5点×4〉

(1) 5cm / 6cm / 7cm

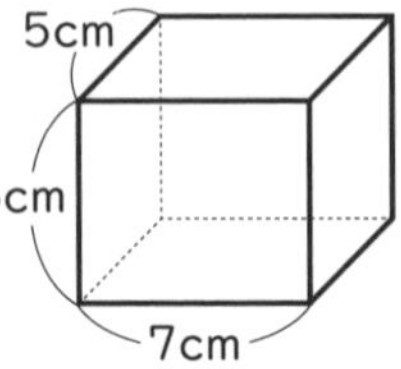

(2) 4cm / 4cm / 4cm

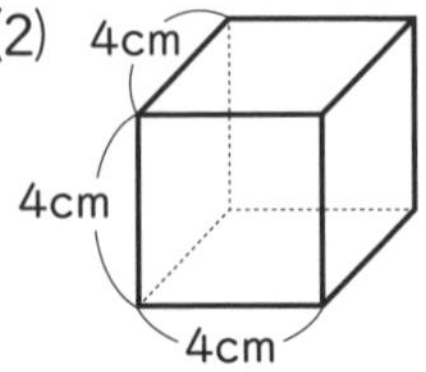

(1) 体積（式）

　表面積（式）

(2) 体積（式）

　表面積（式）

2 次の問いに答えなさい。〈10点×2〉

(1) 右の立体の体積を求めなさい。ただし，単位は cm³ で答えなさい。

（式）

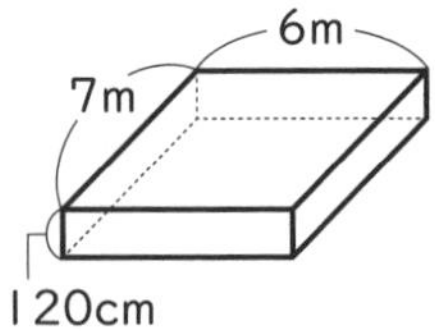

6m / 7m / 120cm

(2) 右の立体の体積を求めなさい。ただし，単位は m³ で答えなさい。

（式）

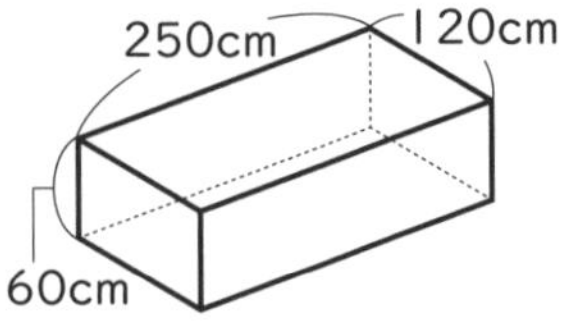

250cm / 120cm / 60cm

3 右の立体は直方体を組み合わせたものです。これに

ついて，次の問いに答えなさい。〈10点×2〉

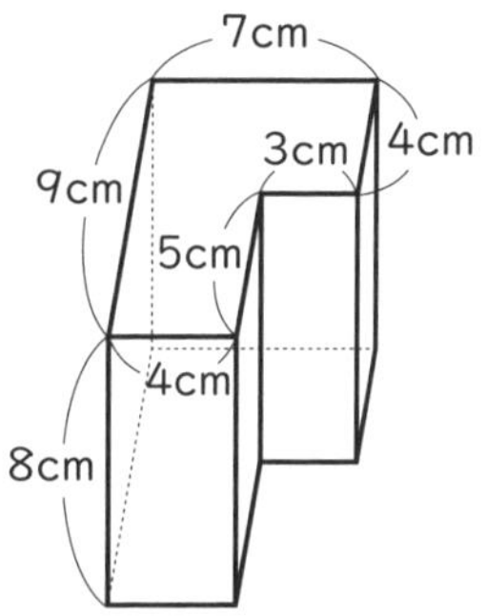

(1) 2つの直方体に分けて体積を求めなさい。

（式）

（図：7cm, 9cm, 3cm, 4cm, 5cm, 4cm, 8cm）

(2) 大きい立体から小さい立体をひいて体積を求めなさい。

（式）

4 次の問いに答えなさい。〈10点×4〉

(1) たてが 5cm，横が 7cm で，体積が 280cm^3 である直方体の高さを求めなさい。

（式）

(2) たてが 1.6m，高さが 4m で，体積が 22.4m^3 である直方体の横の長さを求めなさい。

（式）

(3) 次の体積を大きい順にならべなさい。

0.5L，700dL，2000mL，1500cm^3，0.01m^3

(4) 容器の内側の辺の長さを内のりといいます。内のりがたて 30cm，横 40cm，深さ 50cm の直方体の形をした水そうに，水を 36L 入れました。このとき，水面の高さは何 cm になりますか。

（式）

1 右の立体は直方体を組み合わせたものです。これについて，次の問いに答えなさい。

〈(1)茗渓学園中学校〉

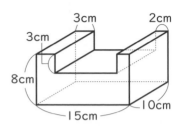

(1) この立体の体積を求めなさい。〈10点〉

(2) この立体の表面積を求めなさい。〈15点〉

2 右の展開図を組み立ててできる立体について，次の問いに答えなさい。

〈10点×2〉

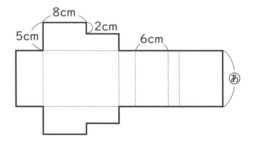

(1) 体積が696cm³であるとき，あの長さを求めなさい。

(2) あの長さが10cmのとき，この立体の表面積を求めなさい。

3 右の図はある容器を，真上から見たものと，真正面から見たものです。右の図のあなの開いた位置から水を入れるとき，次の問いに答えなさい。

〈15点×2〉

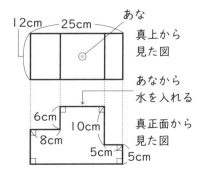

(1) この容器に水を 2.1L 入れました。このとき，水は何 cm の高さまで入りますか。

(2) 水を 2.1L 入れたあと，さらに水を 15dL 入れました。このとき，水は容器からあふれますか。水があふれる場合は何 m³ あふれるか，水があふれない場合は，何 cm の高さまで水が入るか答えなさい。

4 右の図のようなたて 24cm，横 40cm の長方形の四すみから，2つの正方形と2つの長方形を切り取って，ふたのある直方体の容器をつくります。このとき，次の問いに答えなさい。

〈城北埼玉中学校〉

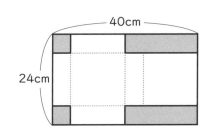

(1) 切り取る正方形の1辺の長さが 3cm のとき，この容器の体積を求めなさい。

〈10点〉

(2) 底面が正方形となるとき，この容器の体積を求めなさい。〈15点〉

★★★ 最高レベル　　　⏱40分　　／100　答え71ページ

1 右の図はある直方体の展開図です。これについて次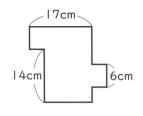

の問いに答えなさい。〈鎌倉女学院中学校〉〈10点×2〉

(1) この直方体の体積を求めなさい。

(2) この直方体の表面積を求めなさい。

2 右のようなたて10cm，横10cm，高さ5cmの直方体の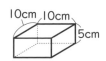

形をした木製のブロックがたくさんあります。これらを1だん，

2だん，3だん，…とだんをふやして積み，つぎの図のように

立体を作っていきます。次

の問いに答えなさい。

〈(1)女子聖学院中学校〉

(1) このブロックを3だん積んで作った立体では，ブロックは何こ使われています

か。また，この立体の表面積は何cm²ですか。〈10点×2〉

こ数	表面積

(2) このブロックを5だん積んで作った立体の体積は何cm³ですか。〈10点〉

3 右の図のような高さ 30cm の直方体の容器に 1.2L の水を入れて，その中に石を完全にしずめると，水面の高さが 13.4cm になりました。さらに，1.8L の水を加えると水面の高さは 25.4cm になりました。

〈2022　神奈川大学附属中学校〉〈10点×2〉

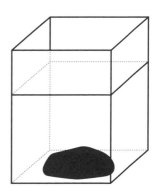

(1) この容器の底面積は何 cm² ですか。

(2) 石の体積は何 cm³ ですか。

4 右の図の直方体において，四角形 ABCD の面積が 72cm²，四角形 ADHE の面積が 96cm²，四角形 DCGH の面積が 108cm² です。この直方体の体積を求めなさい。

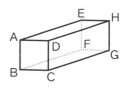

〈横浜中学校〉〈10点〉

5 右の図のように，1辺が 1cm の立方体を積み重ねて大きな立方体を作りました。しゃ線部分をその面に垂直な方向に反対側まで3つの方向からくりぬきました。残った部分の体積と表面積を求めなさい。〈10点×2〉

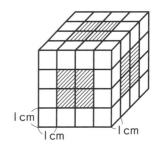

体積	表面積

学習日　月　日

22　立体の体積②

ねらい 角柱，角すい，円柱，円すいの体積を求められるようにする。

★ **標準レベル**　　🕐**20**分　　/100　　答え**73**ページ

1 角柱，円柱の体積は（底面の面積）×（高さ）で求めることができます。また，角柱，円柱の表面積は展開図の面積の和です。次の角柱や円柱の体積と表面積を求めなさい。ただし，円周率は 3.14 とします。〈8点×6〉

(1)
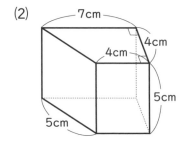
（体積）（式）

　

（表面積）（式）

　

(2)
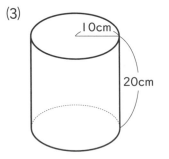
（体積）（式）

　

（表面積）（式）

　

(3)
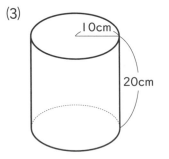
（体積）（式）

　

（表面積）（式）

2 右の図は円柱の展開図です。次の問いに答えなさい。ただし，円周率は3.14とします。

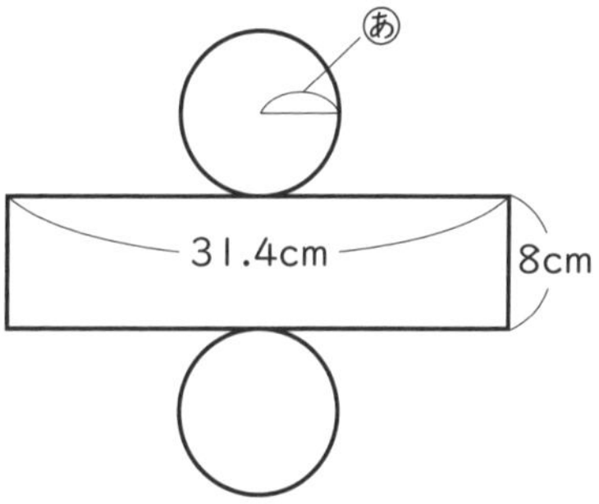

(1) ⑥の長さを求めなさい。〈8点〉

（式）

(2) この円柱を組み立てたときの体積と表面積を求めなさい。〈9点×2〉

（体積）（式）

（表面積）（式）

3 右の図はある角柱の展開図です。これについて，次の問いに答えなさい。

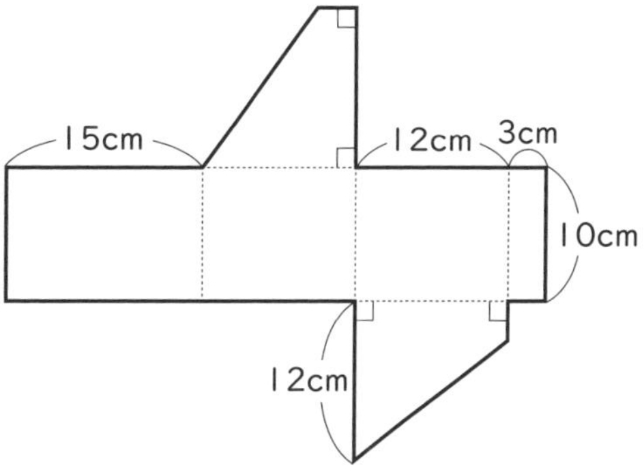

(1) この角柱を組み立てたときの底面になる部分の面積を求めなさい。〈8点〉

（式）

(2) この角柱の体積と表面積を求めなさい。〈9点×2〉

（体積）（式）

（表面積）（式）

★★ 上級レベル①　　⏱30分　　／100　　答え**73**ページ

1 角すい，円すいの体積は（底面の面積）×（高さ）÷3で求めることができます。次の角すいや円すいの体積を求めなさい。ただし，円周率は3.14とします。

〈8点×2〉

(1) 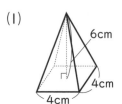　（式）

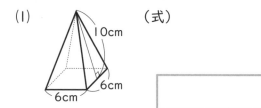

(2) 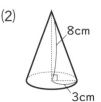　（式）

2 次の角すいや円すいの表面積を求めなさい。ただし，円周率は3.14とします。

〈8点×2〉

(1) 　（式）

(2) 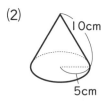　（式）

3 右の図のように長方形ABCDに対角線ACをひきました。ただし，円周率は3.14とします。〈10点×2〉

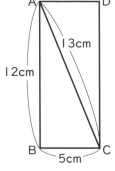

(1) 長方形ABCDを辺DCをじくにして1回転させたときにできる立体の体積を求めなさい。

(2) 直角三角形ABCを辺ABをじくにして1回転させたときにできる立体の体積を求めなさい。

4 右の図は，1辺が 8cm の立方体(りっぽうたい)を点B，点D，点Gを通る平面で切断(せつだん)したものを取りのぞいたものです。これについて，次の問いに答えなさい。

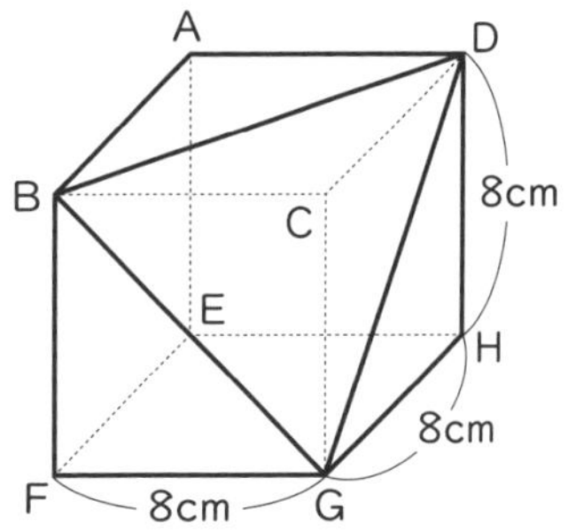
A
D
B
8cm
C
E
H
8cm
F
8cm
G

(1) 切り口はどんな図形になりますか。〈8点〉

(2) 取りのぞいた残(のこ)りの立体の体積を求めなさい。〈10点〉

5 右図のような，長方形と半円でできた展開図(てんかいず)について，次の問いに答えなさい。ただし，円周率は 3.14 とします。

〈(3)栄東中学校〉〈10点×3〉

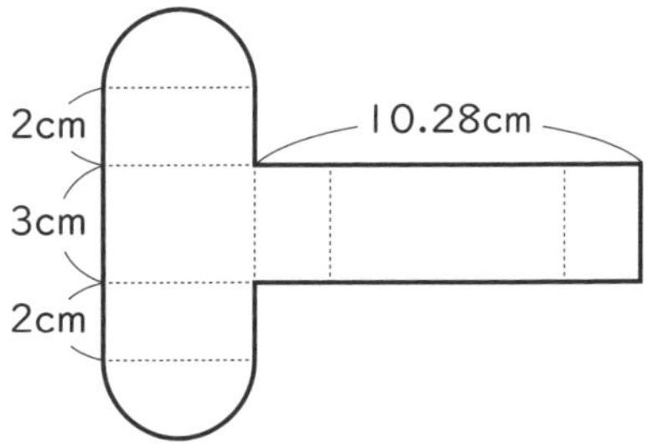
2cm
10.28cm
3cm
2cm

(1) 半円部分の円の半径(はんけい)を求めなさい。

(2) 表面積を求めなさい。

(3) この展開図を組み立ててできる立体の体積を求めなさい。

★★　上級レベル②　　⏱30分　　／100　　答え74ページ

1 　右の図の立方体 ABCD − EFGH を，3 点 P，C，
G を通る平面で切った時の切り口の図形を次のア〜カの
中から1つ選び，記号で答えなさい。

〈公文国際学園中等部〉〈10 点〉

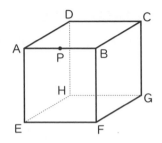

ア　直角三角形　　イ　正三角形　　ウ　二等辺三角形

エ　正方形　　オ　ひし形　　カ　長方形

2 　右の図のような図形を直線 AB を軸として1回転させた
ときにできる立体について，次の問いに答えなさい。ただし，
円周率は 3.14 とします。〈(1)自修館中等教育学校〉

(1) この立体の体積を求めなさい。〈10 点〉

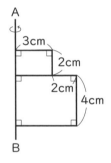

(2) この立体の表面積を求めなさい。〈10 点〉

(3) この立体と同じ体積で底面が正方形の正四角すいをつくります。正四角すいの
　　底面の1辺を 9cm にするとき，高さを何 cm にすればよいか，最も近いものを
　　次のア〜エから選び，記号で答えなさい。〈15 点〉

　　ア　10cm　　　イ　12cm　　　ウ　14cm　　　エ　16cm

3 右の図はある立体の展開図で，同じ長方形4まいと，同じ二等辺三角形4まいでできています。AB間は18cmあります。このとき，次の問いに答えなさい。

〈(1)，(4)明治大学付属中野八王子中学校〉

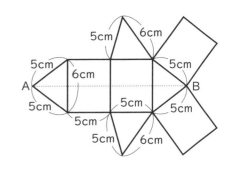

(1) この立体の辺の本数を求めなさい。〈8点〉

(2) 展開図の中にある二等辺三角形について，底辺を6cmとしたときの高さを求めなさい。〈8点〉

(3) 表面積を求めなさい。〈12点〉

(4) 体積を求めなさい。〈12点〉

4 右図は円柱の半分と直方体を組み合わせた図形を正面と真横から見た図です。この立体の体積を求めなさい。ただし，円周率は3.14とします。

〈東洋英和女学院中学部〉〈15点〉

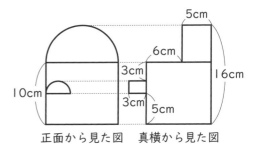

正面から見た図　真横から見た図

1 右の図で，AB をじくに 1 回転させてつくる立体の表面積_{ひょうめんせき}を求めなさい。ただし，円周率_{えんしゅうりつ}は 3.14 とします。

〈明治大学付属中野八王子中学校〉〈10 点〉

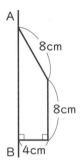

2 右の図のように，直方体_{ちょくほうたい}をななめに切りました。この立体の体積_{たいせき}を求めなさい。

〈明治大学付属中野八王子中学校〉〈10 点〉

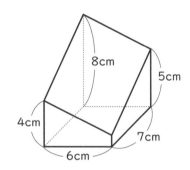

3 右図はある立体の展開図_{てんかい ず}で，長方形か円，または円の一部を組み合わせた形をしています。この展開図からできる立体について，次の問いに答えなさい。ただし，円周率は 3.14 とします。

〈(1)東洋英和女学院中学部〉〈12 点×2〉

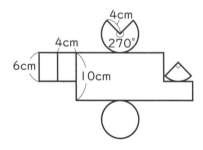

(1) この立体の体積を求めなさい。

(2) この立体の表面積を求めなさい。

4 右の図のように 1 辺の長さが 12cm の立方体があり，I，J，K，L は各辺の真ん中の点です。次の各問いに答えなさい。〈関東学院中学校〉〈12 点×3〉

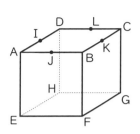

(1) 三角すい AIJE の体積は何 cm³ ですか。

(2) 三角形 IJE の面積は何 cm² ですか。

(3) 立方体から三角すい AIJE，CKLG を切り取ったときの残りの立体の表面積は何 cm² ですか。

5 図 1 は底面が正方形の四角柱と底面が直角二等辺三角形の三角柱を組み合わせた容器で，中に水が入っています。図 2 と図 3 は図 1 の容器をことなる面を下にして置いた図です。このとき，次の問いに答えなさい。〈青山学院中等部〉〈10 点×2〉

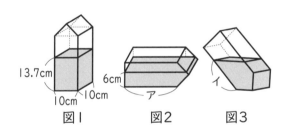

図1　図2　図3

(1) 図 2 のアの長さを求めなさい。

(2) 図 3 のイの長さを求めなさい。

復習テスト⑦

🕐 30分　　／100　　答え76ページ

円周率は，問題文に書いていなければ3.14とします。

1 右の図のように立方体を4だん積み重ね，1つの立体を作りました。この立体の表面積が240cm²のとき，もとの立方体の1辺の長さを求めなさい。

〈東京都市大学等々力中学校〉〈14点〉

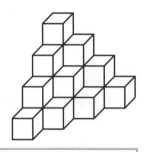

2 底面の直径が8cmの円柱をななめに2回切断し，図のような立体を作りました。この立体の体積を求めなさい。

〈帝京大学中学校〉〈14点〉

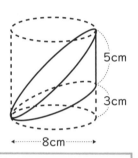

3 次の展開図を組み立てて立体を作ったとき，重なる点の組み合わせとして正しいものを，あとの（ア）～（ク）のうちから選び，記号で答えなさい。〈公文国際学園中等部〉〈14点〉

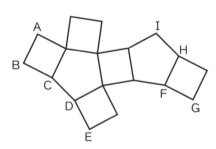

（ア）AとI，CとG，EとF　（イ）BとI，CとG，EとF

（ウ）AとI，CとG，EとH　（エ）BとI，CとG，EとH

（オ）AとI，DとG，EとF　（カ）BとI，DとG，EとF

（キ）AとI，DとG，EとH　（ク）BとI，DとG，EとH

4 図のしゃ線部分の図形を直線アの周<ruby>り<rt>まわ</rt></ruby>に一回転させてできた立体の体積を求めなさい。〈成城学園中学校〉〈15点〉

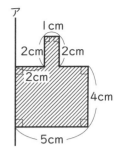

5 次の図はある立体の展開図です。この立体の表面積を求めなさい。〈早稲田実業学校中等部〉〈14点〉

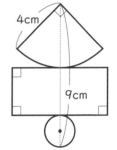

6 右図のような直方体を組み合わせた立体があり，表面積は1644cm² です。この立体の体積を求めなさい。

〈東洋英和女学院中学部〉〈14点〉

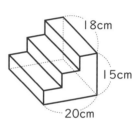

7 図の直方体の体積は108cm³ です。図の●は，各辺の長さを3等分しています。この立体を3つの点D，P，Qを通る平面で2つの立体に切り分けるとき，小さいほうの立体の体積を求めなさい。〈早稲田中学校〉〈15点〉

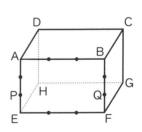

過去問題にチャレンジ⑥

🕐 40分　　　／100　答え77ページ

以下の問題では，円周率を3.14とします。

1 花子さんは，江戸切子のコップをもらって，コップに彫られている文様に興味を持ちました。調べてみると，「七宝文様」という名前であることがわかりました。図1は，1辺の長さが8cmの正方形の中にぴったり入るように七宝文様を参考にしてかいたものです。すべての線が円の一部であることがわかります。

図2は図1の七宝文様から1つの円の部分をぬき出したものです。

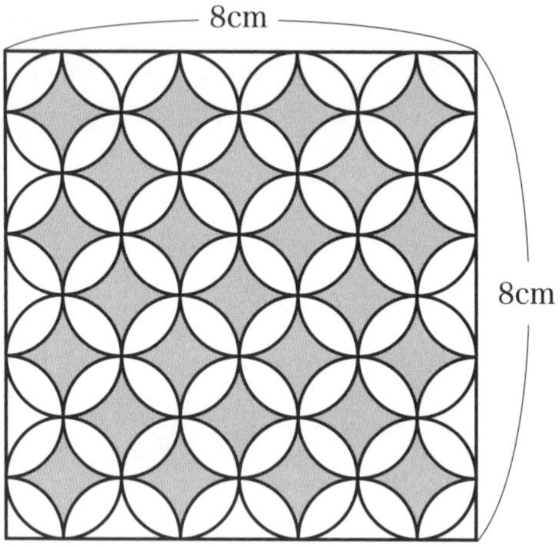

8cm

8cm

図1

図2

次の各問いに答えなさい。〈お茶の水女子大学附属中学校〉〈20点 × 2〉

(1) 図2の文様には，対称のじくは全部で何本ありますか。

(2) 図1の▨部の面積を求めなさい。

2 半径3cmのいくつかの円を，他の円と接するように並べます。円が離れることはありません。2つの円のときは，図1のようになります。このときできた図形を底面（A）とよぶことにします。底面の半径が3cmで高さが3cmの円柱と円すいをいくつか用意し，次の規則に従って，底面（A）の上に積み上げていきます。

規則「底面（A）をつくる円それぞれについて，接している円の数だけ円柱か円すいを積み上げる。ただし，円すいの上に円柱や円すいを積むことはできない」

例えば，底面が図1の場合は，図2のような3種類の立体ができます。

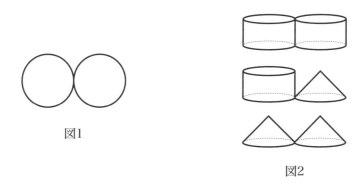

図1

図2

4つの円を並べて底面（A）をつくるとき，積み上げてできた立体の体積が350cm³以上750cm³以下となるものについて考えます。〈桜蔭中学校〉〈12点×5〉

(1) 体積が一番大きくなる立体について，円柱と円すいを何個ずつ使いますか。また，その立体の体積を求めなさい。

> 円柱の個数（　　　　）円すいの個数（　　　　）体積（　　　　　　　　）

(2) 使う円すいの数が一番多くなる立体について，体積が一番大きくなる立体と，一番小さくなる立体の体積をそれぞれ求めなさい。

> 一番大きくなる立体の体積（　　　　　　　　）
> 一番小さくなる立体の体積（　　　　　　　　）

思考力問題にチャレンジ②

⏱ 40分　／100　答え78ページ

1 先生と児童が以下のように話をしています。

先生：右のように正三角形を6つつなげた正六角形 ABCDEF があります。正三角形 OAB の面積が 5cm² のとき，三角形 ACE の面積を求めてみましょう。どのように考えましょうか？

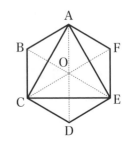

児童：三角形の面積は底辺の長さと高さが分かると求められますが，底辺の長さも高さも分からないです…。

先生：それでは，別のやり方で考えましょう。まずは正六角形 ABCDEF の面積はいくつになりますか？

児童：はい！（　ア　）cm² です。

先生：そうですね。それでは，三角形 ABC の面積は分かりますか？

児童：角 BAC は（　イ　）°ですよね。ということは，三角形 ABC の面積は四角形 OABC の（　ウ　）です。よって，正六角形 ABCDEF の面積から三角形 ACE 以外の部分の面積をひくと，答えは（　エ　）cm² となります。

先生：よくできました。

(1) 上の（　ア　）～（　エ　）に入る数字もしくは言葉を書きなさい。〈5点×4〉

先生：次に右の図のように，辺 BC の真ん中の点を G，辺 EF の真ん中の点を H とします。正三角形 OAB の面積が 5cm² のとき，四角形 AGDH の面積を求めてみましょう。

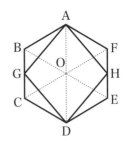

児童：これも正六角形の面積から引いて求めるのでしょうね。三角形 ABG の面積っていくつになるのだろう…。

先生：点 A と点 C をつないでみましょう。

児童：そうだ，BG：GC ＝ 1：1 なので，三角形 ABG の面積が分かりました！これで四角形 AGDH の面積が求められそうです！

(2) 正三角形 OAB の面積が 5cm² のとき，
　　四角形 AGDH の面積を求めなさい。〈15点〉

先生：では，最後に右のような問題を考えてみましょう。
　　　辺 AB，辺 BC，辺 CD，辺 DE，辺 EF，辺 FA をそ
　　　れぞれ 1：2 に分ける点を点 I，J，K，L，M，N と
　　　します。正三角形 OAB の面積が 5cm² のとき，六
　　　角形 IJKLMN の面積を求めてみましょう。

児童：がんばって考えてみます。

(3) 正三角形 OAB の面積が 5cm² のとき，
　　六角形 IJKLMN の面積を求めなさい。〈15点〉

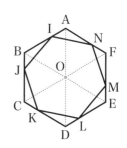

---

2 次の問いに答えなさい。ただし，円周率は 3.14 とします。

(1) 星形の図形の周の上を半径 3cm の円が一周します。
　　右の図は円の中心が通ったあとの一部分が表されて
　　います。右の図の中のおうぎ形㋐〜㋔の面積の合計
　　と周りの長さの合計を求めなさい。〈10点 × 2〉

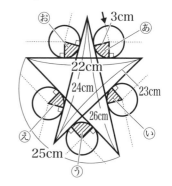

　　面積の合計　　　（　　　　　　　　　　　）
　　周りの長さの合計（　　　　　　　　　　　）

(2) 右は数字の 2，3，9 の形をした図形です。この
　　中である直線を軸として 1 回転した図形を考え
　　ます。1 回転した図形の体積が最も大きくなるの
　　は，どの数字のどの直線を軸として 1 回転する
　　ときですか。数字を選び，回転させる直線を書くとともに，体積も求めなさい。
　　なお，直線は縦もしくは横の直線で，直線の一部が図形に接しているか交わる
　　こととします。また，数字の幅はすべて 1cm とします。〈10点 × 3〉

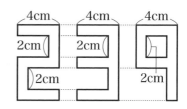

　　選んだ数字　　　（　　　）
　　体積　　　（　　　　　　　　　　　）　直線

23 面積図（めんせきず）

ねらい 面積図を使って，つるかめ算などの問題を解けるようにする。

★ **標準レベル**　🕐**20**分　[　　　]／100　答え**79**ページ

1 つるとかめが合わせて 32 ひきいます。足の数が 98 本のとき，つるとかめ
はそれぞれ何びきずついますか。ただし，つるの足は 2 本，かめの足は 4 本とし
ます。次の □ にあてはまる数または言葉を答えなさい。〈6点×10〉

(1) つるとかめの足の本数の差（さ）は □ 本です。

(2) 32 ひきすべてがつるとすると，足の数は □ 本になります。

(3) つるが○ひき，かめが△ひきいるとすると，○＋△＝[①　　] で，

　○×2＋△×4＝[②　　　] です。

(4) 右のような，図をかいて考え
　ました。このとき，□ でか
　こまれた部分の数字の合計は
　[　　　] になります。

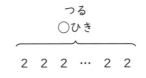

(5) 右の図のように，たてを足の数，横を○，△で表しました。
　このような図を面積図（めんせきず）といいます。

　このとき，四角形アの面積（めんせき）は，[①　　] の足の数
　の合計を表し，太線でかこまれた四角形イの面
　積は，[②　　] の足の数の合計を表します。また，
　四角形イの中のかげをつけた部分の四角形は，
　たてが[③　　]，横が△の長方形の面積を表します。

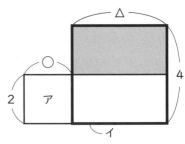

(6) ○は[①　　　]，△は[②　　　] とわかります。

2 1こ120円のプリンと，1こ180円のケーキを合わせて20こ買います。しはらった代金の合計は2940円です。120円のプリンを何こ買うか求めるのに，面積図を使いました。次の問いに答えなさい。〈10点×4・(1)(4)は完答〉

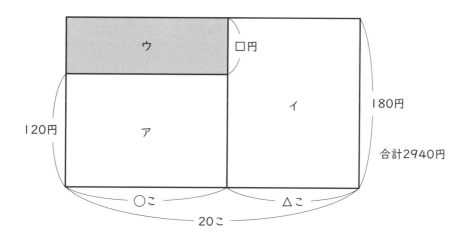

(1) プリンの数を○こ，ケーキの数を△ことして，上の図のような面積図を考えました。ア，イの面積は何を表していますか。

ア	イ

(2) ウの部分の面積が表す，代金を求めなさい。

(3) ○の数を求める式は次の①〜④のどれになりますか。

① （180 × 20 ＋ 2940）÷（180 － 120）

② （180 × 20 － 2940）÷（180 － 120）

③ （2940 ＋ 120 × 20）÷（180 － 120）

④ （2940 － 120 × 20）÷（180 － 120）

(4) プリンとケーキはそれぞれ何こずつ買いましたか。

プリン	ケーキ

★★　上級レベル　　　　　　　🕐 30分　　　　　／100　　答え79ページ

1　１こ 60g の金属のおもりと１こ 40g の石のおもりがあります。あわせて 13 ことり，重さをはかったら 720g ありました。〈6 点×3・(3)は完答〉

(1)　13 こすべてのおもりが 40g だとしたら，おもりの重さの合計は何 g になりますか。

(2)　(1)で求めた重さと実際の重さの差は何 g ですか。

(3)　１こ 60g の金属のおもりと１こ 40g の石のおもりはそれぞれ何こずつありますか。

金属のおもり	石のおもり

2　１つ３点の問題と１つ４点の問題があわせて 29 問あります。全部正解すると 100 点になります。〈6 点×2・(2)は完答〉

(1)　すべての問題の点数が４点だとしたら，１つ４点の問題をすべて正解すると何点になりますか。

(2)　１つ３点の問題と１つ４点の問題はそれぞれ何問ずつありますか。

3 点の問題	4 点の問題

3　貯金箱には，50 円玉と 100 円玉だけが合わせて 27 まい入っていて，合計金額は 2000 円です。50 円玉は何まいありますか。〈10 点〉

4　7 人がけと 3 人がけのイスがあわせて 12 きゃくあり，全部で 68 人がすわれます。3 人がけのイスは何きゃくありますか。〈聖セシリア女子中学校〉〈10 点〉

5 濃度が3%の食塩水Aが400gと濃度が9%の食塩水Bが200gあります。次の ア ～ オ にあてはまる数を答えなさい。〈5点×5〉

(1) 食塩水Aの食塩は ア g あり，食塩水Bの食塩は イ g あります。

右の面積図の面積は，2つの食塩水の合計の食塩の重さ ウ g を表します。

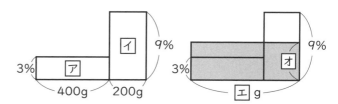

(2) 食塩水Aと食塩水Bをまぜると エ g の食塩水ができます。2つの食塩水をまぜたあとの食塩の量は ウ g です。したがって，面積図でかげをつけた部分の長方形のたてを，まぜたあとの食塩水の濃度とすると， オ %の食塩水ができることがわかります。

ア	イ	ウ	エ	オ

6 漢字テストを10回行います。1回目から9回目までの漢字テストの平均が63点でした。〈5点×5〉

(1) 1回目から9回目までの漢字テストの合計点を求めなさい。

(2) 10回目の漢字テストの点数が53点のとき，1回目から10回目までの平均点は何点になりますか。

(3) 10回目のテストで何点以上とると，1回目から10回目までの平均点が65点以上になるか考えます。次の ア ～ ウ にあてはまる数を答えなさい。

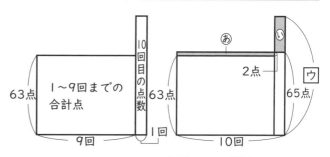

面積図の あ の部分と い の部分は等しくなり，その面積は ア です。 イ 点と65点の合計点が ウ 点以上の点数をとると，1回目から10回目までの平均点が65点以上になります。

ア	イ	ウ

★★★ 最高レベル　　⏱40分　　／100　　答え80ページ

1 10円玉と100円玉と500円玉が貯金箱に入っています。合わせて18まい入っており，合計の金額は3970円です。〈5点×3〉

(1) 10円玉は何まいありますか。

(2) 100円玉と500円玉は合わせて何まいありますか。

(3) 500円玉だけを数えるといくらになりますか。

2 30円のお菓子と50円のお菓子と100円のお菓子を，合わせて43こ買いました。30円と50円のお菓子は同じこ数だけ買い，代金は2380円でした。100円のお菓子は何こ買いましたか。〈吉祥女子中学校〉〈10点〉

3 2%の食塩水300gと10%の食塩水100gがあります。〈5点×3〉

(1) 2%の食塩水300gにふくまれる食塩の重さは何gですか。

(2) 10%の食塩水100gにふくまれる食塩の重さは何gですか。

(3) 2%の食塩水300gと10%の食塩水100gをまぜてできる食塩水の濃度を求めなさい。

4 4%の食塩水210gと8%の食塩水をまぜたところ，5%の食塩水になりました。8%の食塩水を何gまぜましたか。〈白百合学園中学校〉〈10点〉

5 ある学校の入学試験で，受験生 200 人のうち 40 人が合格しました。合格者だけの平均点は不合格者だけの平均点より 20 点高く，受験生全体の平均点は 133 点でした。このとき，合格者だけの平均点は何点でしたか。〈12 点〉

6 読書の宿題が何ページかあります。毎日 7 ページずつ読むと 14 日でちょうど読み終わります。また，はじめの何日間は毎日 5 ページずつ読み，残りは毎日 12 ページずつ読んでも同じ日数で読み終わります。〈9 点 × 2〉

(1) 宿題は何ページありますか。

(2) 毎日 5 ページずつ読むのは何日間ですか。

7 硬貨を 1 回投げて，表が出ると 3 点もらえて，うらが出ると 2 点減点されるゲームをしました。はじめ持ち点が 30 点で，10 回ゲームを行ったら，持ち点が 45 点になりました。表は何回出ましたか。〈神奈川学園中学校〉〈10 点〉

8 ○中学校のあるクラス 40 人にテストしたところ，出席番号 1 番から 30 番までの平均点は，残りの 10 人の平均点の 2 倍でした。全体の平均点が 70 点のとき，1 番から 30 番までの平均点は何点ですか。〈大妻中学校〉〈10 点〉

24　線分図

ねらい　線分図を使って文章題が解けるようにする。

★　**標準レベル**　　⏱20分　　／100　　答え82ページ

1　姉と妹の持っているおはじきの合計は 78 こ
で，姉は妹よりも 18 こ多く持っています。姉と妹
の持っているおはじきのこ数をそれぞれ求めます。
次のア，イにあてはまる数を答えなさい。〈5点×2〉

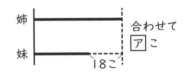

右上のような図を線分図といいます。妹の持っているおはじきに 18 こをたすと，
おはじきは 2 人あわせて ア こになります。

ア ÷ 2 が姉の持っているこ数なので，姉の持っている数は イ ことわかります。

ア	イ

2　兄と弟で 100 まいのカードを分けます。兄の取ったカードのまい数は，弟の
取ったカードのまい数の 2 倍より 20 まい少ないです。兄と弟のカードのまい数を
それぞれ求めます。次のア，イにあてはまる数を答えなさい。〈5点×2〉

右の図は，兄と弟の持っているカードを
線分図に表したものです。兄にもう 20 まい
カードがあると，兄と弟のカードの合計は
120 まいになります。

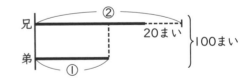

弟のまい数を①，兄のまい数を②とすると，
①＋②＝③がカード 120 まいと同じになります。
弟の持っているカードのまい数は ア まいとなり，兄の持っているカードのまい
数は，100 まいから ア まいをひいた， イ まいとわかります。

ア	イ

3 AとBの2つの数があります。Aは
Bを3倍した数よりも4大きいです。Aと
Bの差が30であるとき，AとBの数をそ
れぞれ求めます。次のア〜エにあてはまる
数を答えなさい。〈5点×4〉

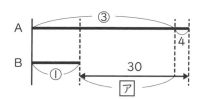

Bを①とすると，Aから4ひいた数は③
となります。③−①＝②が ア と同じになるので， イ ÷2がBになり，Bは
 ウ です。

Aは， ウ よりも30大きい数だから， エ となります。

ア	イ	ウ	エ

4 すいかとメロンが1こずつあります。重さの合計は1900gです。すいかは
メロンよりも300g重いです。すいかの重さは何gですか。〈20点〉

5 38kgのお米をAさんとBさんで分けます。Aさんのお米はBさんのお米の
2倍よりも2kg多くなるように分けました。Bさんがもらったお米は何kgですか。

〈20点〉

6 連続する3つの整数があり，その和は123です。この3つの整数のうち，
いちばん大きい整数はいくつですか。〈20点〉

★★　上級レベル　⏱30分　　／100　　答え82ページ

1　兄と弟が持っているお金の合計は 2400 円で，兄は弟よりも 800 円多く持っています。〈5点×2・(2)は完答〉

(1) 兄の持っているお金から 800 円をひいたとき，兄と弟の持っているお金の合計は何円ですか。

(2) 兄の持っているお金と弟の持っているお金をそれぞれ求めなさい。

| 兄 | 弟 |

2　りんごとみかんが 1 こずつあります。2 この重さの合計が 103g で，りんごの重さはみかんの重さよりも 19g 重いです。〈5点×2・(2)は完答〉

(1) みかん 2 この重さは何 g ですか。

(2) りんごとみかんの重さをそれぞれ求めなさい。

| りんご | みかん |

3　3 つの数 X，Y，Z があり，3 つの数の合計は 100 です。また，X は Y より 9 小さく，Z は Y より 7 大きいとき，Y はいくつですか。〈10点〉

4　7000 円を兄と妹で分けました。兄の金額が妹の金額の 2 倍より 1000 円多くなるようにします。〈10点×2〉

(1) 妹の金額の 3 倍はいくらになりますか。

(2) 兄の金額を求めなさい。

5 ある本を図書館から借りてきて読みました。1日目は全体の $\frac{1}{4}$ を読み，2日目は残りの $\frac{1}{3}$ を読んだところ，残りは 90 ページになりました。〈5点×2〉

(1) 2日目は何ページ読みましたか。

(2) この本は全部で何ページありますか。

6 はじめに持っていたお金の $\frac{2}{9}$ を使い，次に残りの $\frac{3}{7}$ を使ったら 460 円残りました。はじめに持っていたお金はいくらですか。〈明治大学付属中野八王子中学校〉〈10点〉

7 けんさんとまいさんの所持金の比は，はじめ 4：1 でした。けんさんが 1500 円使ったので，2人の金額は同じになりました。〈5点×2・完答〉

(1) 右の線分図の㋐，㋑にあてはまる数を求めなさい。

㋐   ㋑

(2) はじめに，けんさんとまいさんが持っていたお金はいくらですか。

けんさん   まいさん

8 3000 円で仕入れた品物に 4 割の利益を見こんで定価をつけ，その定価の 2 割引きで売りました。〈10点×2〉

(1) 定価はいくらですか。

(2) 利益はいくらになりましたか。

★★★ 最高レベル　　⏱ 40分　　□/100　　答え83ページ

1 3kg のすなを大きいバケツと小さいバケツに分けました。大きいほうのバケツのすなの重さが小さいほうのバケツのすなの重さよりも 1200g 重くなりました。大きいバケツと小さいバケツのすなの重さをそれぞれ求めなさい。〈10点・完答〉

大きいバケツ	小さいバケツ

2 今の父と太郎さんの二人の年れいは合わせて 42 才です。太郎さんは父が 28 才のときに生まれました。〈5点×2・(2)は完答〉

(1) 太郎さんと父は何才ちがいですか。

(2) 今の父と太郎さんの年れいをそれぞれ求めなさい。

父	太郎さん

3 原価 120 円の品物を 100 こ仕入れ，25％の利益を見込んで定価をつけました。60 こ売れたところで，定価から 30％をね引きして売ったところ，すべて売り切れました。お店の利益はいくらですか。〈桐蔭学園中等教育学校〉〈10点〉

4 A君，B君，C君の3人がいます。B君の所持金はA君の所持金の3倍であり，C君の所持金より 5420 円多いです。また，C君の所持金はA君の所持金より 1000 円多いです。A君の所持金はいくらですか。〈桐光学園中学校〉〈10点〉

5 Aさんはある本を1日目に全体の$\frac{3}{5}$と18ページ読み，2日目に残りの$\frac{7}{8}$を読んだところ，まだ15ページ残っていました。この本は何ページありますか。

〈桜美林中学校〉〈10点〉

6 けいこさんは2500円，うたこさんは1500円を持っています。けいこさんとうたこさんは同じ金がくの本を買ったので，2人の持っているお金の比は2：1になりました。〈10点×2〉

(1) 本を買ったあとのうたこさんの持っているお金はいくらになりますか。

(2) 本のねだんはいくらですか。

7 りんごを1こ80円でいくつか仕入れ，3600円の利益を見込んで定価をつけました。しかし，そのうちの10こが売れ残ったため，実際の利益は2400円となりました。〈神奈川大学附属中学校〉〈10点×2〉

(1) 定価は何円ですか。

(2) 仕入れたりんごのこ数は何こですか。

8 ある商品を200こ仕入れて，仕入れねに10%の利益を見込んだねだんで売りました。この商品を150こ売ったところで，残りを1こあたり5円ね下げして売り出しましたが10こ売れ残りました。売れ残った商品をすてるのに1こあたり8円の費用がかかりました。そのため利益は1160円でした。この商品1この仕入れねを求めなさい。〈東邦大学付属東邦中学校〉〈10点〉

復習テスト⑧

⏱ 30分　／100　答え85ページ

1 1こ80円のみかんと1こ120円のりんごを合わせて16こ買ったところ，合計の代金は1560円でした。買ったみかんは何こですか。〈2022跡見学園中学校〉〈12点〉

2 たろうさんは，コインを投げて次のルールにしたがって進める数が決まるすごろくゲームをしました。

> ルール　・表が出たら3マス，うらが出たら1マス進める。
> 　　　　・50マス進んだところにゴールがある。

コインを24回投げて，ちょうどゴールに進みました。このとき，コインの表が出た回数は何回ですか。〈13点〉

3 8%の食塩水200gと6%の食塩水600gをまぜてできる食塩水の濃度は何%ですか。〈國學院大學久我山中学校〉〈12点〉

4 4人の算数の平均点は70点で，これに5人目を入れると平均点は74点になります。5人目の点数は何点ですか。〈公文国際学園中等部〉〈12点〉

5 赤玉と白玉があわせて 27 こあります。赤玉が白玉より 11 こ少ないとき，白玉のこ数は何こですか。〈学習院中等科〉〈12 点〉

6 兄と弟の所持金の比は，はじめ 8 : 3 でした。兄が 800 円使ったので，兄と弟の所持金の比が 2 : 1 になりました。はじめに兄が持っていたお金は何円でしたか。〈13 点〉

7 A 君はある本を，1 日目は全体の $\frac{1}{4}$ より 15 ページ多く読み，次の日には残りの $\frac{1}{3}$ より 20 ページ多く読んだところ，残りは 80 ページになりました。この本は全部で何ページですか。〈城北中学校〉〈13 点〉

8 原価 1000 円の商品に 40% の利益があるように定価をつけました。この定価の☐% を引いたねだんで売ると，162 円の利益があります。☐に入る数を答えなさい。ただし，消費税は考えないものとします。〈桐光学園中学校〉〈13 点〉

25　場合の数

ねらい 樹形図などを使って，いろいろな事例をもれなく，重複なく数え上げられるようになる。

★ 標準レベル

🕐 20分　　／100　答え 86ページ

1 1，2，3，4 の数字が書かれた 4 まいのカードがあ
ります。4 まいのカードのうちの 3 まいのカードをならべ
て 3 けたの数をつくります。次の □ にあてはまる数を答
えなさい。〈5点×5〉

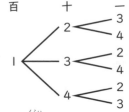

(1) 右のような図を樹形図といいます。樹形図を参考にして，百の位が 1 となる 3

けたの数をつくってみると，　　　　　　通りの数ができます。

(2) 百の位の数が 2，3，4 の場合についても，同様にそれぞれ　　　　　　通りずつ

できます。

(3) 4 まいのカードのうちの 3 まいのカードをならべてできる 3 けたの数は全部で

　　　　　　通りあります。

(4) 4 まいのカードのうちの 3 まいのカードをならべてできる 3 けたの数のうち，

偶数になるものは，　　　　　　通りあります。

(5) 4 まいのカードのうちの 3 まいのカードをならべてできる 3 けたの数のうち，

3 の倍数になるものは，1，2，3 の 3 つの数字をならべてできる数と，2，3，

4 の 3 つの数字をならべてできる数の合計で　　　　　　通りあります。

2 A，B，C，D，E の 5 人の中から 2 人の学級委員を選びます。〈10点×2〉

(1) A さんが選ばれた場合，もう 1 人の選び方は何通りありますか。

(2) 選び方は全部で何通りありますか。

3 大小２このサイコロを同時に投げます。右の表を参考に次の問いに答えなさい。〈5点×4〉

	1	2	3	4	5	6
1						
2						
3						
4						
5						
6						

(1) サイコロの目の出方は全部で何通りありますか。

(2) 大きいサイコロと小さいサイコロの目の数が同じになる場合は何通りありますか。

(3) ２このサイコロの目の数の和が10になる場合は何通りありますか。

(4) ２このサイコロの目の数の和が4以下になる場合は何通りありますか。

4 右の図のような道があります。この道を，AからBまで最短になるように進みます。〈5点×7〉

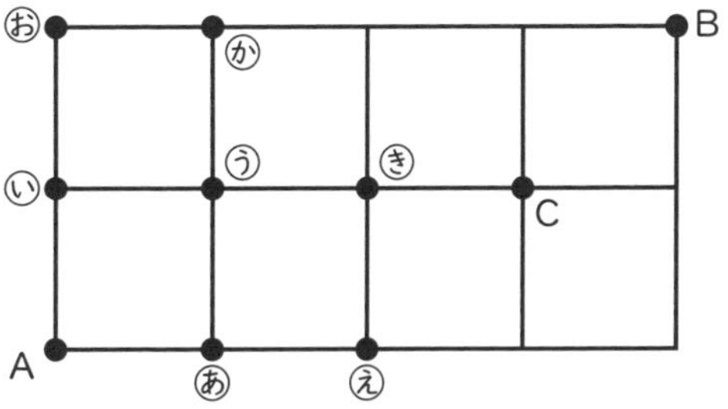

(1) 次の□にあてはまる数を答えなさい。

Aから点®までの道順やAから点®までの道順は，□ア□通りです。Aから点⑩までの道順やAから点®までの道順は，□イ□通りです。Aから点⑦までの道順は，Aから点®までの道順とAから点⑩までの道順の和となるので□ウ□通りです。同様に考えると，Aから点®までの道順は□エ□通り，Aから点®までの道順は□オ□通りとなります。

ア	イ	ウ	エ	オ

(2) AからBまでの道順は何通りありますか。

(3) AからCを通りBまでの道順は何通りありますか。

★★　上級レベル　　　🕐 30分　　　／100　　答え 86ページ

1 赤，青，緑，黄の 4 本の色ペンがあります。〈5点×2〉

(1) この中から 2 種類の色の選び方は何通りありますか。

(2) この中から 3 種類の色の選び方は何通りありますか。

2 1, 2, 3, 5 のカードが 1 まいずつあります。このカードをならべて整数をつくるとき，偶数は全部で何通りできますか。ただし，使わないカードがあってもかまいません。〈日本女子大学附属中学校〉〈10点〉

3 大きいサイコロと小さいサイコロを同時に投げました。〈5点×3〉

(1) 2 このサイコロの目の数が同じになる場合は何通りありますか。

(2) 2 このサイコロの目の数の和が 6 になる場合は何通りありますか。

(3) 2 このサイコロの目の数の積が奇数になる場合は何通りありますか。

4 10 チームで野球のそう当たり戦をすると，試合数は全部で何試合ありますか。

〈山手学院中学校〉〈10点〉

5 ＡさんとＢさんの２人で１回だけじゃんけんをしました。〈5点×3〉

(1) ２人の手の出し方は何通りありますか。

(2) Ａさんが勝つ場合は何通りありますか。

(3) あいこになる場合は何通りありますか。

6 赤，青，緑，黄の４色があり，４色すべてを使って色をぬります。〈10点×2〉

図1

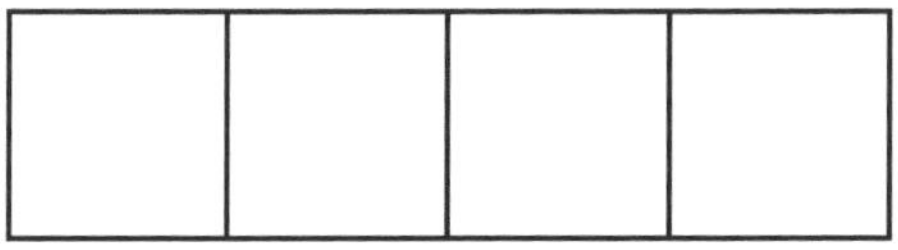

図2

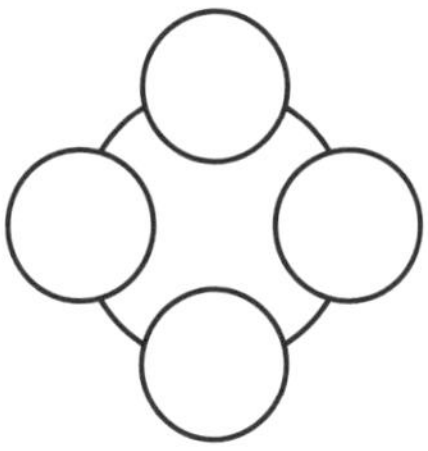

(1) 図１のマスに色をぬるぬり方は何通りありますか。

(2) 図２の○の中に色をぬるぬり方は何通りありますか。ただし，回転して同じぬり方のものは１通りと数えます。

7 図のような通路をＡ点からＢ点まで進みます。最短で行く行き方は何通りありますか。

〈巣鴨中学校〉〈10点〉

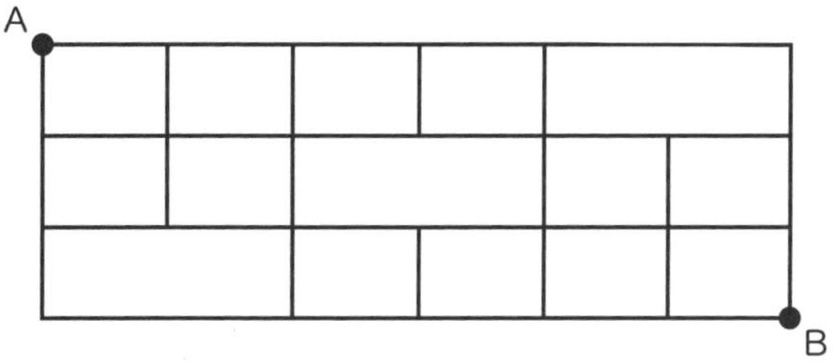

8 10円硬貨が２まい，50円硬貨が２まい，100円硬貨が２まいあります。これらを使ってしはらうことができる金額は何通りありますか。ただし，しはらい額の合計が０円の場合は考えないものとします。〈国府台女子学院中学部〉〈10点〉

★★★ 最高レベル　　　🕐 **40**分　　　／100　答え **87**ページ

1 　1から9までの数字が1つずつ書かれた9まいのカードがあります。1, 2, 3のカードは青いカード, 4, 5, 6のカードは赤いカード, 7, 8, 9のカードは黄色いカードです。この中から3まい選んで3ケタの数字をつくります。次の問いに答えなさい。〈普連土学園中学校〉〈10点×3〉

(1) 青いカードだけを使ってつくることのできる3ケタの数字は全部で何こありますか。

(2) 黄色いカードは使わず, 青いカードを1まい以上, 赤いカードを1まい以上使ってつくることのできる3ケタの数字は全部で何こありますか。

(3) 青いカード, 赤いカード, 黄色いカードを1まいずつ使ってつくることのできる3ケタの数字は全部で何こありますか。

2 　大きさのことなる3つのさいころを投げるとき, 出た目の和が7になる場合は何通りありますか。〈海城中学校〉〈10点〉

3 　右の図のように, 円周を6等分した点があります。この中から3つの点を結んでできる三角形は全部で何こありますか。〈日本大学豊山中学校〉〈10点〉

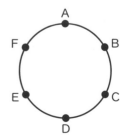

4 たろうさん，はなこさん，けんじさんの３人で１回だけじゃんけんをしました。

〈５点×３〉

(1) たろうさんが１人だけ勝つ場合は何通りありますか。

(2) １人だけが負ける場合は何通りありますか。

(3) あいこになる場合は何通りありますか。

5 男子が４人，女子が３人います。この７人の中から３人を選びます。〈５点×３〉

(1) 選び方は何通りありますか。

(2) 男子だけで３人を選ぶとき，選び方は何通りありますか。

(3) 男子から２人，女子から１人を選ぶとき，選び方は何通りありますか。

6 ３×３のマス目があり，マスをぬりつぶすぬり方を考えます。ただし，回転すると同じものは同じぬり方とみなします。図はマスをぬる場所が１つの場合の例で，３通りあります。次のア～エにあてはまる数を求めなさい。〈駒場東邦中学校〉〈５点×４〉

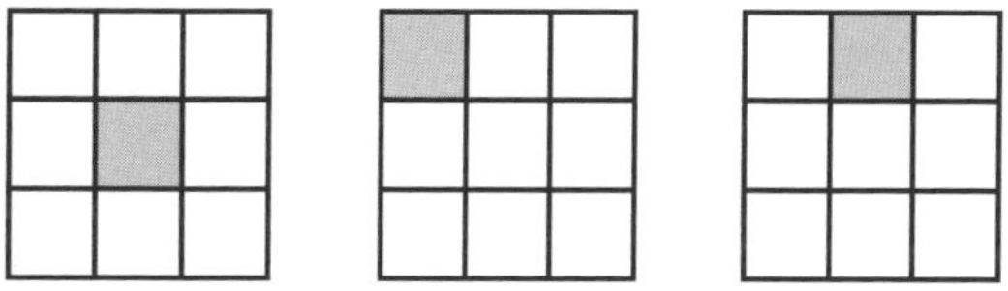

(a) マスをぬる場所が２つの場合，

中心をぬる場合は ア 通り，中心をぬらない場合は イ 通りあります。

(b) マスをぬる場所が３つの場合，

中心をぬる場合は ウ 通り，中心をぬらない場合は エ 通りあります。

ア	イ	ウ	エ

26　規則性・推理

ねらい 規則性を見つけることができるようになり，条件を推理して問題が解けるようになる。

★　**標準レベル**　🕐**20分**　／100　答え**89**ページ

1 あるきまりにしたがって，次のように白と黒のご石がならんでいます。

●●○●○●○●●●○●○●○●●●●●○●○●○●○●……

このとき，次の問いに答えなさい。〈5点×4〉

(1) ならんだご石は何こずつの決まりに分けることができますか。

(2) はじめから，50番目のご石は何色ですか。

(3) はじめから，50番目までに黒いご石は何こありますか。

(4) 黒いご石だけをはじめから数えたとき，50番目の黒いご石は，全体でははじめから数えて何番目ですか。

2 次の数はある規則にしたがってならんでいます。

□にあてはまる数を求めなさい。〈10点×4〉

(1) 1，5，9，13，□，21，……

(2) 1，3，9，27，□，243，……

(3) 1，2，4，7，□，16，……

(4) 1，1，2，3，5，□，13，……

3 A，B，C，D，Eの5人が100m走をして，次のような結果になりました。

〈10点〉

　ア　Aは4位でも5位でもなかった。

　イ　BはAに勝った。

　ウ　Cは1位でも最下位でもなかった。

　エ　DはAには勝ったがBには負けた。

このとき，1位から順に5人をならべなさい。ただし，下の表を使ってもかまいません。

	1位	2位	3位	4位	5位
A					
B					
C					
D					
E					

4 A，B，C，D，Eの5人が漢字のテストを受けました。その結果は次のようになりました。

　①　AはBより29点良かった。

　②　DはCより14点悪かった。

　③　BはEより17点良かった。

　④　AはDより6点良かった。

これについて，次の問いに答えなさい。〈10点×3〉

(1) 点数が4番目に高い人はだれですか。

(2) BとCの点数の差は何点ですか。

(3) 最高点の人と最低点の人の点数の差は何点ですか。

★★　上級レベル①　　⏱ 30分　　／100　　答え **89** ページ

1 次のようにある規則（きそく）にしたがって数がならんでいます。〈穎明館中学校〉

〈5点×3〉

2, 1, 4, 3, 2, 1, 6, 5, 4, 3, 2, 1, 8, 7, 6, 5, 4, 3, 2, 1, ……

(1) 7回目の1は最初（さいしょ）から数えて何番目ですか。

(2) 最初から数えて100番目の数を求（もと）めなさい。

(3) 最初の数から順（じゅん）にたしていくとき，はじめて200をこえるのは何番目ですか。

2 図のように，正方形の折（お）り紙をその一部が重なるようにマグネットでとめます。次の問いに答えなさい。〈西武学園文理中学校〉〈9点×2〉

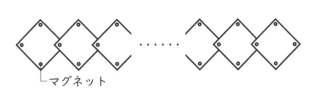
└マグネット

(1) 正方形の折り紙を5まいとめるのに必要（ひつよう）なマグネットのこ数を求めなさい。

(2) 正方形の折り紙を2021まいとめるのに必要なマグネットのこ数を求めなさい。

3 ある年の4月1日は月曜日でした。次の問いに答えなさい。〈5点×3〉

(1) 5月1日は何曜日ですか。

(2) 3月1日は何曜日でしたか。

(3) 次の年の1月1日は何曜日ですか。

4 ①～④の４つのおもりがあります。これらのおもりの中から２つずつてん

びんにのせて，同じ荷物の重さをはかったところ，上の図のように４回目でつり合いました。このとき，①～④のおもりの重さの小さい順に左からならべなさい。

〈恵泉女学園中学校〉〈10点〉

[   ]

5 右の図のようなマス目に，１から９までの整数を１つずつ入れて，たて，横，ななめのどの３マスの数の和もすべて等しくなるようにします。〈6点×4〉

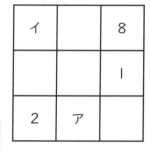

(1) すべてのマスの数を合計するといくつですか。

[   ]

(2) 横１列にならぶ３マスの数の和はいくつですか。

[   ]

(3) ２＋アを計算するといくつになりますか。

[   ]

(4) イにあてはまる数を求めなさい。

[   ]

6 ある整数ＡをＢこかけあわせたあたいをＡ●Ｂ，また，ある整数をＤこかけあわせてＣとなるあたいをＣ▲Ｄと表すことにします。例えば，２●４＝２×２×２×２＝16，16▲４＝２，（３●２）▲２＝（３×３）▲２＝９▲２＝３　となります。このとき，□にあてはまる最も適当な整数を求めなさい。

〈6点×3〉〈東邦大学付属東邦中学校〉

(1) [   ] ●４＝2401

(2) ３●６＝[   ] ●３

(3) ２●[   ] ＝（８●18）▲６

★★ 上級レベル②　　　🕐 30分　　／100　　答え 90ページ

1 2でも5でもわり切れない整数を小さい順に

1, 3, 7, 9, 11, 13……

とならべていきます。はじめから数えて103番目の数はいくつですか。

〈高輪中学校〉〈10点〉

2 次の表のように，ある規則にしたがって数をかいていきます。たとえば，この表のうえから2だん目の左から3番目の位置にかかれた数は8です。このとき，あとの問いに答えなさい。〈世田谷学園中学校〉

〈5点×2〉

1	2	9	10	25	26
4	3	8	11	24	⋮
5	6	7	12	23	
16	15	14	13	22	
17	18	19	20	21	

(1) 上から1だん目の左から100番目の位置にかかれる数は何ですか。

(2) 2022は，上から何だん目の左から何番目の位置にかかれていますか。

3 ご石を三角形になるようにならべていきます。

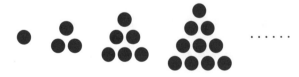

…………

このとき，次の問いに答えなさい。〈10点×2〉

(1) 5番目の三角形のご石のこ数は何こですか。

(2) 使うご石の数がはじめて100こ以上になるのは，何番目の三角形ですか。

4 次のように，分数が規則正しくならんでいます。〈10点×2〉

$$\frac{1}{1},\ \frac{1}{2},\ \frac{1}{2},\ \frac{1}{3},\ \frac{1}{3},\ \frac{1}{3},\ \frac{1}{4},\ \frac{1}{4},\ \frac{1}{4},\ \frac{1}{4},\ \frac{1}{5},\ \cdots\cdots$$

(1) $\dfrac{1}{6}$ がはじめてあらわれるのは何番目の分数ですか。

(2) はじめから50番目までの分数を合計するといくつになりますか。

5 右の図のように，三角形の中に数の書かれたメダルがならんでいます。メダルにはある規則にしたがって数が書かれています。

〈慶應義塾湘南藤沢中等部〉〈10点×3〉

(1) 7だん目のメダルに書かれている数の和を求めなさい。

(2) 35だん目から73だん目には全部で何このメダルがありますか。

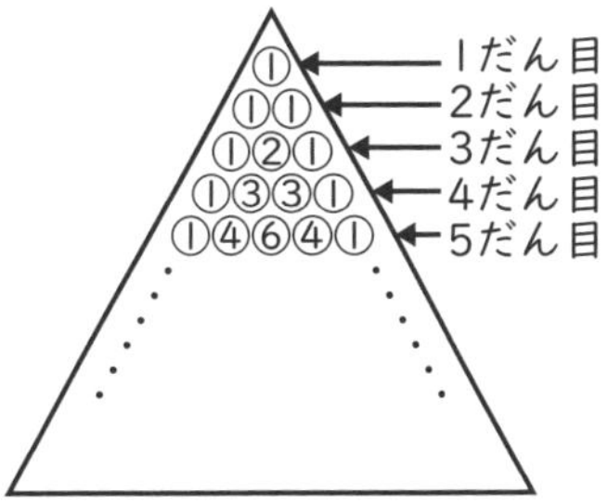

① ←──1だん目
①① ←──2だん目
①②① ←──3だん目
①③③① ←──4だん目
①④⑥④① ←──5だん目

(3) あるだんのメダルに書かれている数の和は4096であるそうです。その1だん下のだんのうち，いちばん右といちばん左にあるメダルを1こずつのぞいた残りのメダルに書かれている数の和を求めなさい。

6 A，B，C，Dの4人が障害物走をしました。その結果，次のことがらがわかりました。〈10点〉

・Aは1位でも4位でもなかった。
・Bより先にゴールした人が2人以上いた。
・Dのすぐあとに，Cがゴールした。

このとき，4人の順位を答えなさい。

A	B	C	D

★★★ 最高レベル　　🕐 40分　　／100　　答え91ページ

1　A，B，C，D，Eの5人の年れいの関係は次のようになっています。

　　・AはBより年上です。

　　・DはBより年下です。

　　・DはCより年上ですが，Eよりは年下です。

　　・EはBより年下ですが，Cよりは年上です。

これについて，次の問いに答えなさい。〈10点×2〉

(1) いちばん年下はだれですか。

(2) いちばん年上はだれですか。

2　ある年の1月10日は月曜日でした。この年は365日ありました。このとき，次の年の1月10日は何曜日か答えなさい。〈茗溪学園中学校〉〈10点〉

3　A，B，C，D，Eの5つのクラスでドッジボール大会のリーグ戦をしました。どのチームも1回ずつ試合をします。結果は次のようになりました。

　　A組は全敗　　　　C組は全勝　　　　D組は2勝2敗　　　　E組は1勝3敗

このとき，B組は何勝何敗でしたか。〈10点〉

4　以下のように，ある規則にしたがって分数がならんでいるとき，10番目の分数は何ですか。〈桐光学園中学校〉〈10点〉

$$\frac{1}{18}, \quad \frac{1}{12}, \quad \frac{1}{9}, \quad \frac{5}{36}, \quad \frac{1}{6}, \quad \cdots\cdots$$

5 A，B，C，Dの4人のうち1人だけ赤い帽子をかぶり，残りの3人は白い帽子をかぶっています。この4人がたてに1列にならんで次のような発言をしました。

A 「わたしのすぐ後ろの人は赤色の帽子だ。」

B 「Dはわたしより前にいる。」

C 「わたしの帽子は白色だ。私より前の人は全員白色の帽子だ。」

D 「わたしのすぐ後ろの人は白色の帽子だ。」

この発言がすべて正しいとき，4人のならんでいる順を前から順に答えなさい。

〈洗足学園中学校〉〈15点〉

---

6 整数▲の約数の和を記号【▲】で表すことにします。

例えば，【4】＝1＋2＋4＝7　　【6】＝1＋2＋3＋6＝12　となります。

次の□□にあてはまる数を求めなさい。〈成城学園中学校〉〈5点×4〉

(1)【12】＝

(2)【36】－【18】＝

(3)【【15】】＝

(4) ▲は2から30までの整数とします。

　　【▲】－▲＝1となるような▲は全部で□□こあります。

---

7 A☆Bは，分子がAとBの差，分母がAとBの和となる分数を表す記号です。

例えば，$5☆3 = \dfrac{5-3}{5+3} = \dfrac{2}{8} = \dfrac{1}{4}$となります。〈5点×3〉

(1) 10☆4を求めなさい。

(2) 8☆B＝0となるBを求めなさい。

(3) $A☆4 = \dfrac{2}{3}$となるAを求めなさい。

復習テスト⑨　⏱30分　／100　答え92ページ

1　1から6までの数字が書かれた6まいのカードがあります。この中から3まいを取り出してならべ、3けたの数を作ります。次の問いに答えなさい。〈海城中学校〉〈8点×2〉

(1) 3けたの数は、全部で何こ作れますか。

(2) 作ることができる3けたの数で50番目に大きい数を答えなさい。

2　A、B、C、D、Eの5チームでサッカーの試合をします。どのチームも他の4チームとそれぞれ1回ずつ試合をすると、試合の数は全部で何回になりますか。

〈茗溪学園中学校〉〈12点〉

3　AからBまでの行き方で、次の行き方は何通りあるか、求めなさい。

〈(2)芝浦工業大学附属中学校〉〈8点×2〉

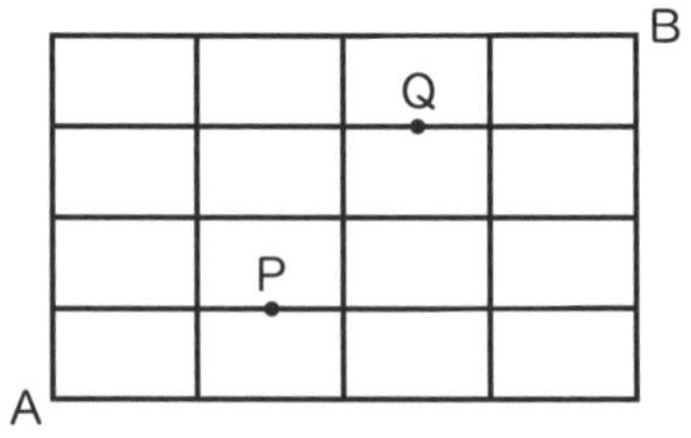

(1) AからBまでの最短の行き方

(2) 点Pを通り、点Qを通らない最短の行き方

4　何人かでじゃんけんを1回します。〈昭和学院秀英中学校〉〈8点×2〉

(1) 2人でじゃんけんをしたとき、勝負がつく手の出し方は何通りですか。

(2) 3人でじゃんけんをしたとき、勝者と敗者に分かれない手の出し方は何通りですか。

5 次のように，数がある規則（きそく）にしたがって，1番目に$\frac{1}{2}$，2番目に$\frac{3}{4}$，3番目に$\frac{1}{4}$…というようにならんでいます。このとき，次の各問い（かく）に答えなさい。

$$\frac{1}{2}, \frac{3}{4}, \frac{1}{4}, \frac{5}{6}, \frac{3}{6}, \frac{1}{6}, \frac{7}{8}, \frac{5}{8}, \frac{3}{8}, \frac{1}{8}, \frac{9}{10}, \cdots\cdots$$

〈神奈川学園中学校〉〈6点×3〉

(1) $\frac{7}{12}$は何番目ですか。

(2) 50番目の数を答えなさい。

(3) 50番目までの数の和を求めなさい。

6 A◎Bは，A＋（A÷Bのあまり）を表します。ただし，AとBは整数とします（たと）。例えば，5を3でわったあまりは2なので，5◎3＝5＋2＝7です。

〈東洋英和女学院中学部〉〈6点×2〉

(1) C◎5＝CとなるCは，どのような整数ですか。

(2) 168◎D＝192となる整数Dをすべて求め（もと）なさい。

7 次の①，②にあてはまる数を答えなさい。

右の3×3のマスのそれぞれには数が1つずつ入ります。たて，横，ななめ1列のたした数がすべて等しくなるように数を入れたとき，Aのマスにあてはまる数は①で，Bのマスにあてはまる数は②です。

10	7	
	A	
5	B	

〈公文国際学園中等部〉〈5点×2〉

① ②

過去問題にチャレンジ⑦

🕐 **40分**　　／**100**　答え93ページ

1 袋の中に赤玉と白玉がたくさん入っていて，A君，B君，C君の順に袋の中から20個ずつ玉を取り出すゲームを行います。赤玉を取り出すと1個につき3点，白玉を取り出すと1個につき6点もらえます。また，3人とも取り出した玉は袋にもどしません。次の問いに答えなさい。〈東京都市大学付属中学校〉〈16点×3〉

(1) このゲームを行ったところ，3人の点数の合計は240点で，A君が取り出した赤玉の個数は，A君が取り出した白玉の個数の3倍より4個少なかったそうです。また，B君が取り出した白玉の個数は，C君が取り出した白玉の個数より8個多かったそうです。このときA君の点数は何点でしたか。

(2) (1)のとき，B君の点数は何点でしたか。

(3) このゲームを「取り出した20個のうち，赤玉1個につき5点もらえ，その後に，白玉1個につき3点減らす」という方法に変えて，もう1度ゲームを行ったところ，A君の点数の合計は44点，3人の点数の合計は108点で，
(B君が取り出した白玉の個数)：(C君が取り出した赤玉の個数) ＝ 2:3 でした。
このとき，C君の点数は何点ですか。

2 「かまくらドーナツ」というお店では，店内で食べる場合は消費税が 10%，持ち帰りの場合は消費税が 8% それぞれかかります。右の図はゆいさんがもらったレシートです。次の問いに答えなさい。

〈鎌倉女学院中学校〉〈13 点 × 4〉

(1) アイスティーの税抜き価格はいくらですか。

```
かまくらドーナツレシート
店内飲食分　（消費税 10%）
  アイスティー　1個　　　275 円
  ドーナツ A　　1個　　　165 円

持ち帰り分　（消費税 8%）
  ドーナツ A　　1個　　　① 円
  ドーナツ B　　1個　　　② 円

合計　　　　　　　　　　818 円
＊書かれている価格はすべて税込み価格です。
```

(2) レシート内の①②にあてはまる数を求めなさい。

①	②

(3) ある日，「かまくらドーナツ」では持ち帰りのみドーナツ全品 108 円（税込み）のセールを行っていました。ゆいさんは持ち帰り分としてドーナツ A とドーナツ B を合わせて 15 個買ったところ，通常より 1404 円安く買うことが出来ました。このとき，ゆいさんはドーナツ A を何個買いましたか。

過去問題にチャレンジ⑧

🕐 40分　／100　答え94ページ

1　T地点を頂上とする五角すいの形をした山があります。図のように，五角すいの辺はすべて道になっていて，山の高さの3分の1，3分の2の高さにも五角形の道があります。A地点とB地点の間には展望台が，C地点とD地点の間には茶屋があります。S地点から出発していずれかの道を通ってT地点まで行きます。ただし，同じ地点，同じ道は通らず，上から下には進まないものとします。

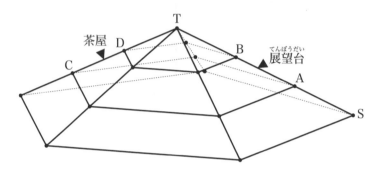

□にあてはまる数を求めなさい。ただし，同じ記号の欄には同じ数が入ります。

〈海城中学校〉〈12点 × 4〉

(1) AB間の展望台を必ず通ることにすると，

　　SからAまでの行き方は ア 通り，

　　BからTまでの行き方は イ 通りなので，

　　SからTまで展望台を通って行く行き方は ア × イ 通りあります。

(2) CD間の茶屋を必ず通ることにすると，

　　SからCまでの行き方は ウ 通り，

　　DからTまでの行き方は イ 通りなので，

　　SからTまで茶屋を通って行く行き方は ウ × イ 通りあります。

(3) SからTまでの行き方は エ 通りあります。

ア	イ	ウ	エ

2 1 以上の整数 y と，y より大きい整数 x に対して，

$[x, y] = (x - 1) \times y - x \times (y - 1)$

と約束します。例えば $[7, 4] = 6 \times 4 - 7 \times 3 = 3$ です。

また，3 以上の整数に対して，記号 〈 〉を次のように約束します。

$\langle 3 \rangle = [2, 1]$

$\langle 4 \rangle = [3, 1]$

$\langle 5 \rangle = [4, 1] + [3, 2]$

$\langle 6 \rangle = [5, 1] + [4, 2]$

$\langle 7 \rangle = [6, 1] + [5, 2] + [4, 3]$

以下の ア ～ ク にあてはまる数をそれぞれ求めなさい。〈フェリス女学院中学校〉

(1) $\langle 8 \rangle = [\boxed{ア}, 1] + [6, \boxed{イ}] + [\boxed{ウ}, \boxed{エ}] = \boxed{オ}$ 〈12 点・完答〉

ア	イ	ウ	エ	オ

(2) $\langle 2021 \rangle = \boxed{カ}$ （求め方も書くこと。）〈10 点〉

（求め方）

(3) $\langle \boxed{キ} \rangle = 289$ （求め方も書くこと。）〈15 点〉

（求め方）

(4) $\langle \boxed{ク} \rangle = 2450$ （求め方も書くこと。）〈15 点〉

（求め方）